数論幾何入門

モジュラー曲線から大定理・大予想へ

Introduction to
Arith~~metic Geometry~~

JN023036

三枝洋一
Mieda Yoichi

森北出版

はじめに

　数論幾何学とは，一言で言えば，整数係数の代数方程式によって定まる図形を研究する分野である．主に複素数係数の代数方程式によって定まる図形を研究する代数幾何学とは異なり，その図形の上に座標が有理数であるような点がどのくらいあるかという問題や，その図形を定義する方程式を素数に関する合同方程式と見て，それにどのくらい解があるかという問題を考察の対象とできることが特徴である．前者の典型例がフェルマー予想であり，後者は平方剰余の相互法則の一般化となっている．このように，素朴な整数論の諸問題としばしば直接結び付き，それらに新たな知見や本質的な進展をもたらすことができる点が数論幾何学の最大の魅力である．

　数論幾何学を学ぶには，膨大な予備知識が必要であるとよく言われる．確かに，理論全体を証明込みで理解するためには，スキーム論や代数的整数論を始めとした，多くの知識を身に付けていることが必須である．しかしその一方で，数論幾何学が扱っている現象そのものの中には，予備知識がほとんどなくても，その魅力を感じられるものが数多く存在する．この本では，フェルマー予想，志村 – 谷山予想，ラングランズ予想，佐藤 – テイト予想，BSD 予想，ヴェイユ予想（このうちラングランズ予想と BSD 予想のみが未解決であり，他は解決済みである）といった，現在の数論幾何学における大定理・大予想の内容を，例を中心に解説することで，広い範囲の読者に数論幾何学の面白さを伝えることを目標とする．

　本書では，モジュラー曲線という対象を主要な例としてとりあげる．モジュラー曲線とは，大雑把には複素上半平面（複素平面の上半分）を折り畳んでできる図形のことであるが，こう言っただけでは，その重要性は伝わらないだろう．モジュラー曲線を例に選んだ理由はいくつかあるが，何よりもまず，実際の研究において中心的な役割を果たしているからである．例えば，志村 – 谷山予想や BSD 予想は楕円曲線という対象に対する予想であるが，その研究を進めるには，モジュラー曲線が不可欠である．他の理由としては，モジュラー曲線を学んでいく過程で，楕円曲線や保型形式といった，数論幾何学における他の重要な登場人物にも自然に親しめることや，一見すると方程式で書けないような対象の方程式を求めるという，数

論幾何学の重要な技法の 1 つに触れられることなどが挙げられる．本書の前半部では，モジュラー曲線の導入を行い，楕円曲線や保型形式との関わりを眺めつつ，モジュラー曲線が整数係数の方程式で表されるという現象を観察することを目標とする．後半部では，前半部で手に入れたモジュラー曲線の方程式を鍵として，上述の大定理・大予想の内容を理解することを目指す．前半部で出てきた保型形式が，後半部で特に大きな役割を果たす様子をぜひ楽しんでいただきたい．

　本書は，東京大学教養学部前期課程の全学自由研究ゼミナールで大学 1・2 年生を対象に行った講義をもとにしたものであり，高校までで学ぶ内容を超えた予備知識は極力仮定しないように努めている．特に，代数分野からの予備知識は，線型代数も含め，基本的に不要である．解析分野に関しては，微積分の基礎にある程度の親しみがある読者を想定している．収束性や，微分・積分と無限和の交換などの微妙な点を認めてしまうことにすれば，多くの部分が高校までの数学の知識で理解可能なはずである．複素解析も用いるが，最低限の内容については付録で解説を行っており，それを認めて読み進めれば雰囲気は十分に伝わると思われる．集合と写像の記法・用語については，使わないとかえって分かりづらくなると思われるので，使うことにする．証明を含めた理論の修得を目標とする本ではないため，難しいと感じた箇所は遠慮なく読み飛ばし，面白いと感じられる部分を探す読み方を勧める．読み飛ばした部分は，知識や経験を補った後で再度挑戦していただければ，初読の際とは異なる面白さを発見できることだろう．

　大井雅雄氏，千田雅隆氏，戸次鵬人氏は，本書の原稿を読んで様々なコメントやご指摘をくださった．また，森北出版株式会社の福島崇史氏には，本書の執筆に際し数多くのご助言をいただいた．この場を借りて感謝の意を表する．

2024 年 4 月

著者

目　次

この本の使い方

■ 記号・用語

以下の記号は断りなく用いる.

- $\varnothing$：空集合.
- $\mathbb{Z}$：整数全体の集合，$\mathbb{Q}$：有理数全体の集合，$\mathbb{R}$：実数全体の集合，$\mathbb{C}$：複素数全体の集合.
- $\#S$：集合 S の元の個数.
- $a \equiv b \pmod{N}$：整数 a, b および整数 $N \neq 0$ に対し，$a - b$ が N で割り切れる.
- $a \mid b$：整数 $a \neq 0$ が整数 b を割り切る.

集合や写像に対する基本的な記号・用語については，例えば [37] の第 I 章や [38] の第 1 章を参照．写像が全単射であることを強調するために，その写像を表す矢印の上か下に記号 $\cong$ を書くことがある（例：$X \xrightarrow{\cong} Y$）.

■ 例題について

手を動かして考えることで理解が進むと思われる箇所に例題を掲載している．すぐ後に解答を載せているが，最初は解答を見ずに読者自ら考えることを勧める．自力で解答にたどり着けないとその後の記述が理解できないわけではないので，しばらく考えて分からなかったら解答を見ていただいて構わない．章によっては例題がついていない場合もある.

■ 参考文献ガイドについて

各章の終わりに，参考文献をできるだけ詳しく紹介することにした．本文中で証明を与えなかった定理の証明がどこに載っているか，また，本文中の内容についてさらに詳しく学びたい場合にはどのような文献を読めばよいかなどについては，こちらを参考にしていただきたい．入門書という性質上，なるべく和書を挙げるように努めており，原書が洋書の場合も和訳がある場合はそちらを優先して掲載してい

る．ただし，適切な日本語の文献が見当たらないことも多く，その場合には洋書や
原論文を挙げている．

■ 各章の繋がり

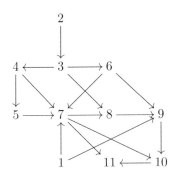

第 1 章

数論幾何学への招待

数論幾何学という分野は，ある意味で代数幾何学の変種にあたるものである．代数幾何学が，複素数を係数とする（一般には多変数の，連立）代数方程式によって定まる図形を扱う分野であるのに対し，数論幾何学においては，有理数係数ないし整数係数の代数方程式によって定まる図形を考察の対象とする．そのため，図形の上にある「座標が有理数の点」などを考えることができ，素朴な整数論の問題としばしば直接結び付くという特徴を持っている．本章では，最も簡単な場合である平面代数曲線の例を通して，数論幾何学とはどのようなものであるかを解説する．

1.1　平面代数曲線と整数論

平面代数曲線の定義は次の通りである．

定義 1.1　定数でない複素数係数 2 変数多項式 $f(x, y)$ を用いて

$$C = \{(x, y) \in \mathbb{C}^2 \mid f(x, y) = 0\}$$

と表される図形 C を，$f(x, y)$ から定まる**平面代数曲線**と呼ぶ（単に代数曲線と呼ぶこともある）．C が $f(x, y)$ から定まる平面代数曲線であることを $C: f(x, y) = 0$ と書く．

数論幾何学においては，$f(x, y)$ が有理数係数である場合を主に考える．この場合には，$\mathbb{Q}$ 有理点というものを考えることができる．

定義 1.2　$f(x, y)$ を定数でない有理数係数 2 変数多項式とし，$C: f(x, y) = 0$ を $f(x, y)$ から定まる平面代数曲線とする．このとき，

$$C(\mathbb{Q}) = \{(x,y) \in \mathbb{Q}^2 \mid f(x,y) = 0\}$$

とおき，$C(\mathbb{Q})$ の元を C の $\mathbb{Q}$ **有理点**と呼ぶ.

注意 1.3 $f(x,y)$ が有理数係数でない場合にも $C(\mathbb{Q}) = \{(x,y) \in \mathbb{Q}^2 \mid f(x,y) = 0\}$ という定義は意味を持つが，通常はあまり考えない. 複素数係数で話を進めるときには，複素数係数多項式による変数変換でうつりあう 2 つの平面代数曲線は「同じもの」とみなしたいが，このような変数変換で $\mathbb{Q}$ 有理点に関する情報が保たれないからである. 例えば，$C_1 : \sqrt{2}x + y = 0, C_2 : \sqrt{2}x + y - \sqrt{3} = 0$ という 2 つの平面代数曲線を考えると，$C_1 \to C_2; (x,y) \mapsto (x, y + \sqrt{3})$ は全単射であるから，C_1 と C_2 は「同じもの」とみなしたいが，$(0,0) \in C_1(\mathbb{Q}), C_2(\mathbb{Q}) = \varnothing$ なので，C_1 と C_2 の $\mathbb{Q}$ 有理点の個数は異なる.

有理数係数の多項式で定まる平面代数曲線のみに注目する立場では，有理数係数多項式による変数変換でうつりあうもののみを「同じもの」とみなす. このような変数変換は $\mathbb{Q}$ 有理点を $\mathbb{Q}$ 有理点にうつすので，上で述べた問題は起こらない.

素朴な整数論の問題と平面代数曲線の $\mathbb{Q}$ 有理点の関係を見るために，次の問題を考える.

問題 1.4 $n \geq 2$ を整数とする. $a^n + b^n = c^n$ を満たす整数 a, b, c の組 (a,b,c) を全て求めよ.

$n = 2$ の場合，これは 3 辺の長さが整数である直角三角形を全て求める問題に相当する. また，$n \geq 3$ の場合，このような a, b, c は $abc = 0$ となるものしかないというのがフェルマー予想の主張であった.

まず $c = 0$ の場合を考える. このとき $a^n + b^n = 0$ であるから，n が偶数ならば $a = b = 0$ となり，n が奇数ならば $b = -a$ となる.

次に $c \neq 0$ の場合を考える. このとき $\left(\dfrac{a}{c}\right)^n + \left(\dfrac{b}{c}\right)^n = 1$ であるから，(a,b,c) $(c \neq 0)$ に対応して，平面代数曲線 $C_n : x^n + y^n = 1$ の $\mathbb{Q}$ 有理点 $\left(\dfrac{a}{c}, \dfrac{b}{c}\right)$ が定まる[*1]. 逆に $(x,y) \in C_n(\mathbb{Q})$ が与えられると，$x = \dfrac{a}{c}, y = \dfrac{b}{c}$ $(a, b, c$ は整数，$c > 0$,

---

[*1] 方程式 $x^n + y^n = 1$ は $f(x,y) = 0$ という形をしていないが，このような場合には，移項して得られる方程式 $x^n + y^n - 1 = 0$ から定まる平面代数曲線と解釈する.

a, b, c の最大公約数は 1) という形に一意的に表すことができ，$\left(\dfrac{a}{c}\right)^n + \left(\dfrac{b}{c}\right)^n = 1$ の分母を払うことで $a^n + b^n = c^n$ を得る．こうして次の全単射が得られる：

$$\{(a,b,c) \in \mathbb{Z}^3 \mid a^n + b^n = c^n,\ c > 0,\ a,\ b,\ c \text{ の最大公約数は } 1\} \xrightarrow{\cong} C_n(\mathbb{Q}).$$

また，$a^n + b^n = c^n$, $c \neq 0$ を満たす一般の整数の組 (a,b,c) は，(ka', kb', kc') $(k, a', b', c' \in \mathbb{Z}, k \neq 0, a'^n + b'^n = c'^n, c' > 0, a', b', c'$ の最大公約数は 1) という形に一意的に書くことができる．

以上の考察から，問題 1.4 は次の問題と実質的に同じであることが分かる．

問題 1.5　$n \geq 2$ を整数とする．$C_n(\mathbb{Q})$ を決定せよ．

注意 1.6　本節では，$\mathbb{C}^2$ の部分集合として平面代数曲線を定義したが，$\mathbb{C}^2$ を少し広げた射影平面 $\mathbb{P}^2(\mathbb{C})$ の部分集合として定義される射影平面曲線というものを考えた方が都合がよいことが多い．射影平面やその高次元版である射影空間，射影平面曲線やその高次元版である射影代数多様体の概要を付録 B にまとめておいたので，必要に応じてご覧いただきたい．

1.2　$C_2: x^2 + y^2 = 1$ の場合

■ $C_2: x^2 + y^2 = 1$ の $\mathbb{Q}$ 有理点

前節では問題 1.4 を問題 1.5 に言い換えた．実は，前者と比べて後者の方が幾何学的考察を行いやすいという特徴がある．それを例示するために，ここでは問題 1.5 を $n = 2$ に対して考える．

$P_0 = (-1, 0) \in C_2(\mathbb{Q})$ とおく．$P = (x, y) \in C_2(\mathbb{Q}) \setminus \{(-1, 0)\}$ に対し，直線 $P_0 P$ は y 軸と平行ではないので，その傾き $\dfrac{y}{x+1}$ を考えることができる（図 1.1）．x, y は有理数であるから，傾き $\dfrac{y}{x+1}$ も有理数である．したがって，写像

$$C_2(\mathbb{Q}) \setminus \{(-1, 0)\} \to \mathbb{Q};\ (x, y) \mapsto \frac{y}{x+1}$$

が得られる．次の命題の通り，これは全単射になる．

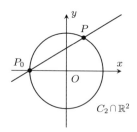

図 1.1 $C_2 \cap \mathbb{R}^2$ と直線 $P_0 P$

命題 1.7 写像 $C_2(\mathbb{Q}) \smallsetminus \{(-1,0)\} \to \mathbb{Q}; (x,y) \mapsto \dfrac{y}{x+1}$ は全単射であり,逆写像は $t \mapsto \left(\dfrac{1-t^2}{1+t^2}, \dfrac{2t}{1+t^2}\right)$ で与えられる.

[証明] t を有理数とするとき,P_0 を通り傾きが t である直線の方程式は $y = t(x+1)$ で与えられる.これを C_2 の方程式 $x^2 + y^2 = 1$ に代入すると,2 次方程式 $x^2 + t^2(x+1)^2 = 1$ が得られる.$x = -1$ がこの 2 次方程式の解となることは分かっているので,もう 1 つの解を α とおくと,解と係数の関係により,$\alpha - 1 = -\dfrac{2t^2}{1+t^2}$ すなわち $\alpha = \dfrac{1-t^2}{1+t^2}$ が得られる.$t(\alpha+1) = \dfrac{2t}{1+t^2}$ であるから,$y = t(x+1)$ と C_2 の交点は P_0 と $\left(\dfrac{1-t^2}{1+t^2}, \dfrac{2t}{1+t^2}\right)$ であることが分かった.$\dfrac{1-t^2}{1+t^2} + 1 = \dfrac{2}{1+t^2} \neq 0$ にも注意すると,写像 $\mathbb{Q} \to C_2(\mathbb{Q}) \smallsetminus \{(-1,0)\}; t \mapsto \left(\dfrac{1-t^2}{1+t^2}, \dfrac{2t}{1+t^2}\right)$ が得られる.これが $C_2(\mathbb{Q}) \smallsetminus \{(-1,0)\} \to \mathbb{Q}; (x,y) \mapsto \dfrac{y}{x+1}$ の逆写像であることは,幾何学的な定義から直ちに従う. ∎

命題 1.7 より,$C_2(\mathbb{Q}) = \left\{\left(\dfrac{1-t^2}{1+t^2}, \dfrac{2t}{1+t^2}\right) \,\middle|\, t \in \mathbb{Q}\right\} \cup \{(-1,0)\}$ となることが分かった.これを用いて,$n = 2$ の場合の問題 1.4 に解答を与えよう.

系 1.8 整数 a, b, c が $a^2 + b^2 = c^2, c \neq 0$ を満たすとし,$(a,b,c) = (ka', kb', kc')$ $(k, a', b', c' \in \mathbb{Z}, k \neq 0, a'^2 + b'^2 = c'^2, c' > 0, a', b', c'$ の最大公約数は 1$)$ と表す.a', b', c' の最大公約数が 1 であることから,a', b' のいずれか一方は奇数である.

(1) a' が奇数ならば, 互いに素な整数 m, n であって $a' = m^2 - n^2$, $b' = 2mn$, $c' = m^2 + n^2$ となるものが存在する.

(2) b' が奇数ならば, 互いに素な整数 m, n であって $a' = 2mn$, $b' = m^2 - n^2$, $c' = m^2 + n^2$ となるものが存在する.

[証明] どちらも同じなので, (1) のみ示す.

まず $b' = 0$ の場合を考える. このとき $a' = \pm c'$ であるが, a', b', c' の最大公約数は 1 であるから, (a', b', c') は $(1, 0, 1)$ または $(-1, 0, 1)$ である. 前者の場合は $m = 1$, $n = 0$ とすればよく, 後者の場合は $m = 0$, $n = 1$ とすればよい.

次に $b' \neq 0$ の場合を考える. このとき $\left(\dfrac{a'}{c'}, \dfrac{b'}{c'} \right) \in C_2(\mathbb{Q}) \setminus \{(-1, 0)\}$ であるから, 命題 1.7 より, $\dfrac{a'}{c'} = \dfrac{1 - t^2}{1 + t^2}$, $\dfrac{b'}{c'} = \dfrac{2t}{1 + t^2}$ となる有理数 t がとれる. $t = \dfrac{n}{m}$ を t の既約分数表示とすると, $\dfrac{a'}{c'} = \dfrac{m^2 - n^2}{m^2 + n^2}$, $\dfrac{b'}{c'} = \dfrac{2mn}{m^2 + n^2}$ であるから, $a' \colon b' \colon c' = m^2 - n^2 \colon 2mn \colon m^2 + n^2$ が成り立つ. よって, $m^2 - n^2$, $2mn$, $m^2 + n^2$ の最大公約数を d とおくと $a' = \dfrac{m^2 - n^2}{d}$, $b' = \dfrac{2mn}{d}$, $c' = \dfrac{m^2 + n^2}{d}$ となる.

$d = 1$ を示したい. d は $(m^2 - n^2) + (m^2 + n^2) = 2m^2$, $-(m^2 - n^2) + (m^2 + n^2) = 2n^2$ をともに割り切るが, m, n は互いに素なので, d は 2 を割り切る. $d = 2$ であるとすると, $m^2 - n^2 = 2a'$ は偶数なので m と n の偶奇は一致し, $a' = (m + n) \cdot \dfrac{m - n}{2}$ が偶数となって仮定に反する. よって $d = 1$ であり, $a' = m^2 - n^2$, $b' = 2mn$, $c' = m^2 + n^2$ を得る. ∎

■ 有限体 $\mathbb{F}_p$

C_n の方程式は有理数係数のみならず整数係数であるから, 素数 p を固定し,「p で割った余りの世界」で C_n がどのくらい点を持つかという, 問題 1.4 とは少し違った数論幾何学的問題を考えることもできる. まず,「p で割った余りの世界」の定式化を行おう. ここでの内容は, 本書の第 7 章以降でも頻繁に用いられる.

素数 p に対し, $\mathbb{F}_p = \mathbb{Z}/p\mathbb{Z} = \{0, 1, \ldots, p-1\}$ とおく. これは, 整数のうち, p で割った余りが同じものを同一視することによってできる集合とみなすことができる. そのように考えると, $\mathbb{F}_p$ の 2 元に対し, それらの和・差・積を自然に定義す

ることができる. $a, b \in \mathbb{F}_p$ に対し, a, b を整数と見て和をとり, それを p で割った余りを $a + b \in \mathbb{F}_p$ と定義するのである. $a - b$ や ab も同様に定める.

例 1.9　$\mathbb{F}_5$ において, $3 + 4 = 2$ となる. また, $2 \times 3 = 1$ となる.

p が素数であることから, 0 でない元 $a \in \mathbb{F}_p$ による割り算も定義することができる. これは, 次の命題から分かる.

命題 1.10　$a \in \mathbb{F}_p \smallsetminus \{0\}$, $b \in \mathbb{F}_p$ に対し, $ax = b$ となる $x \in \mathbb{F}_p$ が唯一存在する. この x を $b \div a$ または $\dfrac{b}{a}$ と書く.

[証明]　$\mathbb{F}_p$ の元 $a \cdot 0, a \cdot 1, \ldots, a \cdot (p-1)$ を考えると, これらは相異なる. なぜなら, $0 \leq i < j \leq p-1$ に対し $a \cdot i$ と $a \cdot j$ が $\mathbb{F}_p$ の元として一致したとすると, 整数と見て $aj - ai = a(j - i)$ は p の倍数であるが, $1 \leq a \leq p-1$, $1 \leq j - i \leq p-1$ なので p が素数であることに矛盾するからである.

したがって $a \cdot 0, a \cdot 1, \ldots, a \cdot (p-1)$ は $0, 1, \ldots, p-1$ の並べ替えである. 特に, $a \cdot x = b$ となる $x \in \mathbb{F}_p$ が唯一存在することが分かる. ■

$\mathbb{Q}$ や $\mathbb{C}$, $\mathbb{F}_p$ のように, 四則演算のできる集合を**体**と呼ぶ. $\mathbb{F}_p$ のように, 有限集合である体を**有限体**と呼ぶ.

例 1.11　$\mathbb{F}_5$ において, $2 \times 3 = 1$ なので $1 \div 2 = 3$ である. また, $4 \div 3 = 9 \div 3 = 3$ である.

命題 1.10 の証明から, 以下の命題が導かれる.

命題 1.12（フェルマーの小定理）　$a \in \mathbb{F}_p \smallsetminus \{0\}$ に対し, $a^{p-1} = 1$ である.

[証明]　命題 1.10 の証明において, $a \cdot 0, a \cdot 1, \ldots, a \cdot (p-1)$ は $0, 1, \ldots, p-1$ の並べ替えであることが示されている. $a \cdot 0 = 0$ なので, $a \cdot 1, \ldots, a \cdot (p-1)$ は $1, \ldots, p-1$ の並べ替えである. 積をとることで, $a^{p-1} \times 1 \times \cdots \times (p-1) = 1 \times \cdots \times (p-1)$ となる. $1, 2, \ldots, p-1 \neq 0$ なので, 両辺をこれらで割って, $a^{p-1} = 1$ が得られる. ■

定義 1.13　$f(x, y)$ を定数でない整数係数 2 変数多項式とし, $C: f(x, y) = 0$ を $f(x, y)$ から定まる平面代数曲線とする. このとき,

$$C(\mathbb{F}_p) = \{(x,y) \in \mathbb{F}_p^2 \mid f(x,y) = 0\}$$

とおき, $C(\mathbb{F}_p)$ の元を C の $\mathbb{F}_p$ **有理点**と呼ぶ.

$\#(\mathbb{F}_p^2) = p^2$ であるから, $C(\mathbb{F}_p)$ の元の個数は高々 p^2 個である. よって, 次の問題を立てることができる.

問題 1.14 $n \geq 2$ を整数とする. $\#C_n(\mathbb{F}_p)$ を求めよ.

■ $C_2 \colon x^2 + y^2 = 1$ の $\mathbb{F}_p$ 有理点

$n = 2$ の場合に問題 1.14 に答えよう. これは, 命題 1.7 の類似を $C_2(\mathbb{F}_p)$ に対して証明することによって行われる.

命題 1.15 $p \neq 2$ のとき, 写像 $C_2(\mathbb{F}_p) \smallsetminus \{(-1,0)\} \rightarrow \{t \in \mathbb{F}_p \mid t^2 \neq -1\}$; $(x,y) \mapsto \dfrac{y}{x+1}$ は全単射であり, 逆写像は $t \mapsto \left(\dfrac{1-t^2}{1+t^2}, \dfrac{2t}{1+t^2}\right)$ で与えられる. 特に, $\#C_2(\mathbb{F}_p) = 1 + p - \#\{t \in \mathbb{F}_p \mid t^2 = -1\}$ が成り立つ.

[証明] $(x,y) \in C_2(\mathbb{F}_p) \smallsetminus \{(-1,0)\}$ に対し $x \neq -1$ である ($x = -1$ ならば $y^2 = 0$ となり $y = 0$ となってしまう). また, $\left(\dfrac{y}{x+1}\right)^2 + 1 = \dfrac{y^2 + x^2 + 2x + 1}{(x+1)^2} = \dfrac{2}{x+1} \neq 0$ である ($p \neq 2$ より $2 \neq 0$ となることを用いた). よって, 写像

$$C_2(\mathbb{F}_p) \smallsetminus \{(-1,0)\} \rightarrow \{t \in \mathbb{F}_p \mid t^2 \neq -1\}; \ (x,y) \mapsto \frac{y}{x+1}$$

が定まる. また, $t \in \mathbb{F}_p$ が $t^2 \neq -1$ を満たすとき, $\dfrac{1-t^2}{1+t^2}, \dfrac{2t}{1+t^2} \in \mathbb{F}_p$ であり, $\left(\dfrac{1-t^2}{1+t^2}\right)^2 + \left(\dfrac{2t}{1+t^2}\right)^2 = \dfrac{(1-t^2)^2 + 4t^2}{(1+t^2)^2} = 1$ および $\dfrac{1-t^2}{1+t^2} + 1 = \dfrac{2}{1+t^2} \neq 0$ (再び $p \neq 2$ を用いた) より $\left(\dfrac{1-t^2}{1+t^2}, \dfrac{2t}{1+t^2}\right) \in C_2(\mathbb{F}_p) \smallsetminus \{(-1,0)\}$ となる. これにより写像 $\{t \in \mathbb{F}_p \mid t^2 \neq -1\} \rightarrow C_2(\mathbb{F}_p) \smallsetminus \{(-1,0)\}$ が定まる. これら 2 つの写像が互いに逆写像であることは計算によって確認できる. ∎

$C_2(\mathbb{F}_p)$ の図を描くことはできないが, 命題 1.7 との類似をたどることで, あたかも $C_2(\mathbb{F}_p)$ が図 1.1 のような幾何学的実体を持っているかのように扱えるのであ

る．さらに，C_2 の「$90°$ 回転に対する対称性」を用いることで，次が証明できる．

定理 1.16（平方剰余の第 1 補充法則） $p \neq 2$ のとき，

$$\#C_2(\mathbb{F}_p) = \begin{cases} p - 1 & (p \equiv 1 \pmod 4) \\ p + 1 & (p \equiv 3 \pmod 4) \end{cases}$$

である．したがって，命題 1.15 と合わせると

$$\#\{t \in \mathbb{F}_p \mid t^2 = -1\} = \begin{cases} 2 & (p \equiv 1 \pmod 4) \\ 0 & (p \equiv 3 \pmod 4) \end{cases}$$

が成り立つ．

［証明］ $(x, y) \in C_2(\mathbb{F}_p)$ ならば，$(-y, x), (-x, -y), (y, -x) \in C_2(\mathbb{F}_p)$ であり，4 点 $(x, y), (-y, x), (-x, -y), (y, -x)$ は相異なる（例えば $(x, y) = (-y, x)$ ならば $x = -y = -x$ より $2x = 0$ となり，$p \neq 2$ と合わせて $x = 0$ を得る．このとき $y = 0$ であり，$x^2 + y^2 = 1$ に反する．他の場合も同様である）．このような 4 点を組にすることで，$\#C_2(\mathbb{F}_p)$ は 4 の倍数であることが分かる（図 1.2）．一方，$0 \leq \#\{t \in \mathbb{F}_p \mid t^2 = -1\} \leq 2$ であるから（$\mathbb{F}_p$ 係数 n 次方程式の解は n 個以下であることが複素数係数の場合と同様に証明できる），命題 1.15 より $p - 1 \leq \#C_2(\mathbb{F}_p) \leq p + 1$ を得る．これらを用いて定理の主張を示す．$p \equiv 1 \pmod 4$ ならば $p - 1 \equiv 0 \equiv \#C_2(\mathbb{F}_p) \pmod 4$ かつ $0 \leq \#C_2(\mathbb{F}_p) - (p - 1) \leq 2$ なので $\#C_2(\mathbb{F}_p) = p - 1$ が従う．また，$p \equiv 3 \pmod 4$ ならば $p + 1 \equiv 0 \equiv \#C_2(\mathbb{F}_p) \pmod 4$ かつ $0 \leq (p + 1) - \#C_2(\mathbb{F}_p) \leq 2$ なので $\#C_2(\mathbb{F}_p) = p + 1$ が従う． ∎

C_2 の「$y = x$ に関する対称性」にも注目すると，次の定理が示せる．

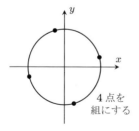

図 1.2 定理 1.16 の証明の概念図

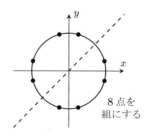

図 1.3 定理 1.17 の証明の概念図

定理 1.17（平方剰余の第 2 補充法則）　$p \neq 2$ のとき,

$$\#\{t \in \mathbb{F}_p \mid t^2 = 2\} = \begin{cases} 2 & (p \equiv 1, 7 \pmod 8) \\ 0 & (p \equiv 3, 5 \pmod 8) \end{cases}$$

が成り立つ.

[証明]　$(x, y) \in C_2(\mathbb{F}_p)$ が $x, y \neq 0$, $y \neq \pm x$ を満たすならば, 8 点

$$(x, y), \ (-y, x), \ (-x, -y), \ (y, -x), \ (y, x), \ (x, -y), \ (-y, -x), \ (-x, y)$$

は全て $C_2(\mathbb{F}_p)$ の元であり, 互いに異なる. よって, これら 8 点を組にすることで, $C_2(\mathbb{F}_p) \setminus (\{(\pm 1, 0), (0, \pm 1)\} \cup \{(x, y) \in C_2(\mathbb{F}_p) \mid y = \pm x\})$ の元の個数は 8 の倍数であることが分かる (図 1.3).

一方, $\#\{(x, y) \in C_2(\mathbb{F}_p) \mid y = x\} = \#\{(x, y) \in C_2(\mathbb{F}_p) \mid y = -x\} = \#\{x \in \mathbb{F}_p \mid 2x^2 = 1\}$ であり, さらに, 全単射 $\{x \in \mathbb{F}_p \mid 2x^2 = 1\} \xrightarrow{\cong} \{t \in \mathbb{F}_p \mid t^2 = 2\}$; $x \mapsto 2x$ （逆写像は $t \mapsto \dfrac{t}{2}$）があることに注意すると,

$$\#C_2(\mathbb{F}_p) - 4 - 2\#\{t \in \mathbb{F}_p \mid t^2 = 2\} \equiv 0 \pmod 8$$

が得られる. 定理 1.16 と合わせると,

- $p \equiv 1 \pmod 4$ のとき $2\#\{t \in \mathbb{F}_p \mid t^2 = 2\} \equiv p - 5 \pmod 8$
- $p \equiv 3 \pmod 4$ のとき $2\#\{t \in \mathbb{F}_p \mid t^2 = 2\} \equiv p - 3 \pmod 8$

となる. つまり,

- $p \equiv 1 \pmod 8$ のとき $2\#\{t \in \mathbb{F}_p \mid t^2 = 2\} \equiv 4 \pmod 8$
- $p \equiv 3 \pmod 8$ のとき $2\#\{t \in \mathbb{F}_p \mid t^2 = 2\} \equiv 0 \pmod 8$
- $p \equiv 5 \pmod 8$ のとき $2\#\{t \in \mathbb{F}_p \mid t^2 = 2\} \equiv 0 \pmod 8$
- $p \equiv 7 \pmod 8$ のとき $2\#\{t \in \mathbb{F}_p \mid t^2 = 2\} \equiv 4 \pmod 8$

である. $0 \leq 2\#\{t \in \mathbb{F}_p \mid t^2 = 2\} \leq 4$ に注意すると, 上の 4 つの合同式はいずれも等式であることが分かり, 主張が従う. ∎

注意 1.18　命題 1.15，定理 1.16，定理 1.17 ではいずれも $p \neq 2$ の場合を扱った．証明から分かるように，$p = 2$ の場合は状況がかなり異なるが，直接調べることで，$C_2(\mathbb{F}_2) = \{(1,0),(0,1)\}$，$\#C_2(\mathbb{F}_2) = 2$，$\#\{t \in \mathbb{F}_2 \mid t^2 = -1\} = \#\{t \in \mathbb{F}_2 \mid t^2 = 2\} = 1$ が得られる．

1.3　$C_3 \colon x^3 + y^3 = 1$ の場合

前節では C_2 について，問題 1.5 や問題 1.14 に対する解答を与えた．同じことを C_3 に対して行おうとすると，格段に難しくなる．$n = 3$ の場合のフェルマー予想がオイラーによって解決されていることから，問題 1.5 に対する解答は以下のようになる：

定理 1.19　$C_3(\mathbb{Q}) = \{(1,0),(0,1)\}$ である．

オイラーの証明は数論幾何学的なものではないため，本書では説明しない．その代わりに，現代の数論幾何学において，定理 1.19 がどのような理論の一部として理解されているかについて説明を行う．まず重要なのは，C_3 が楕円曲線と呼ばれる種類の平面代数曲線であることである．第 3 章でも述べるが，楕円曲線とは，おおむね $a_5 y^2 + a_6 xy + a_7 y = a_1 x^3 + a_2 x^2 + a_3 x + a_4$ $(a_1, a_5 \neq 0)$ という方程式で書ける平面代数曲線のことを指す．C_3 の方程式 $x^3 + y^3 = 1$ は y について 3 次の項を含むので，このままでは楕円曲線であるとは言えないが，以下の命題の通り，うまく変数変換を行うことで，C_3 を楕円曲線にうつすことができる．

命題 1.20　$D \colon y^2 = x^3 - 432$ とおくと，全単射

$$\{(x,y) \in D \mid x \neq 0\} \xrightarrow{\cong} C_3; \ (x,y) \mapsto \left(\frac{36+y}{6x}, \frac{36-y}{6x}\right)$$

がある．逆写像は $(X,Y) \mapsto \left(\dfrac{12}{X+Y}, \dfrac{36(X-Y)}{X+Y}\right)$ である．この全単射を制限することで，全単射 $D(\mathbb{Q}) \xrightarrow{\cong} C_3(\mathbb{Q})$ が得られる．

[証明]　$(x,y) \in D$, $x \neq 0$ とし，$X = \dfrac{36+y}{6x}$, $Y = \dfrac{36-y}{6x}$ とおく．このとき，$X^3 + Y^3 - 1 = \dfrac{432 + y^2 - x^3}{x^3} = 0$ より $(X,Y) \in C_3$ である．よって写像

$$\phi\colon \{(x,y) \in D \mid x \neq 0\} \to C_3;\ (x,y) \mapsto \left(\frac{36+y}{6x}, \frac{36-y}{6x}\right)$$

が定まる．逆に，$(X,Y) \in C_3$ に対し $x = \dfrac{12}{X+Y}$, $y = \dfrac{36(X-Y)}{X+Y}$ とおく

と（$X^3 + Y^3 = 1$ より $X + Y \neq 0$ であることに注意），$x \neq 0$, $X = \dfrac{36+y}{6x}$,

$Y = \dfrac{36-y}{6x}$ であるから，上の計算により $432 + y^2 - x^3 = x^3(X^3 + Y^3 - 1) = 0$ を得

る．よって写像 $\psi\colon C_3 \to \{(x,y) \in D \mid x \neq 0\};\ (X,Y) \mapsto \left(\dfrac{12}{X+Y}, \dfrac{36(X-Y)}{X+Y}\right)$

が定まる．ϕ と ψ が互いに逆写像であることは容易に確認できる．

　ϕ と ψ は $\mathbb{Q}$ 有理点を $\mathbb{Q}$ 有理点にうつす．$\{(x,y) \in D \mid x = 0\} = \{(0, \pm 12\sqrt{-3})\}$ は $\mathbb{Q}$ 有理点を含まないことにも注意すると，ϕ は全単射 $D(\mathbb{Q}) \xrightarrow{\cong} C_3(\mathbb{Q})$ を引き起こすことが分かる．　■

　第 9 章では，楕円曲線の $\mathbb{Q}$ 有理点がどのくらいあるかを予見する BSD 予想を紹介し，それを部分的に解決した結果を用いて $D(\mathbb{Q}) = \{(12, \pm 36)\}$ を導く．これと命題 1.20 を合わせることで，定理 1.19 が得られる．9.3 節の末尾を参照．

　ここまでは問題 1.5 について述べてきたが，問題 1.14 についてはどうだろうか？これについては，次の興味深い定理が成り立つ．

> **定理 1.21**　$q \displaystyle\prod_{n=1}^{\infty}(1 - q^{3n})^2(1 - q^{9n})^2 = \sum_{n=1}^{\infty} a_n q^n$ によって数列 $\{a_n\}_{n \geq 1}$ を定
>
> める．このとき，素数 $p \neq 2, 3$ に対し次が成り立つ：
>
> $$\#C_3(\mathbb{F}_p) = p - \#\{t \in \mathbb{F}_p \mid t^2 = -3\} - a_p, \quad \#D(\mathbb{F}_p) = p - a_p.$$

　無限積 $q \displaystyle\prod_{n=1}^{\infty}(1 - q^{3n})^2(1 - q^{9n})^2$ に馴染みのない読者もいるだろうが，a_m を求

めるには，途中で打ち切った有限積 $q \displaystyle\prod_{1 \leq n \leq (m-1)/3}(1 - q^{3n})^2(1 - q^{9n})^2$ の q^m の係

数を求めればよいだけなので，全く恐れる必要はない．この無限積は，保型形式と呼ばれるものの一種であり，定理 1.21 は，整数係数の方程式で定まる楕円曲線の $\mathbb{F}_p$ 有理点の個数が保型形式で記述されるという一般的な現象（志村 – 谷山予想，現在では解決済み）の例となっている．保型形式は，第 4 章で詳しく扱う．また，志村 – 谷山予想については第 7 章で紹介する．

実は，定理 1.19 と定理 1.21 は深く関係している．上で述べた BSD 予想は，より詳しく言うと，「楕円曲線 E の $\mathbb{F}_p$ 有理点の個数を記述する保型形式 f の保型 L 関数 $L(s,f)$ というものを用いて $E(\mathbb{Q})$ の大きさが測れるであろう」という予想だからである（図 1.4）．

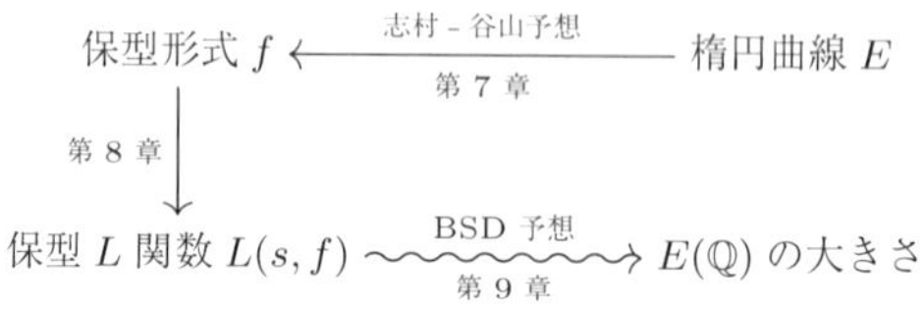

$$\boxed{\text{保型形式 } f} \xleftarrow[\text{第 7 章}]{\text{志村 - 谷山予想}} \boxed{\text{楕円曲線 } E}$$

$$\Big\downarrow {\scriptstyle \text{第 8 章}}$$

$$\boxed{\text{保型 } L \text{ 関数 } L(s,f)} \xrightarrow[\text{第 9 章}]{\text{BSD 予想}} \boxed{E(\mathbb{Q}) \text{ の大きさ}}$$

図 1.4　志村 – 谷山予想と BSD 予想

　ここまで述べてきたように，$n=3$ の場合の問題 1.5 や問題 1.14，あるいはより一般に，楕円曲線 E に対して $E(\mathbb{Q})$ や $\#E(\mathbb{F}_p)$ を調べる問題に取り組む際には，楕円曲線と保型形式を結び付けて考えることが非常に大切である．しかし，これら 2 つの対象は直接結び付くわけではない．その仲立ちとなるのが，本書の主題であるモジュラー曲線である．志村 – 谷山予想を証明する際には，まず逆向きの対応，すなわち，保型形式から楕円曲線を構成する方法を与える必要があり，この際にモジュラー曲線が用いられる（第 7 章，特に 7.4 節を参照）．また，BSD 予想を部分的に解決した結果であるグロス – ザギエ，コリヴァギンの定理の証明にもモジュラー曲線が用いられる（9.4 節を参照）．

■ $n \geq 4$ の場合

　$n \geq 4$ の場合に問題 1.5 や問題 1.14 がどうなるかについても紹介しておこう．まず問題 1.5 について説明する．$n=4$ の場合，以下の写像 ψ によって C_4 と楕円曲線 $E\colon y^2 = x^3 - x$ を結び付けることができる：

$$\psi\colon \{(x,y) \in C_4 \mid x \neq 0\} \to E;\ (x,y) \mapsto \left(\frac{1}{x^2}, \frac{y^2}{x^3}\right).$$

ψ の像は $E \setminus \{(0,0)\}$ であり，各 $P \in E \setminus \{(0,0)\}$ に対し，その逆像 $\psi^{-1}(P)$ は 2 点または 4 点からなる．また，ψ によって $\{(x,y) \in C_4(\mathbb{Q}) \mid x \neq 0\} = C_4(\mathbb{Q}) \setminus \{(0,\pm 1)\}$ の元は $E(\mathbb{Q}) \setminus \{(0,0)\}$ の元にうつされる．これらのことから，$E(\mathbb{Q}) \setminus \{(0,0)\}$ の元を全て求め，それらの ψ による逆像の元のうち $\mathbb{Q}$ 有理点となるものを選び出せば，$C_4(\mathbb{Q}) \setminus \{(0,\pm 1)\}$ の元が全て求まったこと

になる. E は楕円曲線なので, D と同様の方法で $E(\mathbb{Q}) = \{(0,0), (\pm 1, 0)\}$ が証明できる. $\psi^{-1}((1,0)) = \{(\pm 1, 0)\}$, $\psi^{-1}((-1,0)) = \{(\pm i, 0)\}$ であるから, $C_4(\mathbb{Q}) \setminus \{(0, \pm 1)\} = \{(\pm 1, 0)\}$ すなわち $C_4(\mathbb{Q}) = \{(\pm 1, 0), (0, \pm 1)\}$ が結論される.

$n \geq 5$ の場合, 一般に C_n と楕円曲線を結び付けることはできないため (例えば n が 5 以上の素数ならば不可能である), 同様の議論は機能しない. この場合にも

$$C_n(\mathbb{Q}) = \begin{cases} \{(\pm 1, 0), (0, \pm 1)\} & (n \text{ が偶数のとき}) \\ \{(1,0), (0,1)\} & (n \text{ が奇数のとき}) \end{cases}$$

となることが分かっているが, その証明は問題 1.4, すなわちフェルマー予想を解決することによって行われる. フェルマー予想は, 楕円曲線と保型形式の結び付きを $n = 3, 4$ の場合とは異なる方法で用いることで解決された. これについては第 7 章で解説する.

次に問題 1.14 について, ごく簡単に述べる. 一般の n に対する $\#C_n(\mathbb{F}_p)$ は, ヤコビ和と呼ばれるものを用いて記述することが可能であり, それが (やや形は違うものの) 定理 1.21 の類似にあたる結果と解釈できる. ヴェイユは, C_n の方程式 $x^n + y^n = 1$ の一般化である, $a_0 x_0^{n_0} + a_1 x_1^{n_1} + \cdots + a_r x_r^{n_r} = b$ $(r, n_0, \ldots, n_r$ は正整数, $a_0, \ldots, a_r, b$ は整数) という形の方程式の有限体における解の個数をヤコビ和を用いて考察し, その結果を根拠の 1 つとしてヴェイユ予想を提案した. ヴェイユ予想 (現在は解決済み) は, 方程式の有限体における解の個数を求めるだけで, その方程式が定める図形の大雑把な形が把握できることを主張するものであり, 数論と幾何を繋ぐ架け橋となる定理である. また, ヴェイユ予想の解決を目標として初期の数論幾何学が大きく発展したという経緯もある. ヴェイユ予想については第 11 章で解説を行う.

1.4 参考文献ガイド

有限体 $\mathbb{F}_p$ は, ほとんどの初等整数論の教科書で扱われていることと思われる. ここでは [69] を挙げておく. この本は, 本書とは異なる角度から数論幾何への入門を試みるものであり, そうした観点からも一読を勧める. 定理 1.17 の証明は, この本の 6.3 節を参考にした.

$\#C_n(\mathbb{F}_p)$ のヤコビ和を用いた記述については [69] の第 5 章や [24] の Chapter 8 を参照. ヴェイユ予想との関係については [24] の Chapter 11 で解説されている.

第 2 章

モジュラー曲線とは

　本章では，本書の主題であるモジュラー曲線の導入を行う．モジュラー曲線とは，非常に大雑把に言えば，複素上半平面を折り畳んでできる図形のことである．まず 2.1 節において，複素上半平面および，その折り畳み方を与える $\mathrm{SL}_2(\mathbb{Z})$ の作用について説明する．その内容に基づき，2.2 節でモジュラー曲線の定義を与える．2.3 節では，モジュラー曲線の大雑把な「かたち」を考察し，モジュラー曲線という対象に馴染むことを目指す．2.4 節では，モジュラー曲線と整数論の関わりの出発点となる定理を紹介する．この定理は，本書の第 6 章までの主な目標となるものである．

2.1　複素上半平面と $\mathrm{SL}_2(\mathbb{Z})$

　本節では，モジュラー曲線を導入するために必要な記号の準備を行う．まず 2×2 行列の定義から始めよう．

■ 2×2 行列

定義 2.1　数を 2×2 の正方形状に並べたものを 2×2 **行列**あるいは **2 次正方行列**と呼ぶ．2 つの 2×2 行列 $g = \begin{pmatrix} a & b \\ c & d \end{pmatrix}, g' = \begin{pmatrix} p & q \\ r & s \end{pmatrix}$ に対し，それらの積を

$$gg' = \begin{pmatrix} ap + br & aq + bs \\ cp + dr & cq + ds \end{pmatrix}$$

によって定める．

2×2 行列の和も定義することができるが，本書では用いないので省略する．g, g', g'' を 2×2 行列とするとき，通常の数の積と同様，結合法則 $(gg')g'' = g(g'g'')$ が成り立つ．一方，交換法則 $gg' = g'g$ は一般には成り立たない．

定義 2.2　$e = \begin{pmatrix} 1 & 0 \\ 0 & 1 \end{pmatrix}$ を**単位行列**と呼ぶ．

全ての 2×2 行列 g に対し $ge = eg = g$ が成り立つ．この意味で，単位行列は 2×2 行列の世界での「1」にあたるものである．

定義 2.3　2×2 行列 $g = \begin{pmatrix} a & b \\ c & d \end{pmatrix}$ に対し，$\det g = ad - bc$ を g の**行列式**と呼ぶ．$\det g \neq 0$ のとき，$g^{-1} = \dfrac{1}{\det g} \begin{pmatrix} d & -b \\ -c & a \end{pmatrix}$ を g の**逆行列**と呼ぶ．$\det g = 0$ のときには逆行列は考えない．

簡単な計算により，2×2 行列 g, g' に対し $\det(gg') = (\det g)(\det g')$ となることが分かる．また，$\det g \neq 0$ のときには，定義に従って計算すると $gg^{-1} = g^{-1}g = e$ となることが確認できる．つまり，逆行列 g^{-1} は g の「逆数」に相当するものである．

注意 2.4　$\det g = 0$ であっても g の「逆数」が存在する場合があるのではないかと思う読者もいるかもしれない．しかし，実はそのようなことはない．g の「逆数」g' が存在するならば $gg' = e$ となるはずであるが，両辺の行列式をとると $\det(gg') = \det e$ すなわち $(\det g)(\det g') = 1$ となって，$\det g \neq 0$ が導かれてしまうからである．

注意 2.5　2×2 行列 g, g' が $\det g \neq 0$, $\det g' \neq 0$ を満たすならば，$(gg')^{-1} = g'^{-1}g^{-1}$, $(g^{-1})^{-1} = g$, $\det(g^{-1}) = (\det g)^{-1}$ が成り立つ．実際，$(gg')(gg')^{-1} = e$ の両辺に左から g^{-1} をかけると $g'(gg')^{-1} = g^{-1}$ となり，さらに左から g'^{-1} をかけることで 1 つ目の等式が得られる．2 つ目の等式は，$gg^{-1} = e$ の両辺に右から $(g^{-1})^{-1}$ をかけることで得られる．3 つ目の等式は，注意 2.4 と同様，$gg^{-1} = e$ の両辺の行列式をとって $\det(gg^{-1}) = (\det g)(\det g^{-1})$ を用いることで得られる．

定義 2.6　g を 2×2 行列とし，$n \geq 1$ を整数とする．

(1) $g^n = \underbrace{g \cdots g}_{n\,個}$ と定める．

(2) $\det g \neq 0$ のとき，$g^0 = e$，$g^{-n} = (g^{-1})^n$ と定める．

注意 2.7　2×2 行列 g が $\det g \neq 0$ を満たすとする．このとき，整数 m, n に対し，指数法則 $g^{m+n} = g^m g^n$，$(g^m)^n = g^{mn}$ が成り立つ．

■ 複素上半平面と $\mathrm{SL}_2(\mathbb{Z})$

次の記号は，本書で頻繁に用いられる．

定義 2.8　(1) $\mathbb{H} = \{x + yi \in \mathbb{C} \mid x, y \in \mathbb{R},\ y > 0\}$ で，虚部が正の複素数全体を表す．これは複素平面で見ると上半分になるので，**複素上半平面**と呼ばれる．

(2) $\mathrm{SL}_2(\mathbb{Z}) = \left\{ g = \begin{pmatrix} a & b \\ c & d \end{pmatrix} \,\middle|\, a, b, c, d \in \mathbb{Z},\ \det g = ad - bc = 1 \right\}$ とおく．こ れはしばしば**モジュラー群**と呼ばれる．

$g, g' \in \mathrm{SL}_2(\mathbb{Z})$ のとき，積 gg' の成分は明らかに整数である．また，$\det g = \det g' = 1$ より $\det(gg') = (\det g)(\det g') = 1$ となる．これらのことから，

$$g, g' \in \mathrm{SL}_2(\mathbb{Z}) \text{ ならば } gg' \in \mathrm{SL}_2(\mathbb{Z}) \text{ となる}$$

ということが分かった．この性質を「$\mathrm{SL}_2(\mathbb{Z})$ は積で閉じている」という．

明らかに単位行列 e は $\mathrm{SL}_2(\mathbb{Z})$ の元である．また，$g = \begin{pmatrix} a & b \\ c & d \end{pmatrix} \in \mathrm{SL}_2(\mathbb{Z})$ なら

ば，$g^{-1} = \dfrac{1}{ad - bc} \begin{pmatrix} d & -b \\ -c & a \end{pmatrix} = \begin{pmatrix} d & -b \\ -c & a \end{pmatrix}$ も $\mathrm{SL}_2(\mathbb{Z})$ の元となる．つまり，

$$g \in \mathrm{SL}_2(\mathbb{Z}) \text{ ならば } g^{-1} \in \mathrm{SL}_2(\mathbb{Z}) \text{ となる}$$

ということが成り立つ．これらの，

- 積で閉じている
- 単位元（「1」の一般化）が入っている
- どんな元も逆元（「逆数」の一般化）を持つ

という 3 つの性質を合わせて,「$\mathrm{SL}_2(\mathbb{Z})$ は**群**である」という.

次に,$\mathrm{SL}_2(\mathbb{Z})$ の元を用いて $\mathbb{H}$ の点を動かすことを考えよう.

定義 2.9 $g = \begin{pmatrix} a & b \\ c & d \end{pmatrix} \in \mathrm{SL}_2(\mathbb{Z})$, $z \in \mathbb{H}$ に対し,$g \cdot z = \dfrac{az+b}{cz+d}$ とおく.これは再び $\mathbb{H}$ の元になる.

「これは再び $\mathbb{H}$ の元になる」の部分,つまり「$g \cdot z$ の虚部が正になる」という主張には証明が必要である.これは以下の計算から分かる:

$$
\mathrm{Im} \frac{az+b}{cz+d} = \frac{1}{2i}\left(\frac{az+b}{cz+d} - \frac{a\bar{z}+b}{c\bar{z}+d} \right) = \frac{1}{2i} \frac{adz + bc\bar{z} - bcz - ad\bar{z}}{|cz+d|^2} = \frac{ad-bc}{|cz+d|^2} \frac{z - \bar{z}}{2i}
$$

$$
= \frac{\mathrm{Im}\, z}{|cz+d|^2} > 0 \quad (\text{最後の不等号で } z \in \mathbb{H} \text{ という仮定を用いた}).
$$

これ以外にも,以下の性質が成り立つことが確認できる:

- $g, g' \in \mathrm{SL}_2(\mathbb{Z})$ に対し,$g \cdot (g' \cdot z) = (gg') \cdot z$.
- $e \cdot z = z$.

2 つ目は明らかであるが,1 つ目はそうではない.次の例題を参照.

例題 2.10 $g, g' \in \mathrm{SL}_2(\mathbb{Z})$, $z \in \mathbb{H}$ に対し,$g \cdot (g' \cdot z) = (gg') \cdot z$ を示せ.

[解答] $g = \begin{pmatrix} a & b \\ c & d \end{pmatrix}, g' = \begin{pmatrix} p & q \\ r & s \end{pmatrix}$ とおくと,

$$
g \cdot (g' \cdot z) = \frac{a(g' \cdot z) + b}{c(g' \cdot z) + d} = \frac{a \cdot \frac{pz+q}{rz+s} + b}{c \cdot \frac{pz+q}{rz+s} + d} = \frac{(ap+br)z + (aq+bs)}{(cp+dr)z + (cq+ds)} = (gg') \cdot z
$$

となるので,確かに $g \cdot (g' \cdot z) = (gg') \cdot z$ となる. ∎

上記のように,「$\mathrm{SL}_2(\mathbb{Z})$ の元を用いて $\mathbb{H}$ の元を動かすことができる」という状況を,数学では,「$\mathrm{SL}_2(\mathbb{Z})$ が $\mathbb{H}$ に**作用**している」と言い表す.特に,$g \in \mathrm{SL}_2(\mathbb{Z})$ によって引き起こされる $\mathbb{H}$ の変換(すなわち,写像 $\mathbb{H} \to \mathbb{H}; z \mapsto g \cdot z$)のことを,「$g$ の $\mathbb{H}$ への作用」と呼ぶ.作用のイメージは,$\mathrm{SL}_2(\mathbb{Z})$ の元が刻印された無数のスイッチがあって,それぞれのスイッチを押すたびに,複素上半平面 $\mathbb{H}$ の点が他の点に移動するという感じであろうか.いくつか例を見てみよう.

例 2.11　(1) $T = \begin{pmatrix} 1 & 1 \\ 0 & 1 \end{pmatrix}$ のとき, $T \cdot z = \dfrac{1 \cdot z + 1}{0 \cdot z + 1} = z + 1$ となる. これは, 実

軸方向へ 1 平行移動させる操作に対応している (図 2.1 左).

(2) $S = \begin{pmatrix} 0 & -1 \\ 1 & 0 \end{pmatrix}$ のとき, $S \cdot z = \dfrac{0 \cdot z - 1}{1 \cdot z + 0} = -\dfrac{1}{z}$ となる. これは, 単位円に

関する反転と, 虚軸に関する対称移動の合成に対応している (図 2.1 右). ま

た, $S^2 = \begin{pmatrix} -1 & 0 \\ 0 & -1 \end{pmatrix}$ なので, $S^2 \cdot z = \dfrac{-1 \cdot z + 0}{0 \cdot z - 1} = z$ となる. これは「単

位円に関する反転と, 虚軸に関する対称移動の合成」を 2 回繰り返すともと

に戻ること (つまり $S \cdot (S \cdot z) = z$ となること) を反映している.

(3) 一般に, $g \in \mathrm{SL}_2(\mathbb{Z})$ に対し, $g^{-1} \cdot (g \cdot z) = (g^{-1} g) \cdot z = e \cdot z = z$ および

$g \cdot (g^{-1} \cdot z) = (g g^{-1}) \cdot z = e \cdot z = z$ が成り立つ. つまり, g^{-1} の作用は g

の作用の「巻き戻し」(数学用語では逆写像) に対応している.

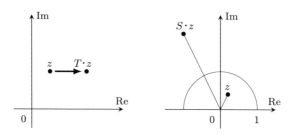

図 2.1　$\mathrm{SL}_2(\mathbb{Z})$ の $\mathbb{H}$ への作用

　実は, 上の例に現れた $T = \begin{pmatrix} 1 & 1 \\ 0 & 1 \end{pmatrix}$ と $S = \begin{pmatrix} 0 & -1 \\ 1 & 0 \end{pmatrix}$ を組み合わせて, $\mathrm{SL}_2(\mathbb{Z})$

の全ての元を表すことができる.

定理 2.12　$\mathrm{SL}_2(\mathbb{Z})$ の任意の元は, T, T^{-1}, S, S^{-1} の (勝手な個数・順序の) 積
で表すことができる.

[証明]　$\mathrm{SL}_2(\mathbb{Z})$ の元のうち, T, T^{-1}, S, S^{-1} の積で表せるもの全体のなす集合を

X とおく. $g = \begin{pmatrix} a & b \\ c & d \end{pmatrix} \in \mathrm{SL}_2(\mathbb{Z})$ を任意にとり, $g \in X$ を示す. まず $c = 0$ の場

合を考える. このとき $ad = \det g = 1$ であるから $a = d = 1$ または $a = d = -1$

である. $a = d = 1$ のときは $g = \begin{pmatrix} 1 & b \\ 0 & 1 \end{pmatrix} = T^b \in X$ であり, $a = d = -1$ のとき

は $g = \begin{pmatrix} -1 & b \\ 0 & -1 \end{pmatrix} = S^2 T^{-b} \in X$ である. いずれの場合も $g \in X$ が示された.

次に一般の場合を考える.

$$T^{-1}g = \begin{pmatrix} 1 & -1 \\ 0 & 1 \end{pmatrix} \begin{pmatrix} a & b \\ c & d \end{pmatrix} = \begin{pmatrix} a-c & b-d \\ c & d \end{pmatrix},$$

$$Sg = \begin{pmatrix} 0 & -1 \\ 1 & 0 \end{pmatrix} \begin{pmatrix} a & b \\ c & d \end{pmatrix} = \begin{pmatrix} -c & -d \\ a & b \end{pmatrix}$$

であるから, 左上と左下の成分でユークリッドの互除法を行うことで, g に左から T, T^{-1}, S を何回かかけて左下の成分を 0 にできる. すなわち, $h \in X$ であって, hg の左下の成分が 0 であるものが存在する. $h \in X \subset \mathrm{SL}_2(\mathbb{Z})$ より $hg \in \mathrm{SL}_2(\mathbb{Z})$ であるから, $c = 0$ の場合より, $hg \in X$ が従う. また, $h \in X$ と注意 2.5 より $h^{-1} \in X$ である. よって $g = h^{-1}(hg) \in X$ も成り立つ (X は積で閉じていることに注意).

先ほど, 作用のイメージとして, $\mathrm{SL}_2(\mathbb{Z})$ の元が刻印された無数のスイッチを思い浮かべるとよいと述べた. 定理 2.12 から, T, T^{-1}, S, S^{-1} というたった 4 つのスイッチを適切な順番に押すことで, $\mathrm{SL}_2(\mathbb{Z})$ の元の作用が全て実現できてしまうことが分かる.

■ 合同部分群

モジュラー曲線を定めるためには, もう 1 つ, 概念を導入する必要がある.

定義 2.13 整数 $N \geq 1$ に対し, $\Gamma_0(N), \Gamma_1(N), \Gamma(N)$ を以下のように定める.

- $\Gamma_0(N) = \left\{ \begin{pmatrix} a & b \\ c & d \end{pmatrix} \in \mathrm{SL}_2(\mathbb{Z}) \;\middle|\; c \equiv 0 \pmod{N} \right\}$.

- $\Gamma_1(N) = \left\{ \begin{pmatrix} a & b \\ c & d \end{pmatrix} \in \mathrm{SL}_2(\mathbb{Z}) \;\middle|\; a, d \equiv 1, c \equiv 0 \pmod{N} \right\}$.

$$\bullet\ \Gamma(N) = \left\{\begin{pmatrix} a & b \\ c & d \end{pmatrix} \in \mathrm{SL}_2(\mathbb{Z}) \ \middle|\ a, d \equiv 1, b, c \equiv 0 \pmod{N}\right\}.$$

これらも $\mathrm{SL}_2(\mathbb{Z})$ 同様, 群の条件を満たす. つまり, $e \in \Gamma_0(N)$ であり, $g, g' \in \Gamma_0(N)$ ならば $gg', g^{-1} \in \Gamma_0(N)$ となる ($\Gamma_1(N), \Gamma(N)$ でも同様). このように, $\mathrm{SL}_2(\mathbb{Z})$ の部分集合であって群となるものを**部分群**と呼ぶ. $\Gamma_0(N), \Gamma_1(N), \Gamma(N)$ のように, 合同式によって定まる部分群を**合同部分群**と呼ぶ. 目的によっては上記以外の合同部分群を考えることもあるが, 本書では主に $\Gamma_0(N), \Gamma_1(N)$ を考え, $\Gamma(N)$ は補助的にのみ用いるので, 合同部分群と言ったら $\Gamma_0(N)$ または $\Gamma_1(N)$ のことだと思っていただいて差し支えない. なお, $N = 1$ とすると $\Gamma_0(1) = \Gamma_1(1) = \Gamma(1) = \mathrm{SL}_2(\mathbb{Z})$ なので, $\mathrm{SL}_2(\mathbb{Z})$ 自身も合同部分群である.

　Γ を $\mathrm{SL}_2(\mathbb{Z})$ の合同部分群とするとき, Γ の元は $\mathrm{SL}_2(\mathbb{Z})$ の元ともみなせるので, 定義 2.9 の式によって Γ の $\mathbb{H}$ への作用も定めることができる.

2.2　モジュラー曲線

　いよいよモジュラー曲線の登場である.

定義 2.14　Γ を $\mathrm{SL}_2(\mathbb{Z})$ の合同部分群とする. レベル Γ の**モジュラー曲線**とは, $\mathbb{H}$ の点で Γ の作用でうつりあうものを同じと思ってできる図形のことである. レベル Γ のモジュラー曲線を M_Γ と書く.

　本書では「同じと思ってできる図形」の意味を正確に述べることはできない. 本節では, より簡単な例である,

$$\mathbb{H}\ \text{の点で}\ G = \{T^n \mid n \in \mathbb{Z}\} = \left\{\begin{pmatrix} 1 & n \\ 0 & 1 \end{pmatrix} \middle| n \in \mathbb{Z}\right\}\ \text{の作用でうつりあうもの}$$

のを同じと思ってできる図形 X

を通して,「同じと思う」とはどういうことなのかを説明してみたい.

　$\mathbb{H}$ の部分集合 $E = \left\{z \in \mathbb{H} \ \middle|\ -\dfrac{1}{2} \leq \operatorname{Re} z \leq \dfrac{1}{2}\right\}$ に注目しよう (図 2.2). この集合は次の特徴を持っている:

　(a) $\mathbb{H}$ の任意の点 z は, G の元の作用で動かすことで, E の点にうつすことがで

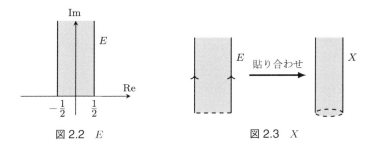

図 2.2 E 　　　　　　　図 2.3 X

きる. つまり, $g \cdot z \in E$ となる $g \in G$ が存在する.

(b) E の相異なる 2 点 z, z' のうち少なくとも一方が境界上にないならば, z と z' は G の元の作用によってうつりあわない. すなわち, $g \cdot z = z'$ となる $g \in G$ は存在しない.

性質 (a) より, $\mathbb{H}$ の任意の点は E の点と「同じと思われる」のであるから, X を調べる際に $\mathbb{H}$ 全体を考える必要はなく, E の点であって G の作用でうつりあうものを同じと思えばよいことが分かる. さらに, 性質 (b) より, 境界上にない E の点に関しては, 他の E の点と「同じと思われる」ことはない. したがって, E の境界上にある 2 点 z, z' $(z \neq z')$ がいつ G の作用でうつりあうかを調べればよい. 整数 n に対し $T^n \cdot z = z + n$ であるから, z と z' が G の作用でうつりあうことは $z' = z + 1$ または $z' = z - 1$ と同値である. つまり, E の境界に関しては, $-\dfrac{1}{2} + yi$ と $\dfrac{1}{2} + yi$ $(y > 0$ は実数$)$ が同一視され, かつ, それ以外の 2 点が同一視されることはない.

以上の考察から, X は E のうち $\mathrm{Re}\, z = -\dfrac{1}{2}$ の部分と $\mathrm{Re}\, z = \dfrac{1}{2}$ の部分を貼り合わせてできる, 上方向に無限に伸びた円柱のような図形になることが分かる (図 2.3). E がちょうど X の展開図にあたるものであり, G の作用が展開図の組み立て方を記述していると考えることもできる. 上記の性質 (a), (b) を満たす $\mathbb{H}$ の部分集合のことを, G の $\mathbb{H}$ への作用に関する**基本領域**という.

少し別の視点から考え直してみよう.

$$Y = \{(x, y, z) \in \mathbb{R}^3 \mid x^2 + y^2 = 1, z > 0\}$$

とおく. Y は z 軸正方向に無限に伸びた円柱である. 写像 $\phi \colon \mathbb{H} \to Y$ を $\phi(x + yi) = (\cos 2\pi x, \sin 2\pi x, y)$ $(x, y \in \mathbb{R}, y > 0)$ で定めると, 以下の 2 つが成り立つ:

- ϕ は全射である.
- $z, z' \in \mathbb{H}$ が $\phi(z) = \phi(z')$ を満たすことと, z と z' が G の作用でうつりあうことは同値である.

この 2 つの条件はまさに, $\mathbb{H}$ の点のうち G の作用でうつりあうものを同じと思ってできる集合が Y であることを表している.「同じと思われる」点の集まりを 1 点につぶす写像が ϕ であり, そのようにつぶして得られる点を集めてできる集合が Y であることを ϕ の全射性が保証しているからである. この考え方は, 第 3 章以降で頻繁に用いられる.

注意 2.15　$Y' = \{(x, y) \in \mathbb{R}^2 \mid 0 \leq x < 1, y > 0\}$ とおき, 写像 $\phi' \colon \mathbb{H} \to Y'$ を $\phi'(x + yi) = (x - \lfloor x \rfloor, y)$ ($\lfloor x \rfloor$ は x 以下の最大の整数を表す) で定めても, 上記の 2 性質は満たされる. Y' は円柱とは異なった形をしているので, 何かおかしいと思われるかもしれない. 実は, Y と Y' の間には全単射があり, これら 2 つを集合と見るだけで区別することはできない. Y と Y' を区別し, Y の方が求めるべき図形であるということを定式化するためには, 図形の「繋がり方」を扱う分野である位相空間論の知識が必要である. ここでは, ϕ' は ϕ に比べて不自然な (連続でない) 写像であるから不適切だという程度の理解で十分である.

　Γ, Γ' を $\mathrm{SL}_2(\mathbb{Z})$ の合同部分群とし, $\Gamma \subset \Gamma'$ が成り立っているとする. このとき, $\mathbb{H}$ の 2 点が Γ の作用でうつりあうならば, Γ' の作用でもうつりあう. $\mathbb{H}$ の点のうち Γ の作用でうつりあうものを同一視して得られる図形が M_Γ であり, Γ の作用でうつりあうかどうかは分からないが Γ' の作用ではうつりあうものを同一視して得られる図形が $M_{\Gamma'}$ なので, $M_{\Gamma'}$ は M_Γ よりも多くの点を同じ点とみなして得られる図形となっている. 言い換えると, 全射 $M_\Gamma \to M_{\Gamma'}$ が自然に定まる. このことから, モジュラー曲線 M_Γ は, Γ が小さければ小さいほど複雑な図形となる傾向がある. 逆に, $\mathrm{SL}_2(\mathbb{Z})$ は全ての合同部分群を含むので, $M_{\mathrm{SL}_2(\mathbb{Z})}$ は最も簡単なモジュラー曲線である.

2.3　モジュラー曲線の「かたち」

　本節では, モジュラー曲線 M_Γ が大雑把にはどのような「かたち」をしているかを考察する. ここでは, 位相幾何学的な立場, すなわち, 図形がゴムのような材料

でできているとみなし，伸び縮みによってうつりあう図形は同じだと考える立場を
とることにする．例えば，中身の詰まっていない正多面体は，中に空気を入れて膨
らませると思えば，球面と同じ「かたち」の図形である．一方で，浮き輪（あるい
は中身の詰まっていないドーナツ）はいくら変形しても球面にはできないので，球
面とは異なる「かたち」の図形である．

M_Γ の「かたち」を求めるには，前節で説明したように，以下の 2 つを行えば
よい．

- Γ の $\mathbb{H}$ への作用に関する基本領域を求める．
- 基本領域の境界がどのように貼り合わせられるかを調べる．

以下では，これらの問題を，まず最も基本的である $\Gamma = \mathrm{SL}_2(\mathbb{Z})$ の場合に扱う．そ
の後，$\mathrm{SL}_2(\mathbb{Z})$ より少し複雑だが比較的扱いやすい，$\Gamma = \Gamma_0(p)$（p は素数）の場合
を考察する．

■ $\Gamma = \mathrm{SL}_2(\mathbb{Z})$ の場合

$\mathrm{SL}_2(\mathbb{Z})$ の $\mathbb{H}$ への作用に関する基本領域，および基本領域の境界の貼り合わせ方
は次の命題によって与えられる．

命題 2.16 $D = \left\{ z \in \mathbb{H} \,\middle|\, -\dfrac{1}{2} \leq \mathrm{Re}\, z \leq \dfrac{1}{2},\ |z| \geq 1 \right\}$ とおくと（図 2.4），以下
が成り立つ．

(1) 任意の $z \in \mathbb{H}$ に対し，$g \in \mathrm{SL}_2(\mathbb{Z})$ をうまく選ぶと $g \cdot z \in D$ とできる．

(2) $z, z' \in D$ が $z \neq z'$ を満たすとする．$g \cdot z = z'$ となる $g \in \mathrm{SL}_2(\mathbb{Z})$ が存在す
るならば，以下のいずれかが成り立つ（どの場合も，z と z' はともに D の
境界上にあることに注意）：

(a) $\mathrm{Re}\, z = -\dfrac{1}{2}$, $\mathrm{Re}\, z' = \dfrac{1}{2}$, $z' = z + 1$.

(b) $\mathrm{Re}\, z = \dfrac{1}{2}$, $\mathrm{Re}\, z' = -\dfrac{1}{2}$, $z' = z - 1$.

(c) $|z| = |z'| = 1$, $z' = -z^{-1}$.

特に，D は $\mathrm{SL}_2(\mathbb{Z})$ の $\mathbb{H}$ への作用に関する基本領域である．

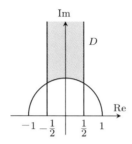

図 2.4　$\mathrm{SL}_2(\mathbb{Z})$ の $\mathbb{H}$ への作用に関する基本領域

[証明]　(1) $g = \begin{pmatrix} a & b \\ c & d \end{pmatrix} \in \mathrm{SL}_2(\mathbb{Z})$ および $z \in \mathbb{H}$ に対し, $\mathrm{Im}\, g \cdot z = \dfrac{\mathrm{Im}\, z}{|cz+d|^2}$ であった (17 ページ参照). z を固定したとき, $|cz+d| \leq 1$ となる整数の組 (c, d) は有限個であることを示す. $|cz+d| \leq 1$ ならば $1 \geq |cz+d| \geq |\mathrm{Im}(cz+d)| = |c|\,\mathrm{Im}\, z$ より $|c| \leq (\mathrm{Im}\, z)^{-1}$ であり, さらに

$$1 \geq |cz+d| \geq |\mathrm{Re}(cz+d)| \geq |d| - |c||\mathrm{Re}\, z| \geq |d| - (\mathrm{Im}\, z)^{-1}|\mathrm{Re}\, z|$$

より $|d| \leq (\mathrm{Im}\, z)^{-1}|\mathrm{Re}\, z| + 1$ である. $|c| \leq (\mathrm{Im}\, z)^{-1}$, $|d| \leq (\mathrm{Im}\, z)^{-1}|\mathrm{Re}\, z| + 1$ を満たす整数の組 (c, d) は明らかに有限個であるのでよい.

よって, g が $\mathrm{SL}_2(\mathbb{Z})$ の元を動くとき, $\mathrm{Im}\, g \cdot z$ は最大値を持つ (これは $|cz+d| \leq 1$ となるような $g = \begin{pmatrix} a & b \\ c & d \end{pmatrix}$ に対する $\mathrm{Im}\, g \cdot z$ のうち最大のものである. $|cz+d| > 1$ のときは $\mathrm{Im}\, g \cdot z = \dfrac{\mathrm{Im}\, z}{|cz+d|^2} < \mathrm{Im}\, z = \mathrm{Im}\, e \cdot z$ なので, 考える必要がないことに注意). $\mathrm{Im}\, g_0 \cdot z$ が最大となるよう $g_0 \in \mathrm{SL}_2(\mathbb{Z})$ をとる. さらに, $-\dfrac{1}{2} \leq \mathrm{Re}(T^n g_0 \cdot z) \leq \dfrac{1}{2}$ となるよう $n \in \mathbb{Z}$ をとる. このとき, $z' = T^n g_0 \cdot z$ とおくと, $z' \in D$ である. なぜなら, $|z'| < 1$ と仮定すると,

$$\mathrm{Im}\, S \cdot z' = \frac{\mathrm{Im}\, z'}{|z'|^2} > \mathrm{Im}\, z' = \mathrm{Im}(T^n g_0 \cdot z) = \mathrm{Im}\, g_0 \cdot z$$

となるので, $\mathrm{Im}\, S \cdot z' = \mathrm{Im}(ST^n g_0 \cdot z)$ の方が $\mathrm{Im}\, g_0 \cdot z$ よりも大きいことになり, g_0 の選び方に矛盾するからである.

(2) $\mathrm{Im}\, z' \geq \mathrm{Im}\, z$ と仮定して一般性を失わない (そうでない場合は, z と z' を入れ替え, g を g^{-1} に置き換えればよい). $g = \begin{pmatrix} a & b \\ c & d \end{pmatrix}$ とおくと,

$\operatorname{Im} z' = \operatorname{Im} g \cdot z = \dfrac{\operatorname{Im} z}{|cz+d|^2} \geq \operatorname{Im} z$ より $|cz+d| \leq 1$ を得る．さらに

$|cz+d| \geq |c| \operatorname{Im} z \geq \dfrac{\sqrt{3}}{2}|c|$ であるから，$|c| \leq 1$ でなくてはならない．

$c = 0$ のときは $ad = \det g = 1$ であるから，$a = d = \pm 1$, $z' = z + \dfrac{b}{d}$ となる．$-\dfrac{1}{2} \leq \operatorname{Re} z, \operatorname{Re} z' \leq \dfrac{1}{2}$, $z \neq z'$, $\dfrac{b}{d} \in \mathbb{Z}$ より，$\dfrac{b}{d} = \pm 1$ を得る．$\dfrac{b}{d} = 1$ のときは (a) が成り立ち，$\dfrac{b}{d} = -1$ のときは (b) が成り立つ．

$c = 1$ のときは $|z+d| \leq 1$ である．まず，$z \neq \dfrac{\pm 1 + \sqrt{3}i}{2}$ の場合を考える．このときには $d = 0$ であり，$ad - bc = \det g = 1$ から $b = -1$ を得る．したがって $z' = \dfrac{az-1}{z} = a - z^{-1}$ である．$|z^{-1}| \leq 1$ より，$a - z^{-1} \in D$ となるのは $a = 0$ かつ $|z| = 1$ のときのみであり，このとき $z' = -z^{-1}$ となって (c) が成り立つ．$z = \dfrac{1+\sqrt{3}i}{2}$ のとき，$|z+d| \leq 1$ となるのは $d = 0, -1$ のときである．$d = 0$ のときは上と同様に $b = -1$ であり，$z' = a - z^{-1} = a + \dfrac{-1+\sqrt{3}i}{2}$ である．これが D に属するのは $a = 0, 1$ のときであるが，$a = 1$ ならば $z' = z$ となって仮定に反するので，$a = 0$ を得る．このとき $z' = -z^{-1}$ であるから，(c) が成り立つ．$d = -1$ のときは $ad - bc = \det g = 1$ より $b = -a - 1$ であり，したがって $z' = \dfrac{az-a-1}{z-1} = a - (z-1)^{-1} = a + \dfrac{1+\sqrt{3}i}{2}$ を得る．これが D に属するのは $a = 0, -1$ のときであるが，$a = 0$ ならば $z' = z$ となって仮定に反するので，$a = -1$ を得る．このとき $z' = \dfrac{-1+\sqrt{3}i}{2} = -z^{-1}$ であるから，(c) が成り立つ．$z = \dfrac{-1+\sqrt{3}i}{2}$ のときも同様である．

$c = -1$ のときは，$-g = \begin{pmatrix} -a & -b \\ -c & -d \end{pmatrix}$ とおくと $(-g) \cdot z = g \cdot z$ なので，$c = 1$ の場合に帰着できる． ∎

この命題より，レベル $\mathrm{SL}_2(\mathbb{Z})$ のモジュラー曲線 $M_{\mathrm{SL}_2(\mathbb{Z})}$ は，D の境界のうち

- $\operatorname{Re} z = \dfrac{1}{2}$ の部分と $\operatorname{Re} z = -\dfrac{1}{2}$ の部分

- $|z| = 1$, $0 \leq \mathrm{Re}\, z \leq \dfrac{1}{2}$ の部分と $|z| = 1$, $-\dfrac{1}{2} \leq \mathrm{Re}\, z \leq 0$ の部分

をそれぞれ貼り合わせて得られる図形となることが分かる.

D は無限に広がっている図形であり, このままではやや把握しづらいかもしれない. 複素上半平面を単位円の内部にうつす全単射

$$\mathbb{H} \xrightarrow{\cong} \{z \in \mathbb{C} \mid |z| < 1\}; \ z \mapsto \frac{z - i}{z + i}$$

による D の像 D' を考えると, 図 2.5 のようになる. D' では点 $1 \in \mathbb{C}$ が抜けているが, この点は D の方では「無限遠点 ∞」に対応していると考えることができる.

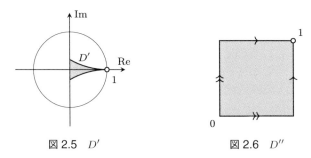

図 2.5　D'　　　　　　　　図 2.6　D''

　さらに D' を連続的に変形して, 正方形から 1 つの頂点を除いてできる図形 D'' にうつすことができる (図 2.6). したがって, D'' の境界のうち同じ矢印がついた辺を同じ向きに貼り合わせることで, モジュラー曲線 $M_{\mathrm{SL}_2(\mathbb{Z})}$ と同じ「かたち」をした図形が得られることになる. ゴムでできた正方形の各辺を上の通りに貼り合わせ, 中に空気を入れて膨らませると球面と同じ「かたち」となるので, 結局, $M_{\mathrm{SL}_2(\mathbb{Z})}$ は球面から 1 点を除いてできる図形と同じ「かたち」をしていることが分かった. モジュラー「曲線」という名前に反して 2 次元的な図形が出てきたが, これは複素数範囲で考えているためである. 複素数の世界での数直線にあたるものは, 複素平面という 2 次元的な対象であったことを思い出していただきたい.

■ $\Gamma = \Gamma_0(p)$ の場合

　次に, $\mathrm{SL}_2(\mathbb{Z})$ より少し複雑だが比較的扱いやすい, $\Gamma = \Gamma_0(p) = \left\{ \begin{pmatrix} a & b \\ c & d \end{pmatrix} \middle| \right.$

$\left. c \equiv 0 \pmod{p} \right\}$ (p は素数) の場合を考える. $\Gamma_0(p)$ の $\mathbb{H}$ への作用に関する基本領域を求めるには, 次の補題を用いる.

補題 2.17 $g \in \mathrm{SL}_2(\mathbb{Z})$ に対し，$\Gamma_0(p)g = \{g'g \mid g' \in \Gamma_0(p)\}$ とおく．このとき，例 2.11 の T と S に対し，$\mathrm{SL}_2(\mathbb{Z}) = \Gamma_0(p) \cup \bigcup_{j=0}^{p-1} \Gamma_0(p)ST^j$ が成り立つ．

[証明] $g = \begin{pmatrix} a & b \\ c & d \end{pmatrix} \in \mathrm{SL}_2(\mathbb{Z})$ を任意にとる．c が p の倍数ならば $g \in \Gamma_0(p)$ である．c が p の倍数でないならば，$\mathbb{F}_p$ において $\dfrac{d}{c}$ を考えることで（命題 1.10 参照），$cj - d$ が p で割り切れるような $0 \le j \le p-1$ が唯一存在することが分かる．この j に対し $g(ST^j)^{-1} = \begin{pmatrix} aj - b & a \\ cj - d & c \end{pmatrix} \in \Gamma_0(p)$ すなわち $g \in \Gamma_0(p)ST^j$ が成り立つ．以上で $\mathrm{SL}_2(\mathbb{Z}) = \Gamma_0(p) \cup \bigcup_{j=0}^{p-1} \Gamma_0(p)ST^j$ が示せた． ∎

注意 2.18 $\Gamma_0(p), \Gamma_0(p)S, \Gamma_0(p)ST, \ldots, \Gamma_0(p)ST^{p-1}$ のうちどの 2 つも交わらないことが示せる．したがって，$\mathrm{SL}_2(\mathbb{Z})$ の任意の元は，$\Gamma_0(p), \Gamma_0(p)S, \Gamma_0(p)ST, \ldots,$ $\Gamma_0(p)ST^{p-1}$ のうちちょうど 1 つに属する．

命題 2.19 $g \in \mathrm{SL}_2(\mathbb{Z})$ に対し $gD = \{g \cdot z \mid z \in D\}$ とおき，$D_p = D \cup \bigcup_{j=0}^{p-1} (ST^j)D$ と定める．このとき，以下が成り立つ：

(1) 任意の $z \in \mathbb{H}$ に対し，$g \in \Gamma_0(p)$ をうまく選ぶと $g \cdot z \in D_p$ とできる．

(2) $z, z' \in D_p$ が $z \ne z'$ を満たし，さらに z と z' の少なくとも一方は D_p の境界上にないと仮定する．このとき，$g \cdot z = z'$ となる $g \in \Gamma_0(p)$ は存在しない．

すなわち，D_p は $\Gamma_0(p)$ の $\mathbb{H}$ への作用に関する基本領域である．

[証明] (2) の証明は複雑なので，(1) のみ示す．$z \in \mathbb{H}$ を任意にとる．命題 2.16 (1) より，$g' \in \mathrm{SL}_2(\mathbb{Z})$ をうまく選ぶと $g' \cdot z \in D$ とできる．補題 2.17 より，$g'^{-1} \in \Gamma_0(p)$ または，ある $0 \le j \le p-1$ に対し $g'^{-1} \in \Gamma_0(p)ST^j$ となる．$g'^{-1} \in \Gamma_0(p)$ ならば $g' \in \Gamma_0(p)$ であり，$g' \cdot z \in D \subset D_p$ となるのでよい．$g'^{-1} \in \Gamma_0(p)ST^j$ ならば，$g'' = (ST^j)g'$ とおくと $g'' \in \Gamma_0(p)$ であり，$g'' \cdot z = ((ST^j)g') \cdot z = (ST^j) \cdot (g' \cdot z) \in (ST^j)D \subset D_p$ となるのでよい． ∎

$\omega = \dfrac{-1+\sqrt{3}i}{2}$ とおき，$0 \le j \le p$ に対し $z_j = (ST^j) \cdot \omega$ と定める．D_p は図 2.7 の通りになる（境界は，虚軸に平行な半直線および，実軸上に中心を持つ円の一部からなる）．これを $z \mapsto \dfrac{z-i}{z+i}$ でうつし，さらに連続的に変形を行うことで，$0, z_0, \infty, z_1, \ldots, z_p$ を頂点に持つ $p+3$ 角形 $\overline{D_p''}$ から 2 点 $\infty, 0$ を除いた図形 D_p'' が得られる（図 2.8）．D_p'' の各辺を適切に貼り合わせたものが，モジュラー曲線 $M_{\Gamma_0(p)}$ と同じ「かたち」の図形となる．

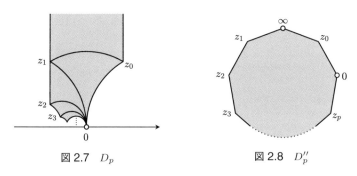

図 2.7　D_p　　　　　　　　図 2.8　D_p''

　辺の貼り合わせ方について述べる．以下では，D_p'' の辺に対応する D_p の部分集合（半直線，線分，円弧のいずれか）のことも「辺」と呼ぶことにする．また，「辺 PQ」と言ったら，P から Q に向きがついているものとする．

- $T \in \Gamma_0(p)$ によって辺 $z_1\infty$ は辺 $z_0\infty$ にうつり，これらの辺が貼り合わせられる．

- $ST^pS^{-1} = \begin{pmatrix} 1 & 0 \\ -p & 1 \end{pmatrix} \in \Gamma_0(p)$ によって辺 z_00 は辺 z_p0 にうつり，これらの辺が貼り合わせられる．

- $1 \le j \le p-1$ とすると，命題 1.10 より，$jk_j \equiv -1 \pmod{p}$ を満たす $1 \le k_j \le p-1$ が唯一存在する．この k_j に対し，$(ST^{k_j})S(ST^j)^{-1} = \begin{pmatrix} -j & -1 \\ jk_j+1 & k_j \end{pmatrix} \in \Gamma_0(p)$ によって辺 z_jz_{j+1} は辺 $z_{k_j+1}z_{k_j}$ にうつり[*1]，こ

[*1]　$S \cdot \omega = T \cdot \omega$ に注意すると，$(ST^{k_j})S(ST^j)^{-1} \cdot z_j = (ST^{k_j})S \cdot \omega = (ST^{k_j})T \cdot \omega = (ST^{k_j+1}) \cdot \omega = z_{k_j+1}$ となるので，z_j は z_{k_j+1} にうつる．同様に，$(ST^{k_j})S(ST^j)^{-1} \cdot z_{j+1} = (ST^{k_j})ST \cdot \omega = (ST^{k_j})S^2 \cdot \omega = (ST^{k_j}) \cdot \omega = z_{k_j}$ より，z_{j+1} は z_{k_j} にうつる．$\mathrm{SL}_2(\mathbb{Z})$ の元の作用によって，虚軸に平行な直線および実軸上に中心を持つ円は，虚軸に平行な直線または実軸上に中心を持つ円にうつされることにも注意すると，辺 z_jz_{j+1} が辺 $z_{k_j+1}z_{k_j}$ にうつることが分かる．

れらの辺が貼り合わせられる．ただし，$j = k_j$ の場合には，$M_{\mathrm{SL}_2(\mathbb{Z})}$ のとき
と同様，辺 $z_j z_{j+1}$ の半分ともう半分が貼り合わせられる．

これ以外の貼り合わせが起こらないことは当然証明すべきであるが，本書では割愛
する．

例として，$p = 2$ の場合を考えよう．D_2'' とその辺の貼り合わせの様子は図 2.9
のようになっている．まず辺 $z_1 z_2$ に関する貼り合わせを行うと，図 2.10 のように
なる．あとは $M_{\mathrm{SL}_2(\mathbb{Z})}$ のときと同様の考察により，$M_{\Gamma_0(2)}$ は球面から 2 点を除い
た図形と同じ「かたち」をしていることが分かる．

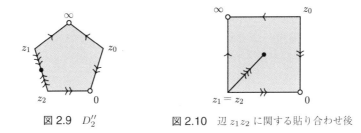

図 2.9　D_2'' 　　　　　図 2.10　辺 $z_1 z_2$ に関する貼り合わせ後

次に $p = 11$ の場合を考えよう．D_{11}'' とその辺の貼り合わせの様子は図 2.11 の通
りである．

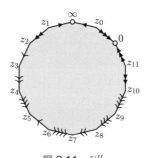

図 2.11　D_{11}''

辺 $z_1 \infty$ と辺 $z_0 \infty$，辺 $z_0 0$ と辺 $z_{11} 0$，辺 $z_1 z_2$ と辺 $z_{11} z_{10}$，辺 $z_2 z_3$ と辺 $z_6 z_5$，辺
$z_3 z_4$ と辺 $z_8 z_7$，辺 $z_4 z_5$ と辺 $z_9 z_8$，辺 $z_6 z_7$ と辺 $z_{10} z_9$ がそれぞれ貼り合わせられ
る．$p = 2$ の場合と同様，まず辺 $z_1 \infty$ と辺 $z_0 \infty$，辺 $z_0 0$ と辺 $z_{11} 0$ を貼り合わせる
ことで図 2.12 を得る．さらに，辺 $z_1 z_2$ と辺 $z_{11} z_{10}$ を貼り合わせることで図 2.13
を得る．

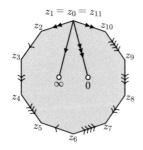

図 2.12　第 1 段階の貼り合わせ

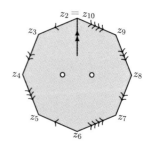

図 2.13　第 2 段階の貼り合わせ

辺 z_9z_{10} と辺 z_2z_3，辺 z_7z_6 と辺 z_6z_5 は隣り合っており，辺 z_9z_{10} と辺 z_7z_6，辺 z_2z_3 と辺 z_6z_5 が貼り合わせられるので，辺 z_9z_{10} と辺 z_2z_3，辺 z_7z_6 と辺 z_6z_5 をそれぞれ繋いで 1 つの辺とみなしてよい．こうして図 2.14 を得る．さらに辺 z_3z_4 と辺 z_8z_7 を貼り合わせて図 2.15 を得る．

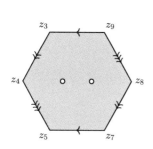

図 2.14　辺を繋いだ後

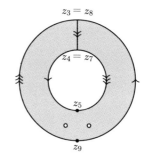

図 2.15　第 3 段階の貼り合わせ

図 2.15 から，内側の円が 180 度回転するように連続変形を行って図 2.16 を得る．最後に外側の円と内側の円を貼り合わせると，浮き輪から 2 点を除いた図形が得られる．

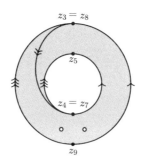

図 2.16　内側の円を 180 度回転

　以上の考察により，$M_{\Gamma_0(11)}$ は浮き輪から 2 点を除いたものと同じ「かたち」をしていることが分かった．

■ オイラー数を用いた「かたち」の調べ方

　位相幾何学の知識を使うと，もっと機械的に $M_{\Gamma_0(p)}$ の「かたち」を調べることができる．$p+3$ 角形 $\overline{D}''_p$ の辺を貼り合わせると，向き付け可能な閉曲面というものになる．「向き付け可能」とは，だいたい，曲面の表と裏が区別できる状況をいう．$M_{\Gamma_0(p)}$ が向き付け可能であることは，$g \in \mathrm{SL}_2(\mathbb{Z})$ に対応する変換 $\mathbb{H} \to \mathbb{H}$;$z \mapsto g \cdot z$ が向きを保つことから導かれる（例えば，虚軸に関する対称移動は $\mathbb{H}$ の向きを保たない変換であるが，このような変換は $\mathrm{SL}_2(\mathbb{Z})$ の元には対応しない）．また，「閉曲面」とは，だいたい，穴が空いていない曲面のことである[*2]．例えば，球面や浮き輪は閉曲面であるが，それらから有限個の点を除いたものは閉曲面でない．向き付け可能な閉曲面は，ある整数 $g \geq 0$ に対する「g 人乗りの浮き輪」（図 2.17，$g = 0$ のときは球面と解釈する）と同じ「かたち」をしていることが知られている．この g を向き付け可能な閉曲面の**種数**と呼ぶ．

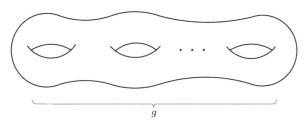

図 2.17 g 人乗りの浮き輪

　以下では，向き付け可能な閉曲面のことを単に閉曲面と呼ぶことにする．閉曲面の種数を求めるには，**オイラー数**というものを計算すればよい．オイラー数とは，閉曲面を有限個の三角形に分割して，その（頂点の数）−（辺の数）＋（面の数）として定まる整数のことである（この整数は，三角形分割の方法によらずに定まる）．有名なオイラーの多面体定理は，球面のオイラー数が 2 であることを主張していると解釈できる．一般に，種数 g の閉曲面のオイラー数は $2 - 2g$ となる．

　例として，$M_{\Gamma_0(11)}$ の場合を考えてみよう．十四角形 $\overline{D}''_{11}$ に 11 本の対角線を

[*2] 位相空間や多様体を既習の読者のために正確な定義を書くと，コンパクトな 2 次元位相多様体であるということである．

引き，$\overline{D''_{11}}$ を 12 個の三角形に分割する．その後 $\overline{D''_{11}}$ の各辺を貼り合わせることで，$M_{\Gamma_0(11)}$ に 2 点を加えてできる閉曲面が 12 個の三角形に分割される．これの頂点の数と辺の数を数えよう．頂点については，z_0 と z_1 と z_{11}，z_2 と z_6 と z_{10}，z_3 と z_5 と z_8，z_4 と z_7 と z_9 が貼り合わせによって重なるので，$\infty, 0$ を合わせて 6 個となる．また，辺については，もともとの $\overline{D''_{11}}$ の辺（14 本）は他の辺と貼り合わせられ，新しく引いた対角線（11 本）は貼り合わせが行われないので，全部で $14 \div 2 + 11 = 18$ 本となる．以上のことから，オイラー数は $6 - 18 + 12 = 0$ となる．したがって，$M_{\Gamma_0(11)}$ に 2 点を加えてできる閉曲面の種数を g とおくと，$2 - 2g = 0$ すなわち $g = 1$ を得る．これは，$M_{\Gamma_0(11)}$ が（1 人乗りの）浮き輪から 2 点を除いたものになるという結果と整合的になっている．

同様の考察により，次の定理を証明することができる．

定理 2.20　$M_{\Gamma_0(p)}$ に 2 点を加えてできる閉曲面の種数は以下で与えられる：

$$
\begin{cases}
\left\lfloor \dfrac{p+1}{12} \right\rfloor - 1 & (p \equiv 1 \pmod{12}) \\[2mm]
\left\lfloor \dfrac{p+1}{12} \right\rfloor & (p \not\equiv 1 \pmod{12}).
\end{cases}
$$

ここで，実数 x に対し，$\lfloor x \rfloor$ は x 以下の最大の整数を表す．

より一般の合同部分群 Γ に対しても，レベル Γ のモジュラー曲線 M_Γ に有限個の点を付け加えて閉曲面にすることができる．また，その閉曲面の種数も定理 2.20 と似た形で計算することが可能である．

2.4　モジュラー曲線と整数論

定義からは全く明らかではないが，実はモジュラー曲線は整数論と深い関わりを持っている．その出発点となるのが次の定理である．

定理 2.21　整数 $N \geq 1$ に対し，$M_{\Gamma_0(N)}, M_{\Gamma_1(N)}$ は整数係数の方程式で定まる代数曲線となる．

例えば，$M_{\Gamma_0(11)}$ は $y^2 + y = x^3 - x^2 - 10x - 20$ という方程式で定まる平面代数曲線に 1 点を加えてから 2 点を除いたものであり，$M_{\Gamma_1(11)}$ は $y^2 + y = x^3 - x^2$ という方程式で定まる平面代数曲線から 9 点を除いたものである．本書の前半では，

これらの事実の証明を解説することを 1 つの目標とする. さらに後半では,

- $M_{\Gamma_1(11)}$ の $\mathbb{F}_p$ 有理点の個数の決定（p は素数）
- $M_{\Gamma_1(11)}$ の $\mathbb{Q}$ 有理点の決定

など, より整数論的な問題を考えていく. これらの問題は, $M_{\Gamma_1(11)}$ を定める方程式が整数係数でないと意味を持たない. 定理 2.21 は, 複素上半平面から得られる, 一見解析的な対象であるモジュラー曲線が, 実は数論幾何学の対象になることを示す, 意義深い定理なのである.

2.5 参考文献ガイド

日本語で書かれたモジュラー曲線の解説書は著者の知る限りほとんどなく, そのことが本書を執筆した動機の 1 つとなっている. 英語で書かれた入門書として, [14] が挙げられる. [57] は古典的な名著であるが, 内容が本格的であり, 通読するにはかなりの数学的素養が必要であると思われる.

$\mathrm{SL}_2(\mathbb{Z})$ の $\mathbb{H}$ への作用に関する基本領域については, [14] の他, [55] の第 7 章や [66] の第 5 章などにも記載がある. より一般の合同部分群の基本領域については, [14] や [32], [41] 等を参照.

2.2 節で説明した「同じと思ってできる図形」の定式化については, [52] など, 集合と位相に関する教科書を参照していただきたい. また, モジュラー曲線の定義を正確に理解するためには, リーマン面の理論を学ぶ必要がある. リーマン面の教科書としては, [48] と [63] を挙げておく.

第 3 章

モジュラー曲線 $M_{\mathrm{SL}_2(\mathbb{Z})}$

本章では，モジュラー曲線 $M_{\mathrm{SL}_2(\mathbb{Z})}$ がどのような図形になるのかを詳しく調べる．前章では基本領域を用いて大雑把な「かたち」を考えたが，ここでは代数曲線としての方程式を把握するために，より精密な分析を行う．分析の大まかな方針を述べておこう．以下の 3 つの概念を導入する．

- $\mathbb{C}$ の格子（$\mathbb{C}$ の部分集合）
- トーラス（複素幾何学的な対象）
- 楕円曲線（代数幾何学的な対象）

そして，これらの間に

$$(M_{\mathrm{SL}_2(\mathbb{Z})} \text{ の点}) \xrightarrow{(1)} (\mathbb{C} \text{ の格子}) \xrightarrow{(2)} (\text{トーラス}) \xrightarrow{(3)} (\text{楕円曲線}) \xrightarrow{(4)} (\text{複素数})$$

という対応を構成し，この合成を考えることで，$M_{\mathrm{SL}_2(\mathbb{Z})}$ が複素平面と同じ図形であることを示すというものである．対応 (1), (2), (3), (4) は，それぞれ 3.1 節，3.2 節，3.3 節，3.4 節で扱われる．

3.1 $M_{\mathrm{SL}_2(\mathbb{Z})}$ の点から格子へ

本節では，$\mathbb{C}$ の格子という概念，および 2 つの格子が相似であることを導入し，以下の一対一対応を構成することを目標とする．

$$(\text{モジュラー曲線 } M_{\mathrm{SL}_2(\mathbb{Z})} \text{ の点}) \xleftrightarrow{1:1} (\mathbb{C} \text{ の格子（相似なものは同一視）})$$

モジュラー曲線 $M_{\mathrm{SL}_2(\mathbb{Z})}$ を考えるときには，$\tau, \tau' \in \mathbb{H}$ が $\mathrm{SL}_2(\mathbb{Z})$ の作用でうつりあうかどうかが肝要であった．これを分かりやすく判定するために，以下の定義を

行う.

定義 3.1 $\tau \in \mathbb{H}$ に対し, $\Lambda_\tau = \mathbb{Z} + \mathbb{Z}\tau = \{m + n\tau \mid m, n \in \mathbb{Z}\} \subset \mathbb{C}$ と定める.

Λ_τ は, 複素平面 $\mathbb{C}$ に斜交座標を入れたときの格子点と見ることができる (図 3.1). このような $\mathbb{C}$ の部分集合は, $\mathbb{C}$ の格子と呼ばれている. 格子の定義をより正確に与えると, 以下のようになる.

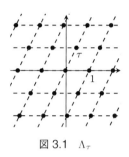

図 3.1 Λ_τ 　　　　　　図 3.2 $\Lambda = \mathbb{Z}\gamma + \mathbb{Z}\delta$

定義 3.2 (1) $\mathbb{C}$ の部分集合 Λ が**格子**であるとは, 複素数 $\gamma, \delta \in \mathbb{C} \smallsetminus \{0\}$ であって $\dfrac{\delta}{\gamma} \notin \mathbb{R}$ となるものを用いて, $\Lambda = \mathbb{Z}\gamma + \mathbb{Z}\delta = \{m\gamma + n\delta \mid m, n \in \mathbb{Z}\}$ と表すことができることをいう (図 3.2).

(2) Λ, Λ' を $\mathbb{C}$ の格子とする. 複素数 $\alpha \in \mathbb{C} \smallsetminus \{0\}$ であって $\alpha\Lambda' = \Lambda$ となるものが存在するとき, Λ と Λ' は**相似**であるという ($\alpha\Lambda' = \{\alpha\omega \mid \omega \in \Lambda'\}$ とおいた).

注意 3.3 $\mathbb{C}$ の任意の格子は, ある $\tau \in \mathbb{H}$ に対する格子 Λ_τ と相似である. 実際, $\Lambda = \mathbb{Z}\gamma + \mathbb{Z}\delta$ を定義 3.2 (1) の通りとすると, 必要なら γ と δ を入れ替えて, $\dfrac{\delta}{\gamma} \in \mathbb{H}$ とできる. このとき, $\tau = \dfrac{\delta}{\gamma}$ に対し $\Lambda = \gamma\Lambda_\tau$ となるので, Λ と Λ_τ は相似である.

$\tau, \tau' \in \mathbb{H}$ が $\mathrm{SL}_2(\mathbb{Z})$ の作用でうつりあうかどうかは, $\mathbb{C}$ の格子 $\Lambda_\tau, \Lambda_{\tau'}$ を用いて以下の命題のように判定できる.

命題 3.4 $\tau, \tau' \in \mathbb{H}$ とする. このとき, 以下は同値である.

(1) τ と τ' は $\mathrm{SL}_2(\mathbb{Z})$ の作用でうつりあう. すなわち, $\tau' = g \cdot \tau$ を満たす $g \in \mathrm{SL}_2(\mathbb{Z})$ が存在する.

(2) Λ_τ と $\Lambda_{\tau'}$ は相似である.

注意 3.3 と命題 3.4 より，目標としていた一対一対応

$$(\text{モジュラー曲線 } M_{\mathrm{SL}_2(\mathbb{Z})} \text{ の点}) \overset{1:1}{\longleftrightarrow} (\mathbb{C} \text{ の格子（相似なものは同一視）})$$

が得られる．

命題 3.4 を証明する前に，いくつか例を見てみよう．

例 3.5　T, S を例 2.11 の通りとする．$\tau' = T \cdot \tau = \tau + 1$ のとき，$m + n\tau' = m + n(\tau + 1) = (m + n) + n\tau$ より $\Lambda_{\tau'} = \Lambda_\tau$ となる．また，$\tau' = S \cdot \tau = -\tau^{-1}$ のとき，$m + n\tau' = m - n\tau^{-1} = \tau^{-1}(-n + m\tau)$ となるので，$\Lambda_{\tau'} = \tau^{-1}\Lambda_\tau$ すなわち $\tau\Lambda_{\tau'} = \Lambda_\tau$ となり，やはり Λ_τ と $\Lambda_{\tau'}$ は相似になる．

[命題 3.4 の証明]　(1) $\Rightarrow$ (2) を示す．$g = \begin{pmatrix} a & b \\ c & d \end{pmatrix}$ とおくと，$\tau' = \begin{pmatrix} a & b \\ c & d \end{pmatrix} \cdot \tau = \frac{a\tau + b}{c\tau + d}$ である．$\alpha = c\tau + d$ とおくと，$\alpha\tau' = a\tau + b$ なので，$m, n \in \mathbb{Z}$ に対し $\alpha(m + n\tau') = m\alpha + n(\alpha\tau') = m(c\tau + d) + n(a\tau + b) = (md + nb) + (mc + na)\tau \in \Lambda_\tau$ である．これより $\alpha\Lambda_{\tau'} \subset \Lambda_\tau$ が分かる．

一方，$\tau = g^{-1} \cdot \tau' = \begin{pmatrix} d & -b \\ -c & a \end{pmatrix} \cdot \tau' = \frac{d\tau' - b}{-c\tau' + a}$ より $\alpha = c\tau + d = c\frac{d\tau' - b}{-c\tau' + a} + d = \frac{1}{-c\tau' + a}$ であるから，$\alpha^{-1} = -c\tau' + a$ および $\alpha^{-1}\tau = d\tau' - b$ が分かる．よって，上と同様にして $\alpha^{-1}\Lambda_\tau \subset \Lambda_{\tau'}$ すなわち $\Lambda_\tau \subset \alpha\Lambda_{\tau'}$ が得られる．以上より $\Lambda_\tau = \alpha\Lambda_{\tau'}$ となり，(2) が示された．

次に (2) $\Rightarrow$ (1) を示す．$\alpha \in \mathbb{C} \setminus \{0\}$ を $\alpha\Lambda_{\tau'} = \Lambda_\tau$ となるようにとる．$\alpha \in \alpha\Lambda_{\tau'} = \Lambda_\tau$ より，整数 c, d を用いて $\alpha = c\tau + d$ と書ける．また，$\alpha\tau' \in \alpha\Lambda_{\tau'} = \Lambda_\tau$ より，整数 a, b を用いて $\alpha\tau' = a\tau + b$ と書ける．これより $\tau' = \frac{a\tau + b}{c\tau + d}$ である（$\begin{pmatrix} a & b \\ c & d \end{pmatrix} \in \mathrm{SL}_2(\mathbb{Z})$ かどうかはまだ分かっていない）．17 ページの計算と同様にして $\mathrm{Im}\,\tau' = \frac{ad - bc}{|c\tau + d|^2}\mathrm{Im}\,\tau = \frac{ad - bc}{|\alpha|^2}\mathrm{Im}\,\tau$ が得られる．$\tau, \tau' \in \mathbb{H}$ より $\mathrm{Im}\,\tau, \mathrm{Im}\,\tau' > 0$ であるから，$ad - bc > 0$ が分かる．同様の議論を $\alpha^{-1}\Lambda_\tau = \Lambda_{\tau'}$ に対して適用すると，整数 r, s, t, u であって $\mathrm{Im}\,\tau = \frac{ru - st}{|\alpha^{-1}|^2}\mathrm{Im}\,\tau'$ となるものが得られる．上で得た式と組み合わせると，$\mathrm{Im}\,\tau' = (ad - bc)(ru - st)\mathrm{Im}\,\tau'$

となる. $\mathrm{Im}\,\tau' > 0$ であるから, $(ad-bc)(ru-st) = 1$ である. $ad-bc$ と $ru-st$ はともに整数であり, $ad-bc > 0$ であるから, $ad-bc = ru-st = 1$ でなくてはならない. 以上で $\begin{pmatrix} a & b \\ c & d \end{pmatrix} \in \mathrm{SL}_2(\mathbb{Z})$ が分かったので, τ は $\mathrm{SL}_2(\mathbb{Z})$ の元 $\begin{pmatrix} a & b \\ c & d \end{pmatrix}$ の作用によって $\tau' = \dfrac{a\tau+b}{c\tau+d}$ にうつされることが示された. ∎

注意 3.6 $(1) \Rightarrow (2)$ の証明において, 以下のことも得られている:

$$\begin{pmatrix} a & b \\ c & d \end{pmatrix} \in \mathrm{SL}_2(\mathbb{Z}) \text{ に対し, } \Lambda_{\frac{a\tau+b}{c\tau+d}} = (c\tau+d)^{-1}\Lambda_\tau \text{ となる.}$$

3.2 格子からトーラスへ

本節では, 以下の一対一対応を構成する.

（$\mathbb{C}$ の格子（相似なものは同一視））$\overset{1:1}{\longleftrightarrow}$（トーラス（同型なものは同一視））

Λ を $\mathbb{C}$ の格子とするとき, $\mathbb{C}/\Lambda$ というものを考えることができる. これは, 複素平面 $\mathbb{C}$ の点のうち, Λ の元による平行移動によってうつりあうものを同じと思ってできる図形のことである. つまり, $z, z' \in \mathbb{C}$ は, $z - z' \in \Lambda$ となるとき, かつそのときに限り同じ点とみなされる. $\mathbb{C}$ の格子という, ややつかみどころのない対象から「図形」が生まれたところがポイントである. このように考えることで, 次節で代数曲線と結び付く余地が生まれるのである.

2.3 節でモジュラー曲線の「かたち」を考えたときと同様, $\mathbb{C}/\Lambda$ の「かたち」を考えてみよう. $\Lambda = \mathbb{Z}\gamma + \mathbb{Z}\delta$ $(\gamma, \delta \in \mathbb{C} \smallsetminus \{0\}, \frac{\delta}{\gamma} \notin \mathbb{R})$ と表すと, 複素平面上の $0, \gamma,$ $\delta, \gamma+\delta$ を頂点とする平行四辺形の周および内部 D が基本領域となる[*1]（図 3.3）. それぞれ向かい合う辺は γ および δ による平行移動で重なるので, $\mathbb{C}/\Lambda$ は, 平行四辺形の向かい合う辺をそれぞれ貼り合わせて得られる, 浮き輪状の形になる. こうして得られる図形を**トーラス**と呼ぶ.

さて, 2 つの格子 Λ, Λ' が相似である, つまり, $\alpha\Lambda' = \Lambda$ となる $\alpha \in \mathbb{C} \smallsetminus \{0\}$ が

[*1] 2.2 節での定式化と合わせるには, 次のように述べた方が正確である：Λ の $\mathbb{C}$ への作用を $\omega \cdot z = z + \omega$ $(\omega \in \Lambda, z \in \mathbb{C})$ で定めると, $\mathbb{C}$ の点で Λ の作用でうつりあうものを同じと思ってできる図形が $\mathbb{C}/\Lambda$ であり, D は Λ の $\mathbb{C}$ への作用に関する基本領域となる.

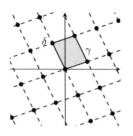

図 3.3　$\mathbb{C}/\Lambda$ の基本領域

存在するとしよう．このとき，全単射 $\mathbb{C}/\Lambda' \xrightarrow{\cong} \mathbb{C}/\Lambda;\ z \mapsto \alpha z$ を定めることができる．$z, z' \in \mathbb{C}$ が $\mathbb{C}/\Lambda'$ で同一視されるとき，つまり，$z - z' \in \Lambda'$ であるとき，$\alpha z - \alpha z' = \alpha(z - z') \in \alpha\Lambda' = \Lambda$ となり，z と z' のうつった先 αz と $\alpha z'$ も $\mathbb{C}/\Lambda$ で同一視されることに注意しよう．これが成り立たないと，$\mathbb{C}/\Lambda'$ で同一視されている点 z, z' の行き先が一通りに定まらず，困ったことになる．逆に，ある種のよい性質（複素数範囲での微分可能性）を満たす全単射 $\mathbb{C}/\Lambda' \xrightarrow{\cong} \mathbb{C}/\Lambda$ は，$\alpha\Lambda' = \Lambda$ を満たす $\alpha \in \mathbb{C} \smallsetminus \{0\}$ によるスカラー倍と $\beta \in \mathbb{C}$ による平行移動の組み合わせ（つまり，$z \mapsto \alpha z + \beta$ という形）に限られることが証明できる．つまり，以下の 2 つは同値である：

- Λ と Λ' は相似である．
- 2 つのトーラス $\mathbb{C}/\Lambda, \mathbb{C}/\Lambda'$ の間に，よい性質を満たす全単射が存在する（このとき，$\mathbb{C}/\Lambda$ と $\mathbb{C}/\Lambda'$ は**同型**であるという）．

以上より，目標としていた一対一対応

（$\mathbb{C}$ の格子（相似なものは同一視））$\xleftrightarrow{1:1}$（トーラス（同型なものは同一視））

が得られた．

3.3　トーラスから楕円曲線へ

　Λ を $\mathbb{C}$ の格子とする．本節では，トーラス $\mathbb{C}/\Lambda$ が代数曲線となることを観察する．この現象は，モジュラー曲線が代数曲線となること（定理 2.21）の雛形と見ることができるとともに，定理 2.21 の証明の第一歩にもなっている．証明の主要な道具は複素解析である．複素解析については，最低限の内容を付録 A にまとめておいたので，必要に応じて参照していただきたい．

方針は以下の通りである. もし $\mathbb{C}/\Lambda$ が平面代数曲線 $C \subset \mathbb{C}^2$ と同一視されるならば, 全単射 $\mathbb{C}/\Lambda \xrightarrow{\cong} C$ と包含写像 $C \hookrightarrow \mathbb{C}^2$ を合成することで, 写像 $\mathbb{C}/\Lambda \to \mathbb{C}^2$ が定まるはずである. ここでは逆に, まず写像 $\mathbb{C}/\Lambda \to \mathbb{C}^2$ を構成し, その像がある平面代数曲線に含まれることを示すという順序で議論を進める (なお, 実際に構成されるのは, 写像 $(\mathbb{C}/\Lambda) \smallsetminus \{0\} \to \mathbb{C}^2$ である). 写像 $(\mathbb{C}/\Lambda) \smallsetminus \{0\} \to \mathbb{C}^2$ を構成することは, $(\mathbb{C}/\Lambda) \smallsetminus \{0\}$ 上の複素数値関数 $(\mathbb{C}/\Lambda) \smallsetminus \{0\} \to \mathbb{C}$ を 2 つ構成することと同じである. さらに, 関数 $(\mathbb{C}/\Lambda) \smallsetminus \{0\} \to \mathbb{C}$ を与えるには, 関数 $f\colon \mathbb{C} \smallsetminus \Lambda \to \mathbb{C}$ であって, Λ に関する周期性 $f(z+\omega) = f(z)$ ($z \in \mathbb{C} \smallsetminus \Lambda, \omega \in \Lambda$) を満たすものを与えればよい. なぜなら, f が Λ に関する周期性を持つことは

　　　2 点 $z, w \in \mathbb{C} \smallsetminus \Lambda$ が $\mathbb{C}/\Lambda$ において同一視されるならば $f(z) = f(w)$ である

と言い換えられるからである.

以上の理由により, Λ に関する周期性を満たす関数 $f_1, f_2\colon \mathbb{C} \smallsetminus \Lambda \to \mathbb{C}$ を構成することが最初の目標となる. f_1 としては, 以下で定義する $\wp_\Lambda$ を採用する. また, f_2 としては, $\wp_\Lambda$ の微分 $\wp'_\Lambda$ を採用する (これが定義されるためには, $\wp_\Lambda$ が微分可能な複素関数, すなわち正則関数 (定義 A.13 参照) であることを示す必要がある).

定義 3.7　$z \in \mathbb{C} \smallsetminus \Lambda$ についての関数 $\wp_\Lambda(z)$ を以下で定める:

$$\wp_\Lambda(z) = \frac{1}{z^2} + \sum_{\omega \in \Lambda \smallsetminus \{0\}} \left(\frac{1}{(z-\omega)^2} - \frac{1}{\omega^2} \right).$$

$\wp_\Lambda(z)$ を**ワイエルシュトラスの $\wp$ 関数**という.

無限和 $\displaystyle\sum_{\omega \in \Lambda \smallsetminus \{0\}}$ をとる順序については説明が必要である (もっとも, どの順序で和をとっても同じ結果となるのが後で分かるのではあるが). $\Lambda = \mathbb{Z}\gamma + \mathbb{Z}\delta$ ($\gamma, \delta \in \mathbb{C} \smallsetminus \{0\}, \frac{\delta}{\gamma} \notin \mathbb{R}$) という表示を 1 つ固定する. 各整数 $r \geq 1$ に対し $S_r = \{(m,n) \in \mathbb{Z}^2 \mid \max\{|m|, |n|\} = r\}$, $\Lambda_r = \{m\gamma + n\delta \mid (m,n) \in S_r\}$ と定める. このとき $\#S_r = \#\Lambda_r = 8r$ であり, $\Lambda \smallsetminus \{0\} = \displaystyle\bigcup_{r=1}^{\infty} \Lambda_r$ が成り立つ. S_r の元に適当に番号をつけたものを $(m_{r,1}, n_{r,1}), \ldots, (m_{r,8r}, n_{r,8r})$ とおき, それに応じた Λ_r の元の番号付け $\omega_{r,1}, \ldots, \omega_{r,8r}$ ($\omega_{r,i} = m_{r,i}\gamma + n_{r,i}\delta$) を考える. $\Lambda \smallsetminus \{0\} = \{\omega_{1,1}, \ldots, \omega_{1,8}, \omega_{2,1}, \ldots, \omega_{2,16}, \omega_{3,1}, \ldots\}$ なので, この順に和をとるこ

とにする.

以下で証明するように, $\wp_\Lambda(z)$ の定義の無限和は ($z \notin \Lambda$ である限り) 収束するが, もし, 右辺に出てくる $\dfrac{1}{(z-\omega)^2} - \dfrac{1}{\omega^2}$ を $\dfrac{1}{(z-\omega)^2}$ に置き換え, 第1項の $\dfrac{1}{z^2}$ とまとめて $\displaystyle\sum_{\omega \in \Lambda} \dfrac{1}{(z-\omega)^2}$ とすると, 収束性が失われてしまう. 本当は $\displaystyle\sum_{\omega \in \Lambda} \dfrac{1}{(z-\omega)^2}$ を考えたいが (これは $\dfrac{1}{z^2}$ を $\omega \in \Lambda$ で平行移動したもの $\dfrac{1}{(z-\omega)^2}$ の和であるから, いかにも Λ に関する周期性を持ちそうに見える), 収束性を得るために修正する必要があり, 少し複雑な定義になってしまったというのが実情である.

■ $\wp_\Lambda$ の正則性

次の命題は, $\wp_\Lambda$ が正則関数であることを保証するものである. また, $\wp_\Lambda$, $\wp_\Lambda'$ が Λ に関する周期性を満たすことを証明するための準備ともなっている.

命題 3.8 (1) $\wp_\Lambda(z)$ は $\mathbb{C} \smallsetminus \Lambda$ 上の正則関数である. また, 無限和

$$\frac{1}{z^2} + \sum_{\omega \in \Lambda \smallsetminus \{0\}} \left(\frac{1}{(z-\omega)^2} - \frac{1}{\omega^2} \right)$$

のとり方の順序を変えても同じ値 $\wp_\Lambda(z)$ に収束する.

(2) 任意の $z \in \mathbb{C} \smallsetminus \Lambda$ に対し $\wp_\Lambda(-z) = \wp_\Lambda(z)$ が成り立つ.

(3) $\wp_\Lambda'(z)$ は $\mathbb{C} \smallsetminus \Lambda$ 上の正則関数であり, 任意の $z \in \mathbb{C} \smallsetminus \Lambda$ に対し次が成り立つ:

$$\wp_\Lambda'(z) = -2\left(\frac{1}{z^3} + \sum_{\omega \in \Lambda \smallsetminus \{0\}} \frac{1}{(z-\omega)^3} \right).$$

右辺を単に $-2\displaystyle\sum_{\omega \in \Lambda} \dfrac{1}{(z-\omega)^3}$ と書く. さらに, 無限和 $-2\displaystyle\sum_{\omega \in \Lambda} \dfrac{1}{(z-\omega)^3}$ のとり方の順序を変えても同じ値 $\wp_\Lambda'(z)$ に収束する.

この命題の証明はやや込み入っているので, 解析学に不慣れな読者は飛ばしても構わない. まず, 次の簡単な補題に注意する.

補題 3.9 4点 $\gamma+\delta$, $\gamma-\delta$, $-\gamma-\delta$, $-\gamma+\delta$ を頂点とする平行四辺形の周上の点と原点の距離の最小値を $d_{\gamma,\delta}$ とおく ($d_{\gamma,\delta} > 0$ である). このとき, 任意の整数 $r \geq 1$ および $\omega \in \Lambda_r$ に対し $|\omega| \geq r d_{\gamma,\delta}$ が成り立つ.

[証明] $\omega \in \Lambda_r$ が 4 点 $r(\gamma + \delta)$, $r(\gamma - \delta)$, $r(-\gamma - \delta)$, $r(-\gamma + \delta)$ を頂点とする平行四辺形の周上にあることから明らかである. ▮

[命題 3.8 の証明]　実数 $R > 0$ を任意に 1 つとり, $U = \{z \in \mathbb{C} \mid |z| < R\} \smallsetminus \Lambda$ とおく. R は任意なので, (1), (2), (3) の主張はいずれも U 上に制限して示せばよい.

(1) 整数 N を $N \geq 2Rd_{\gamma,\delta}^{-1}$ を満たすようにとる. $z \in U$, $r \geq N$, $\omega \in \Lambda_r$ ならば, 補題 3.9 より $|\omega| \geq rd_{\gamma,\delta} \geq Nd_{\gamma,\delta} \geq 2R > 2|z|$ すなわち $|z| < \frac{1}{2}|\omega|$ であるから,

$$\left| \frac{1}{(z-\omega)^2} - \frac{1}{\omega^2} \right| = \left| \frac{2\omega z - z^2}{\omega^2(z-\omega)^2} \right| \leq \frac{|z|(2|\omega| + |z|)}{|\omega|^2(|\omega| - |z|)^2} \leq \frac{R(2|\omega| + \frac{1}{2}|\omega|)}{\frac{1}{4}|\omega|^4} = \frac{10R}{|\omega|^3}$$

が成り立つ（右辺の分母に $|\omega|^3$ が出てきたのが, $\frac{1}{\omega^2}$ を引いた効用である. $\frac{1}{\omega^2}$ を引かないと, $|\omega|^2$ しか出てこないので, 後の議論で困る）. $a_\omega(z) = \frac{1}{(z-\omega)^2} - \frac{1}{\omega^2}$ とおくと, 整数 $r \geq N$, $1 \leq i \leq 8r$ に対し

$$|a_{\omega_{N,1}}(z)| + \cdots + |a_{\omega_{N,8N}}(z)| + \cdots + |a_{\omega_{r,1}}(z)| + \cdots + |a_{\omega_{r,i}}(z)|$$

$$\leq \sum_{n=N}^{r} \sum_{\omega \in \Lambda_n} \frac{10R}{|\omega|^3} \leq \sum_{n=N}^{r} \sum_{\omega \in \Lambda_n} \frac{10R}{n^3 d_{\gamma,\delta}^3} = \frac{80R}{d_{\gamma,\delta}^3} \sum_{n=N}^{r} \frac{1}{n^2}$$

が成り立つ（2 つ目の不等号で補題 3.9 を用いた）. $\displaystyle\sum_{n=N}^{\infty} \frac{1}{n^2}$ は収束するので, 定理 A.16 より, 無限和 $a_{\omega_{N,1}}(z) + \cdots + a_{\omega_{N,8N}}(z) + a_{\omega_{N+1,1}}(z) + \cdots + a_{\omega_{N+1,8(N+1)}}(z) + \cdots$ は収束し, U 上の正則関数を定める. したがって,

$$\wp_\Lambda(z) = \frac{1}{z^2} + \sum_{n=1}^{N-1} \sum_{\omega \in \Lambda_n} a_\omega(z) + \left(a_{\omega_{N,1}}(z) + \cdots + a_{\omega_{N,8N}}(z) + \cdots \right)$$

も U 上の正則関数となる. 無限和の順序に関する主張は定理 A.4 より従う.

(2) 定義より

$$\wp_\Lambda(-z) = \frac{1}{z^2} + \sum_{\omega \in \Lambda \smallsetminus \{0\}} \left(\frac{1}{(z+\omega)^2} - \frac{1}{\omega^2} \right) = \frac{1}{z^2} + \sum_{\omega \in \Lambda \smallsetminus \{0\}} \left(\frac{1}{(z-\omega)^2} - \frac{1}{\omega^2} \right) = \wp_\Lambda(z)$$

である．2 つ目の等号では，ω を $-\omega$ に置き換えた．この置き換えで無限和の値が変わらないことは (1) より従う．

(3) 定理 A.16 と $a'_\omega(z) = -\dfrac{2}{(z-\omega)^3}$ より

$$\wp'_\Lambda(z) = -\frac{2}{z^3} - \sum_{n=1}^{N-1} \sum_{\omega \in \Lambda_n} \frac{2}{(z-\omega)^3} - \left(\frac{2}{(z-\omega_{N,1})^3} + \cdots + \frac{2}{(z-\omega_{N,8N})^3} + \cdots \right)$$

$$= -2 \sum_{\omega \in \Lambda} \frac{1}{(z-\omega)^3}$$

を得る．$\wp'_\Lambda(z)$ の正則性および無限和の順序に関する主張については，(1) の N および $z \in U$, $r \geq N$, $\omega \in \Lambda_r$ に対し

$$\left| \frac{1}{(z-\omega)^3} \right| \leq \frac{1}{(|\omega|-|z|)^3} \leq \frac{8}{|\omega|^3}$$

が成り立つことを用いて (1) と同様の議論を行えばよい．　　　　　　　　∎

■ $\wp_\Lambda$, $\wp'_\Lambda$ の周期性

命題 3.8 を用いて，$\wp_\Lambda(z)$, $\wp'_\Lambda(z)$ が Λ に関する周期性を持つことを示そう．

命題 3.10　$\wp_\Lambda(z)$, $\wp'_\Lambda(z)$ は Λ に関する周期性を持つ．すなわち，$z \in \mathbb{C} \smallsetminus \Lambda$, $\omega \in \Lambda$ に対し

$$\wp_\Lambda(z+\omega) = \wp_\Lambda(z), \quad \wp'_\Lambda(z+\omega) = \wp'_\Lambda(z)$$

が成り立つ．

[**証明**]　命題 3.8 (3) より，$z \in \mathbb{C} \smallsetminus \Lambda$, $\omega \in \Lambda$ に対し

$$\wp'_\Lambda(z+\omega) = -2 \sum_{\omega' \in \Lambda} \frac{1}{(z+\omega-\omega')^3} \overset{(*)}{=} -2 \sum_{\omega'' \in \Lambda} \frac{1}{(z-\omega'')^3} = \wp'_\Lambda(z)$$

である．ここで，$(*)$ においては $\omega'' = \omega' - \omega$ という置き換えを行った（ω' が Λ の元全体を動くとき ω'' も Λ の元全体を動くこと，および命題 3.8 (3) を用いた）．

このことと注意 A.15 (4) から，$f_\omega(z) = \wp_\Lambda(z+\omega) - \wp_\Lambda(z)$ は定数関数であることが分かる．よって，命題 3.8 (2) と合わせて

$$f_\omega(z) \overset{\text{(a)}}{=} f_\omega(z-\omega) = \wp_\Lambda(z) - \wp_\Lambda(z-\omega) \overset{\text{(b)}}{=} \wp_\Lambda(-z) - \wp_\Lambda(-z+\omega)$$

$$= -f_\omega(-z) \overset{\text{(a)}}{=} -f_\omega(z)$$

を得る（$z \in \mathbb{C} \smallsetminus \Lambda$ ならば $z - \omega, -z \in \mathbb{C} \smallsetminus \Lambda$ であることに注意. (a) では $f_\omega(z)$ が定数関数であることを, (b) では命題 3.8 (2) を用いた). これより $f_\omega(z) = 0$ すなわち $\wp_\Lambda(z + \omega) = \wp_\Lambda(z)$ が従う. ■

39 ページで述べたように, 命題 3.10 は, 次のように言い換えることができる:

2 点 $z, w \in \mathbb{C} \smallsetminus \Lambda$ が $\mathbb{C}/\Lambda$ において同一視されるならば, $\wp_\Lambda(z) = \wp_\Lambda(w)$, $\wp'_\Lambda(z) = \wp'_\Lambda(w)$ である.

このことから, $\wp_\Lambda, \wp'_\Lambda$ を写像 $(\mathbb{C}/\Lambda) \smallsetminus \{0\} \to \mathbb{C}$ とみなすことができ, したがって写像 $\phi_\Lambda : (\mathbb{C}/\Lambda) \smallsetminus \{0\} \to \mathbb{C}^2; z \mapsto (\wp_\Lambda(z), \wp'_\Lambda(z))$ が定まる.

■ $\wp_\Lambda$ と $\wp'_\Lambda$ の関係

39 ページで述べた方針の通り, 写像 $\phi_\Lambda : (\mathbb{C}/\Lambda) \smallsetminus \{0\} \to \mathbb{C}^2$ の像を含む平面代数曲線を見つけることが次の目標になる. 以下の定理では, $\wp_\Lambda(z)$ と $\wp'_\Lambda(z)$ の間の代数的な関係式を見出すことでこの目標を達成し, $\mathbb{C}/\Lambda$ が代数曲線になることの証明を完結させる.

定理 3.11 (1) 整数 $k \geq 3$ に対し, $g_k(\Lambda) = \displaystyle\sum_{\omega \in \Lambda \smallsetminus \{0\}} \frac{1}{\omega^k} \in \mathbb{C}$ とおく. このとき, $z \in \mathbb{C} \smallsetminus \Lambda$ に対し, $(x, y) = (\wp_\Lambda(z), \wp'_\Lambda(z))$ は

$$y^2 = 4x^3 - 60g_4(\Lambda)x - 140g_6(\Lambda)$$

を満たす. 言い換えると, 写像 $\phi_\Lambda : (\mathbb{C}/\Lambda) \smallsetminus \{0\} \to \mathbb{C}^2; z \mapsto (\wp_\Lambda(z), \wp'_\Lambda(z))$ の像は, 平面代数曲線 $E_\Lambda : y^2 = 4x^3 - 60g_4(\Lambda)x - 140g_6(\Lambda)$ に含まれる.

(2) (1) の写像 $\phi_\Lambda : (\mathbb{C}/\Lambda) \smallsetminus \{0\} \to E_\Lambda; z \mapsto (\wp_\Lambda(z), \wp'_\Lambda(z))$ は全単射となる. E_Λ に仮想的な「無限遠点」O を付け加え[*2], $0 \in \mathbb{C}/\Lambda$ を O にうつすことにすると, 全単射 $\mathbb{C}/\Lambda \overset{\cong}{\to} E_\Lambda \cup \{O\}$ （これも ϕ_Λ と書く）が得られることになる.

証明には次の補題を用いる.

補題 3.12　$f \colon \mathbb{C} \to \mathbb{C}$ を正則関数とし, 任意の $z \in \mathbb{C}$, $\omega \in \Lambda$ に対し $f(z + \omega) = f(z)$ が成り立つとする. このとき f は定数関数である.

[証明]　$\mathbb{C}/\Lambda$ の基本領域 D (3.2 節参照) は有界閉集合であるから, 最大値の定理 (定理 A.12) より $|f(z)|$ は D 上で最大値を持つ. 周期性より, $|f(z)|$ は $\mathbb{C}$ 全体でも最大値を持つ. よって最大値の原理 (定理 A.18) より f は定数関数である. ∎

[定理 3.11 の証明]　(1) まず $g_k(\Lambda)$ が収束することを示す. 補題 3.9 より

$$\sum_{r=1}^{\infty} \sum_{\omega \in \Lambda_r} \frac{1}{|\omega|^k} \le \sum_{r=1}^{\infty} \sum_{\omega \in \Lambda_r} \frac{1}{r^k d_{\gamma,\delta}^k} = 8 d_{\gamma,\delta}^{-k} \sum_{r=1}^{\infty} \frac{1}{r^{k-1}}$$

である. $k \ge 3$ より $\displaystyle\sum_{r=1}^{\infty} \frac{1}{r^{k-1}}$ は収束するので, 定理 A.4 より $g_k(\Lambda)$ も収束する.

$\displaystyle\sum_{r=1}^{\infty} \frac{1}{r^{k-1}} \le \sum_{r=1}^{\infty} \frac{1}{r^2} \le 1 + \sum_{r=2}^{\infty} \frac{1}{r(r-1)} = 2$ より $\displaystyle\sum_{r=1}^{\infty} \sum_{\omega \in \Lambda_r} \frac{1}{|\omega|^k} \le 16 d_{\gamma,\delta}^{-k}$ も従う.

$F \colon \mathbb{C} \to \mathbb{C}$ を以下で定める:

$$F(z) = \begin{cases} \wp_\Lambda'(z)^2 - 4\wp_\Lambda(z)^3 + 60 g_4(\Lambda) \wp_\Lambda(z) + 140 g_6(\Lambda) & (z \in \mathbb{C} \smallsetminus \Lambda) \\ 0 & (z \in \Lambda). \end{cases}$$

この F に補題 3.12 を適用したい. そのために, F が $\mathbb{C}$ 上の正則関数であることを示す. 命題 3.8 (1), (3) より $\wp_\Lambda(z)$, $\wp_\Lambda'(z)$ は $\mathbb{C} \smallsetminus \Lambda$ 上の正則関数なので, F は $\mathbb{C} \smallsetminus \Lambda$ の任意の点において正則である. また, 命題 3.10 より, 任意の $z \in \mathbb{C}$, $a \in \Lambda$ に対し $F(z + a) = F(z)$ であるから, F が 0 において正則であることを示せばよい. そのために, $\wp_\Lambda(z)$ の z に関するべき級数展開を考える. 以下, $z \in \mathbb{C}$ は $0 < |z| < \dfrac{d_{\gamma,\delta}}{2}$ を満たすとする. 補題 3.9 より, $\omega \in \Lambda \smallsetminus \{0\}$ に対し $|\omega| \ge d_{\gamma,\delta} > 2|z|$ すなわち $\left| \dfrac{z}{\omega} \right| < \dfrac{1}{2}$ であるから,

$$\frac{1}{1 - \frac{z}{\omega}} = 1 + \frac{z}{\omega} + \frac{z^2}{\omega^2} + \cdots$$

である (等比数列の和の公式を用いればよい). この両辺を微分すると

$$\frac{1}{\omega} \cdot \frac{1}{(1 - \frac{z}{\omega})^2} = \frac{1}{\omega} + \frac{2}{\omega^2} z + \frac{3}{\omega^3} z^2 + \cdots$$

であるから（例 A.14 (2) 参照），

$$\frac{1}{(z-\omega)^2} - \frac{1}{\omega^2} = \frac{2}{\omega^3}z + \frac{3}{\omega^4}z^2 + \cdots$$

が成り立つ．$\omega \in \Lambda \smallsetminus \{0\}$ に関して和をとって

$$\wp_\Lambda(z) = \frac{1}{z^2} + 2g_3(\Lambda)z + 3g_4(\Lambda)z^2 + \cdots$$

を得る[*3]．$k \geq 3$ が奇数のとき $g_k(\Lambda) = 0$ であること（$\dfrac{1}{\omega^k}$ と $\dfrac{1}{(-\omega)^k}$ がキャンセルする）に注意すると，

$$\wp_\Lambda(z) = z^{-2} + 3g_4(\Lambda)z^2 + 5g_6(\Lambda)z^4 + \cdots = z^{-2} + \sum_{n=1}^{\infty}(2n+1)g_{2n+2}(\Lambda)z^{2n}$$

が分かる．これより

$$\wp_\Lambda'(z) = -2z^{-3} + 6g_4(\Lambda)z + 20g_6(\Lambda)z^3 + (\text{4 次以上}),$$

$$\wp_\Lambda'(z)^2 = 4z^{-6} - 24g_4(\Lambda)z^{-2} - 80g_6(\Lambda) + (\text{1 次以上}),$$

$$\wp_\Lambda(z)^3 = z^{-6} + 9g_4(\Lambda)z^{-2} + 15g_6(\Lambda) + (\text{1 次以上})$$

となるので，

$$F(z) = (4z^{-6} - 24g_4(\Lambda)z^{-2} - 80g_6(\Lambda)) - 4(z^{-6} + 9g_4(\Lambda)z^{-2} + 15g_6(\Lambda))$$

$$+ 60g_4(\Lambda)z^{-2} + 140g_6(\Lambda) + (\text{1 次以上})$$

$$= (\text{1 次以上})$$

が得られる．上の等式の右辺に $z = 0$ を代入すると 0 になるので，この等式は開円板 $\left\{ z \in \mathbb{C} \ \middle| \ |z| < \dfrac{d_{\gamma,\delta}}{2} \right\}$ の上で成立する．例 A.14 (2) より，右辺は $z = 0$ におい

[*3] ここでは無限和の順序の交換を行っている．定理 A.4 を用いてこれを正当化するには，

$$\sum_{n=1}^{\infty}\sum_{\omega \in \Lambda \smallsetminus \{0\}} \frac{n+1}{|\omega|^{n+2}}|z|^n = \sum_{n=1}^{\infty}\sum_{r=1}^{\infty}\sum_{\omega \in \Lambda_r} \frac{n+1}{|\omega|^{n+2}}|z|^n \leq \sum_{n=1}^{\infty}\sum_{r=1}^{\infty}\sum_{\omega \in \Lambda_r} \frac{(n+1)2^{-n}d_{\gamma,\delta}^n}{|\omega|^{n+2}} \leq$$

$$\sum_{n=1}^{\infty} 16d_{\gamma,\delta}^{-2}(n+1)2^{-n} < \infty$$ に注意すればよい（2 つ目の不等号では，証明の冒頭で得られた不等式

$$\sum_{r=1}^{\infty}\sum_{\omega \in \Lambda_r} \frac{1}{|\omega|^k} \leq 16d_{\gamma,\delta}^{-k}$$ を用いた）．

て正則なので，左辺もそうである．すなわち，$F(z)$ は $z = 0$ において正則であることが示された．

補題 3.12 を F に適用することで，F は定数関数であることが分かる．$F(0) = 0$ なので $F(z) = 0$ となり，$\wp_\Lambda'(z)^2 = 4\wp_\Lambda(z)^3 - 60g_4(\Lambda)\wp_\Lambda(z) - 140g_6(\Lambda)$ が従う．

(2) 写像 $\phi_\Lambda \colon \mathbb{C}/\Lambda \to E_\Lambda \cup \{O\}$ による O の逆像が 1 点 $\{0\}$ であることとリーマン面の一般論から比較的容易に従うが，本書の程度を超えるので割愛する[*4]．　∎

■ 楕円曲線

定理 3.11 に出てきた平面代数曲線 $E_\Lambda \colon y^2 = 4x^3 - 60g_4(\Lambda)x - 140g_6(\Lambda)$ は，楕円曲線というものになっている．

定義 3.13　$Ey^2 + Fxy + Gy = Ax^3 + Bx^2 + Cx + D\ (A, E \neq 0)$ という方程式で定まり，特異点（すぐ後で説明する）を持たない平面代数曲線を**楕円曲線**という．

楕円曲線の方程式 $Ey^2 + Fxy + Gy = Ax^3 + Bx^2 + Cx + D$ は，変数変換によってもっと簡単な形に変形することができる．まず両辺を A^2E^3 倍すると，

$$A^2E^4y^2 + A^2E^3Fxy + A^2E^3Gy = A^3E^3x^3 + A^2BE^3x^2 + A^2CE^3x + A^2DE^3$$

すなわち

$$(AE^2y)^2 + F(AEx)(AE^2y) + AEG(AE^2y)$$
$$= (AEx)^3 + BE(AEx)^2 + ACE^2(AEx) + A^2DE^3$$

となるので，AEx, AE^2y を x, y と置き直すことで $A = E = 1$ とできる．さらに $y + \dfrac{Fx + G}{2}$ を y と置き直すことで $F = G = 0$ とできる．最後に $x + \dfrac{B}{3}$ を x と置き直すことで $B = 0$ とできる．以上より，

$$y^2 = x^3 + ax + b$$

という形の方程式のみ考えればよいことが分かった．

[*4] リーマン面を既習の読者に向けて概略を書いておく．$\mathbb{C}/\Lambda$ と $E_\Lambda \cup \{O\}$ にはともにコンパクトかつ連結なリーマン面の構造が入り，ϕ_Λ はリーマン面の射になる．ϕ_Λ が接空間に誘導する写像 $(d\phi_\Lambda)_0 \colon T_0(\mathbb{C}/\Lambda) \to T_O(E_\Lambda \cup \{O\})$ が 0 でないことを確認して，$\phi_\Lambda^{-1}(O) = \{0\}$ から ϕ_Λ の次数が 1 であることを導けばよい．

曲線の特異点とは，大雑把に言うと，その点のまわりを拡大したときに，直線のような形にならない点のことである．特異点を持つ 3 次平面曲線の例として，$y^2 = x^3$ と $y^2 = (x-1)^2(x+2) = x^3 - 3x + 2$ を挙げておく．これらを図示したときに出てくる，とがった点や自己交叉のある点が特異点である（図 3.4, 3.5）．

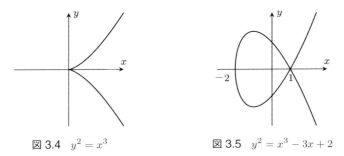

図 3.4　$y^2 = x^3$　　　　図 3.5　$y^2 = x^3 - 3x + 2$

特異点の正確な定義を述べておこう．

定義 3.14　$f(x,y)$ を定数でない複素数係数 2 変数多項式とし，方程式 $f(x,y) = 0$ で定まる平面代数曲線を C とする．$(x_0, y_0) \in C$ が C の**特異点**であるとは，

$$\frac{\partial f}{\partial x}(x_0, y_0) = \frac{\partial f}{\partial y}(x_0, y_0) = 0$$

が成り立つことをいう．ここで，$\dfrac{\partial f}{\partial x}(x, y)$ は $f(x, y)$ を x の多項式と見て微分したものであり，$f(x, y)$ の x に関する**偏導関数**と呼ばれる．$f(x, y)$ の y に関する偏導関数 $\dfrac{\partial f}{\partial y}(x, y)$ も同様に定める．

平面代数曲線 $y^2 = x^3 + ax + b$ が特異点を持つかどうかは簡単に判定できる．

命題 3.15　a, b を複素数とする．3 次式 $x^3 + ax + b$ に対し，$\Delta = -16(4a^3 + 27b^2)$ をその**判別式**と呼ぶ．平面代数曲線 $C\colon y^2 = x^3 + ax + b$ が特異点を持つことは $\Delta = 0$ と同値である．

[証明]　(x_0, y_0) が C の特異点ならば，$y_0^2 = x_0^3 + ax_0 + b$, $3x_0^2 + a = 0$, $2y_0 = 0$ が成り立つ．特に $x_0^3 + ax_0 + b = 3x_0^2 + a = 0$ であるから，$4a^3 + 27b^2 = 4a^3 + 27(x_0^3 + ax_0)^2 = 4(-3x_0^2)^3 + 27(-2x_0^3)^2 = 0$ すなわち $\Delta = 0$ が成り立つ．逆に $\Delta = 0$ のとき，$a = -3x_0^2$ かつ $b = 2x_0^3$ となる $x_0 \in \mathbb{C}$

が存在する．実際，$a = 0$ なら $b = 0$ だから $x_0 = 0$ とすればよく，$a \neq 0$ ならば $x_0 = -\dfrac{3b}{2a}$ とすれば $-3x_0^2 = -\dfrac{27b^2}{4a^2} = \dfrac{4a^3}{4a^2} = a$ かつ $2x_0^3 = -\dfrac{27b^3}{4a^3} = \dfrac{27b^3}{27b^2} = b$ となる．このとき $x_0^3 + ax_0 + b = 0$ かつ $3x_0^2 + a = 0$ であるから，$(x_0, 0)$ は C の特異点である．　∎

注意 3.16　$x^3 + ax + b = 0$ の 3 解を α, β, γ とおくと，$\Delta = 16(\alpha - \beta)^2(\beta - \gamma)^2(\gamma - \alpha)^2$ が成り立つ．特に，$\Delta = 0$ であることは $x^3 + ax + b = 0$ が重解を持つことと同値である．この意味で，Δ は 2 次式の判別式の一般化となっている．

例題 3.17　$y^2 + y = x^3 - x^2$ を座標変換で $y^2 = x^3 + ax + b$ の形に変形せよ．これは楕円曲線になるか？

[解答]　$X = x - \dfrac{1}{3},\ Y = y + \dfrac{1}{2}$ とおくと，

$$y^2 + y = x^3 - x^2 \iff Y^2 - \frac{1}{4} = \left(X^3 + X^2 + \frac{1}{3}X + \frac{1}{27}\right) - \left(X^2 + \frac{2}{3}X + \frac{1}{9}\right)$$
$$\iff Y^2 = X^3 - \frac{1}{3}X + \frac{19}{108}$$

となるので，X, Y を x, y と置き直すことで $y^2 + y = x^3 - x^2$ は $y^2 = x^3 - \dfrac{1}{3}x + \dfrac{19}{108}$ にうつされる．右辺の判別式は

$$-16\left(-\frac{4}{27} + \frac{27 \cdot 361}{27^2 \cdot 16}\right) = \frac{64 - 361}{27} = -\frac{297}{27} = -11 \neq 0$$

なので，これは楕円曲線である．　∎

定理 3.11 の平面代数曲線 $E_\Lambda : y^2 = 4x^3 - 60g_4(\Lambda)x - 140g_6(\Lambda)$ が楕円曲線であることを証明しておこう．

命題 3.18　Λ を $\mathbb{C}$ の格子とするとき，$E_\Lambda : y^2 = 4x^3 - 60g_4(\Lambda)x - 140g_6(\Lambda)$ は楕円曲線である．

[証明]　$f(x) = 4x^3 - 60g_4(\Lambda)x - 140g_6(\Lambda)$ とおく．注意 3.16 より，$f(x) = 0$ が相異なる 3 解を持つことを示せばよい．

注意 3.3 より，$\tau \in \mathbb{H}$ および $\alpha \in \mathbb{C} \smallsetminus \{0\}$ であって $\Lambda = \alpha \Lambda_\tau$ となるものが存在する．$z_1 = \dfrac{\alpha}{2},\ z_2 = \dfrac{\alpha\tau}{2},\ z_3 = \dfrac{\alpha(1 + \tau)}{2}$ とおく．$i = 1, 2, 3$ に対し $2z_i \in \Lambda$ である

から，命題 3.10 と命題 3.8 (2) より $\wp'_\Lambda(z_i) = \wp'_\Lambda(z_i - 2z_i) = \wp'_\Lambda(-z_i) = -\wp'_\Lambda(z_i)$ すなわち $\wp'_\Lambda(z_i) = 0$ を得る．よって定理 3.11 (1) より，$f(\wp_\Lambda(z_i)) = 0$ が成り立つ．したがって，$\wp_\Lambda(z_1), \wp_\Lambda(z_2), \wp_\Lambda(z_3)$ が相異なることを示せばよい．z_1, z_2, z_3 の $\mathbb{C}/\Lambda$ における像は相異なるから，定理 3.11 (2) より，$\phi_\Lambda(z_1), \phi_\Lambda(z_2), \phi_\Lambda(z_3)$ は相異なる．$\phi_\Lambda(z_i) = (\wp_\Lambda(z_i), 0)$ であるから，$\wp_\Lambda(z_1), \wp_\Lambda(z_2), \wp_\Lambda(z_3)$ も相異なるのでよい． ∎

2 つの楕円曲線が座標変換でうつりあうとき，それらは**同型**であるという．実は，次が成り立つことが知られている．

定理 3.19 Λ, Λ' を $\mathbb{C}$ の格子とする．このとき，トーラス $\mathbb{C}/\Lambda, \mathbb{C}/\Lambda'$ が同型であることと楕円曲線 $E_\Lambda, E_{\Lambda'}$ が同型であることは同値である．つまり，単射

$$(\text{トーラス全体（同型なものは同一視）})$$

$$\xrightarrow{\mathbb{C}/\Lambda \mapsto E_\Lambda} (\text{楕円曲線全体（同型なものは同一視）})$$

がある．

3.4 楕円曲線の分類

では，楕円曲線（同型なものは同一視）はどのくらいあるのだろうか？ 本節では，楕円曲線 E に対し，その j 不変量と呼ばれる複素数 $j(E)$ を定め，以下の 2 つの性質を証明する：

- 2 つの楕円曲線が同型であるかどうかは j 不変量で区別できる（定理 3.22）．
- 任意の複素数に対し，それを j 不変量に持つ楕円曲線が存在する（命題 3.23）．

これによって，以下の一対一対応が得られることになる．

$$(\text{楕円曲線（同型なものは同一視）}) \xleftrightarrow{1:1} (\text{複素数})$$

定義 3.20 楕円曲線 $E: y^2 = x^3 + ax + b$ に対し，$j(E) = \dfrac{1728 \cdot 4a^3}{4a^3 + 27b^2} \in \mathbb{C}$ とおき，E の **j 不変量**と呼ぶ．より一般の形の方程式で定まる楕円曲線 E' に対しては，変数変換によって $y^2 = x^3 + ax + b$ という形の方程式で定まる楕円曲線 E にうつし，$j(E') = j(E)$ とすることで $j(E')$ を定める．これが変数変換の方法によらずに定まることは，後述の定理 3.22 から従う．

例 3.21　楕円曲線 $y^2 = x^3 + 1$ の j 不変量は 0 であり，$y^2 = x^3 + x$ の j 不変量は 1728 である.

定理 3.22　$E\colon y^2 = x^3 + ax + b$, $E'\colon y^2 = x^3 + a'x + b'$ を楕円曲線とする.E と E' が同型であることは $j(E) = j(E')$ と同値である.

[証明]　$j(E) = j(E')$ すなわち $\dfrac{1728 \cdot 4a^3}{4a^3 + 27b^2} = \dfrac{1728 \cdot 4a'^3}{4a'^3 + 27b'^2}$ と仮定して E と E' が同型であることを示そう.まず，$a, b \neq 0$ の場合を考える.このとき $a' \neq 0$ である.上記の等式の逆数をとることで $4 + 27\dfrac{b^2}{a^3} = 4 + 27\dfrac{b'^2}{a'^3}$ すなわち $\dfrac{b^2}{a^3} = \dfrac{b'^2}{a'^3}$ が得られる.特に $b' \neq 0$ である.また，両辺に $\dfrac{a'^3}{b^2}$ をかけて $\left(\dfrac{a'}{a}\right)^3 = \left(\dfrac{b'}{b}\right)^2$ が従う.$u = \dfrac{a}{a'} \cdot \dfrac{b'}{b}$ とおくと $a, b \neq 0$ より $u \neq 0$ であり，$u^2 = \left(\dfrac{a}{a'}\right)^2 \cdot \left(\dfrac{a'}{a}\right)^3 = \dfrac{a'}{a}$ より $a' = au^2$ である.よって $u = \dfrac{1}{u^2} \cdot \dfrac{b'}{b}$ なので $b' = bu^3$ を得る.$t^2 = u$ となる $t \in \mathbb{C}$ をとると，$t \neq 0$ であり，E' の方程式は $y^2 = x^3 + at^4x + bt^6$ となる.

$$y^2 = x^3 + at^4x + bt^6 \iff \frac{y^2}{t^6} = \frac{x^3}{t^6} + a\frac{x}{t^2} + b \iff \left(\frac{y}{t^3}\right)^2 = \left(\frac{x}{t^2}\right)^3 + a\left(\frac{x}{t^2}\right) + b$$

より，E の方程式で x を $\dfrac{x}{t^2}$ に，y を $\dfrac{y}{t^3}$ に置き換えることで E' の方程式が得られるから，E と E' は同型であることが分かる.

次に，$a = 0$ または $b = 0$ の場合を考える.$a = 0$ ならば $j(E') = j(E) = 0$ より $a' = 0$ を得る.$4a^3 + 27b^2, 4a'^3 + 27b'^2 \neq 0$ より $b, b' \neq 0$ であるから，$t^6 = \dfrac{b'}{b}$ となる $t \in \mathbb{C} \setminus \{0\}$ をとることができ，E' の方程式は $y^2 = x^3 + bt^6$ となる.一方，$b = 0$ ならば $j(E') = j(E) = 1728$ より $b' = 0$ を得る.$4a^3 + 27b^2, 4a'^3 + 27b'^2 \neq 0$ より $a, a' \neq 0$ であるから，$t^4 = \dfrac{a'}{a}$ となる $t \in \mathbb{C} \setminus \{0\}$ をとることができ，E' の方程式は $y^2 = x^3 + at^4x$ となる.いずれの場合も，上と同様の議論によって E と E' は同型であることが分かる.

E と E' が同型であるとき，E を E' にうつす座標変換は $t \in \mathbb{C} \setminus \{0\}$ を用いて $x \mapsto \dfrac{x}{t^2}, y \mapsto \dfrac{y}{t^3}$ と書けることが示せる（非自明だが省略する）.このとき $a' = at^4$, $b' = bt^6$ であるから，j 不変量の定義より $j(E) = j(E')$ が導かれる.　∎

命題 3.23　任意の複素数 j に対し，$j(E) = j$ となる楕円曲線 E が存在する.

[証明] $j = 0, 1728$ の場合は例 3.21 よりよい. 以下 $j \neq 0, 1728$ とし, $t = -\dfrac{27j}{4(j-1728)}$ とおく. $t \neq 0$, $4t + 27 = -\dfrac{27 \cdot 1728}{j-1728} \neq 0$ である. このとき, $E : y^2 = x^3 + tx + t$ は楕円曲線である. なぜなら, $\Delta = -16(4t^3 + 27t^2) = -16t^2(4t+27) \neq 0$ となるからである. $j(E) = \dfrac{1728 \cdot 4t^3}{4t^3 + 27t^2} = \dfrac{-1728}{4t+27} \cdot (-4t) = \dfrac{j-1728}{27} \cdot \dfrac{27j}{j-1728} = j$ となるのでよい. ∎

既に述べたように, 定理 3.22 と命題 3.23 から, 楕円曲線 (同型なものは同一視) は複素数と一対一に対応することが結論される.

3.5 まとめ

これまでの考察は, 以下の図にまとめることができる.

$$M_{\mathrm{SL}_2(\mathbb{Z})} \xrightarrow[\cong]{\tau \mapsto \Lambda_\tau} (\mathbb{C}\ \text{の格子全体 (相似なものは同一視)})$$

$$\xrightarrow[\cong]{\Lambda \mapsto \mathbb{C}/\Lambda} (\text{トーラス全体 (同型なものは同一視)})$$

$$\xrightarrow[]{\mathbb{C}/\Lambda \mapsto E_\Lambda} (\text{楕円曲線全体 (同型なものは同一視)}) \xrightarrow[\cong]{E \mapsto j(E)} \mathbb{C}$$

これまでの説明により, $\cong$ のついている 3 つの矢印は全単射であり, $\mathbb{C}/\Lambda \mapsto E_\Lambda$ は単射であることが分かっている. 実は, $\mathbb{C}/\Lambda \mapsto E_\Lambda$ も全単射となる. これを示すためには, 全ての矢印を合成して得られる単射 $M_{\mathrm{SL}_2(\mathbb{Z})} \to \mathbb{C}$ を考え, それが全射であることを証明すればよい. この単射を $\mathbb{H}$ 上の関数とみなしたものを j 関数という.

定義 3.24 関数 $j : \mathbb{H} \to \mathbb{C}$ を $j(\tau) = j(E_{\Lambda_\tau})$ で定め, **j 関数**と呼ぶ.

$M_{\mathrm{SL}_2(\mathbb{Z})} \to \mathbb{C}$ の単射性は以下のように言い換えられる.

定理 3.25 $\tau, \tau' \in \mathbb{H}$ に対し, 以下は同値である.

(1) τ と τ' は $\mathrm{SL}_2(\mathbb{Z})$ の作用でうつりあう. すなわち, $\tau' = g \cdot \tau$ を満たす $g \in \mathrm{SL}_2(\mathbb{Z})$ が存在する.

(2) $j(\tau) = j(\tau')$ である.

一方，$M_{\mathrm{SL}_2(\mathbb{Z})} \to \mathbb{C}$ の全射性を示すには，次の定理を証明すればよい．

定理 3.26　$j\colon \mathbb{H} \to \mathbb{C}$ は全射である．

この定理の証明は次章で与える．以上をまとめて，次の定理が得られる．

定理 3.27　モジュラー曲線 $M_{\mathrm{SL}_2(\mathbb{Z})}$ と複素平面 $\mathbb{C}$ は，$\tau \mapsto j(\tau)$ によって同一視することができる．

複素平面 $\mathbb{C}$ は $\{(x,0) \mid x \in \mathbb{C}\} = \{(x,y) \in \mathbb{C}^2 \mid y = 0\}$ と同一視できるので，モジュラー曲線 $M_{\mathrm{SL}_2(\mathbb{Z})}$ は，$y = 0$ という整数係数方程式によって定まる平面代数曲線と見ることもできる．

既に説明したように，定理 3.26 から $\mathbb{C}/\Lambda \mapsto E_\Lambda$ の全射性が従うのであった．これと $\tau \mapsto \Lambda_\tau$，$\Lambda \mapsto \mathbb{C}/\Lambda$ の全射性を合わせると，次の定理も得られる．

定理 3.28　任意の楕円曲線は，ある $\mathbb{C}$ の格子 Λ に対する E_Λ と同型である．さらに，Λ は $\Lambda_\tau = \mathbb{Z} + \mathbb{Z}\tau$ $(\tau \in \mathbb{H})$ という形にとれる．

3.6　参考文献ガイド

$\wp_\Lambda$ のように，$\mathbb{C}$ の格子を周期に持つ関数を楕円関数と呼ぶ．楕円関数については，多くの教科書がある．和書では [66] がよい本だと思う．[1] の第 7 章でも扱われている．英語の本だと，[35] がある．この本は，次章で登場する保型関数も詳しく扱っているのが特徴である．楕円関数や j 関数の歴史については，[60] に記述がある．

楕円曲線については，[58] が定番である．楕円曲線に関して本章で扱った内容は，この本の第 6 章に含まれている．より初等的に書かれた本として [59] がある．

本章の内容は，[53] の第 10 章でも扱われている．この本は，複素解析や楕円曲線を含めた現代数学の諸分野について統一的な視点から解説を行ったものであり，読みごたえがある．

第 **4** 章

保型関数と保型形式

前章の最後に導入した j 関数は，$j(g \cdot z) = j(z)$ $(g \in \mathrm{SL}_2(\mathbb{Z}))$ という対称性を持っていた（定理 3.25 を参照）．このような対称性を持った正則関数 $\mathbb{H} \to \mathbb{C}$ のことをレベル $\mathrm{SL}_2(\mathbb{Z})$ の保型関数と呼ぶ．より一般に，$\mathrm{SL}_2(\mathbb{Z})$ の合同部分群 Γ に対し，レベル Γ の保型関数も定義することができる．レベル Γ の保型関数はモジュラー曲線 M_Γ 上の関数にあたるものであり，モジュラー曲線の分析に不可欠な対象である．例えば，次章では保型関数を用いてモジュラー曲線 $M_{\Gamma_0(p)}$（p は素数）の方程式を調べる．本章では，保型関数に加え，保型関数の持つ対称性を少し一般化して得られる，保型形式という種類の関数を導入する．保型形式の重要性は保型関数に比べて分かりづらいと思われるが，実は，第 5 章，第 7 章，第 8 章，第 9 章でも登場する，本書の隠れた主役である．ひとまず第 5 章では，モジュラー曲線 $M_{\Gamma_0(11)}$ の方程式を求める際に活躍する．

4.1 保型関数

まず，保型関数の定義から始めよう．

定義 4.1 Γ を $\mathrm{SL}_2(\mathbb{Z})$ の合同部分群とする．正則関数 $f \colon \mathbb{H} \to \mathbb{C}$ が，任意の $z \in \mathbb{H}, \, g \in \Gamma$ に対し $f(g \cdot z) = f(z)$ を満たすとき，レベル Γ の**保型関数**であるという．

$f \colon \mathbb{H} \to \mathbb{C}$ をレベル Γ の保型関数とする．Γ が $\Gamma_0(N)$ または $\Gamma_1(N)$（$N \geq 1$ は整数）の場合，$\begin{pmatrix} 1 & 1 \\ 0 & 1 \end{pmatrix} \in \Gamma$ であるから，等式 $f(g \cdot z) = f(z)$（$z \in \mathbb{H}, g \in \Gamma$）にお

いて特に $g = \begin{pmatrix} 1 & 1 \\ 0 & 1 \end{pmatrix}$ とすることで, $f(z+1) = f(z)$ が成り立つことが分かる.

このような正則関数は, 以下のような**フーリエ展開**を持つことが知られている:

$$f(z) = \sum_{n=-\infty}^{\infty} a_n e^{2\pi i n z} \quad (a_n \in \mathbb{C}).$$

なお, $\mathbb{C}$ を定義域とする指数関数については命題 A.17 を参照. 命題 A.17 (2), (3) から, $e^{2\pi i n(z+1)} = e^{2\pi i n z} e^{2\pi i n} = e^{2\pi i n z}$ となることに注意しよう. $a_n \in \mathbb{C}$ は f から決まるので, $a_n(f)$ と書くことも多い.

この分野では, しばしば $q = e^{2\pi i z}$ とおく. このとき, 上記のフーリエ展開は

$$f(z) = \sum_{n=-\infty}^{\infty} a_n q^n = \sum_{n=-\infty}^{\infty} a_n(f) q^n$$

と書くことができ, **q 展開**とも呼ばれる.

以下では, 前章で導入した j 関数がレベル $\mathrm{SL}_2(\mathbb{Z})$ の保型関数であること, そして, レベル $\mathrm{SL}_2(\mathbb{Z})$ の保型関数のうち適切な条件を満たすものが j 関数の多項式で書けることを証明する. このことは, 大雑把には

$$(\text{レベル } \mathrm{SL}_2(\mathbb{Z}) \text{ の保型関数}) = (M_{\mathrm{SL}_2(\mathbb{Z})} \text{ 上の関数})$$

$$= (\text{平面代数曲線 } y = 0 \text{ 上の関数}) = (1 \text{ 変数多項式})$$

という状況を反映している.

まず, j 関数が保型関数であることを証明する. $z \in \mathbb{H}$ に対する $j(z)$ とは, 格子 Λ_z から定まるトーラス $\mathbb{C}/\Lambda_z$ に対応する楕円曲線 $E_{\Lambda_z}: y^2 = 4x^3 - 60g_4(\Lambda_z)x - 140g_6(\Lambda_z)$ の j 不変量であったことを思い出しておこう.

命題 4.2　(1) $k \geq 3$ を整数とする. $z \in \mathbb{H}$ に対し

$$g_k(z) = g_k(\Lambda_z) = \sum_{(m,n) \in \mathbb{Z}^2 \smallsetminus \{(0,0)\}} \frac{1}{(m + nz)^k}$$

とおくと, g_k は $\mathbb{H}$ 上の正則関数である. g_k を**アイゼンシュタイン級数**と呼ぶ.

(2) $j: \mathbb{H} \to \mathbb{C}$ はレベル $\mathrm{SL}_2(\mathbb{Z})$ の保型関数である.

［証明］ (1) 実数 $R > 0$ を任意にとり，$\{z \in \mathbb{C} \mid \mathrm{Im}\, z > R\}$ 上で g_k が正則であることを示す．$\Lambda_{z+1} = \Lambda_z$ より $g_k(z + 1) = g_k(z)$ であるから，$\{z \in \mathbb{C} \mid -1 < \mathrm{Re}\, z < 1, \mathrm{Im}\, z > R\}$ 上で正則であることを示せばよい．$z = a + bi \in \mathbb{C}$ $(a, b \in \mathbb{R})$ が $-1 < a < 1$, $b > R$ を満たすとする．$d_{1,z}$ を補題 3.9 の通りとすると，$d_{1,z} \geq \min\left\{b, \dfrac{1}{\sqrt{(\frac{a}{b})^2 + 1}}\right\} \geq \min\left\{R, \dfrac{1}{\sqrt{(\frac{1}{R})^2 + 1}}\right\} = \min\left\{R, \dfrac{R}{\sqrt{R^2 + 1}}\right\} = \dfrac{R}{\sqrt{R^2 + 1}}$ である．よって補題 3.9 より

$$\sum_{r=1}^{\infty} \sum_{(m,n) \in S_r} \frac{1}{|m + nz|^k} = \sum_{r=1}^{\infty} \sum_{\omega \in (\Lambda_z)_r} \frac{1}{|\omega|^k} \leq \sum_{r=1}^{\infty} \sum_{\omega \in (\Lambda_z)_r} \frac{1}{r^k d_{1,z}^k}$$

$$= \sum_{r=1}^{\infty} \frac{8}{r^{k-1} d_{1,z}^k} \leq \sum_{r=1}^{\infty} 8\left(\frac{R}{\sqrt{R^2 + 1}}\right)^{-k} \frac{1}{r^{k-1}}$$

を得る（S_r については 39 ページを参照）．したがって定理 A.16 より，$g_k(z) = \sum_{r=1}^{\infty} \sum_{(m,n) \in S_r} \dfrac{1}{(m + nz)^k}$ は $\{z \in \mathbb{C} \mid \mathrm{Im}\, z > R\}$ 上の正則関数となる．

(2) 定理 3.25 より $j(g \cdot z) = j(z)$ $(z \in \mathbb{H}, g \in \mathrm{SL}_2(\mathbb{Z}))$ であるから，j が正則関数であることを示せば十分である．E_{Λ_z} の方程式を $\left(\dfrac{y}{2}\right)^2 = x^3 - 15g_4(z)x - 35g_6(z)$ と変形して j 不変量を計算することで，$j(z) = \dfrac{1728 \cdot 4 \cdot (15g_4(z))^3}{4(15g_4(z))^3 - 27(35g_6(z))^2}$ を得る．命題 3.18 より，任意の $z \in \mathbb{H}$ に対し E_{Λ_z} は楕円曲線となるので，$4(15g_4(z))^3 - 27(35g_6(z))^2 \neq 0$ である．よって (1) と注意 A.15 (2) より j は正則関数である．∎

j 関数の q 展開は以下のようになる（計算方法については次節で述べる）：

$$j(z) = q^{-1} + 744 + 196884q + 21493760q^2 + \cdots.$$

不思議なことに，整数係数になるのである（後述の定理 4.8 を参照）．

j 関数の多項式で書ける関数は明らかにレベル $\mathrm{SL}_2(\mathbb{Z})$ の保型関数であるが，以下の定理の通り，その逆もある程度正しいことが分かる．

定理 4.3 $f \colon \mathbb{H} \to \mathbb{C}$ をレベル $\mathrm{SL}_2(\mathbb{Z})$ の保型関数とし，その q 展開が

$f(z) = \displaystyle\sum_{n=-N}^{\infty} a_n q^n$（$N$ はある整数）という形であると仮定する[*1]. このとき, f は j の複素数係数多項式として表すことができる. また, 任意の n に対し a_n が有理数（ないし整数）ならば, f は j の有理数（ないし整数）係数多項式として表すことができる.

この定理は, 4.3 節において頻繁に用いられる.

［証明］　まず, $N = -1$, すなわち, $n \leq 0$ に対し $a_n = 0$ であると仮定して $f = 0$ を示す. $f \neq 0$ であるとすると, $f(z_0) \neq 0$ となる $z_0 \in \mathbb{H}$ がとれる. D を命題 2.16 の通りとすると, 命題 2.16 (1) より, $g \in \mathrm{SL}_2(\mathbb{Z})$ であって $g \cdot z_0 \in D$ を満たすものが存在する. f がレベル $\mathrm{SL}_2(\mathbb{Z})$ の保型関数であることから $f(g \cdot z_0) = f(z_0) \neq 0$ となるので, $g \cdot z_0$ を改めて z_0 とおくことで, $z_0 \in D$ と仮定できる.

実数 C を十分大きくとると, 「$\operatorname{Im} z > C$ ならば $|f(z)| < |f(z_0)|$」となるようにできることを示す. $q_0 = e^{2\pi i z_0}$ とおく. $f(z_0) = \displaystyle\sum_{n=1}^{\infty} a_n q_0^n$ は収束するので, $\displaystyle\lim_{n \to \infty} |a_n q_0^n| = 0$ である. 特に, 十分大きい n に対し, $|a_n q_0^n| \leq 1$ すなわち $|a_n| \leq |q_0|^{-n}$ が成り立つ. 整数 $N \geq 1$ を, $n \geq N$ ならば $|a_n| \leq |q_0|^{-n}$ となるようにとる. $z \in \mathbb{H}$ が $\operatorname{Im} z \geq 1 + \operatorname{Im} z_0$ を満たすならば, $|q| = |e^{2\pi i z}| = e^{-2\pi \operatorname{Im} z} \leq e^{-2\pi \operatorname{Im} z_0 - 2\pi} = e^{-2\pi}|q_0|$ であるから,

$$\left| \sum_{n=1}^{\infty} a_n q^{n-1} \right| \leq \sum_{n=1}^{\infty} |a_n|(e^{-2\pi}|q_0|)^{n-1}$$
$$\leq \sum_{n=1}^{N-1} |a_n|(e^{-2\pi}|q_0|)^{n-1} + \sum_{n=N}^{\infty} |q_0|^{-1}(e^{-2\pi})^{n-1}$$

である. 右辺は収束するので, その値を α とおくと, $\operatorname{Im} z \geq 1 + \operatorname{Im} z_0$ という条件のもとで $|f(z)| \leq \alpha |q| = \alpha e^{-2\pi \operatorname{Im} z}$ が成り立つ. よって, 実数 C を $C \geq 1 + \operatorname{Im} z_0$ かつ $\alpha e^{-2\pi C} < |f(z_0)|$（すなわち $C > (2\pi)^{-1}(\log \alpha - \log|f(z_0)|)$）となるようにとればよい. 不等式 $|f(z)| \leq \alpha e^{-2\pi \operatorname{Im} z}$ とはさみうちの原理から, $\operatorname{Im} z \to \infty$ のとき $|f(z)| \to 0$ すなわち $f(z) \to 0$ となることも分かる.

[*1] このような f は, 無限遠において有理型であると言われる. 保型関数というときにはこの条件を課すことも多い.

$D' = \{z \in D \mid \operatorname{Im} z \leq C\}$ とおく. D' は $\mathbb{C}$ の有界閉集合であるから, 最大値の定理 (定理 A.12) より, $|f(z)|$ は D' 上で最大値 M を持つ. $z \in D \smallsetminus D'$ に対し $|f(z)| < M$ であることを示す. まず, C のとり方より $|f(z)| < |f(z_0)|$ である. 特に $z_0 \notin D \smallsetminus D'$ であるから, $z_0 \in D$ と合わせて $z_0 \in D'$ を得る. これと M の最大性より $|f(z_0)| \leq M$ となり, $|f(z)| < |f(z_0)| \leq M$ が従う. このことから, M は $|f(z)|$ の D 上での最大値でもある. f がレベル $\mathrm{SL}_2(\mathbb{Z})$ の保型関数であることと命題 2.16 (1) から, M は $|f(z)|$ の $\mathbb{H}$ 上での最大値でもある. よって最大値の原理 (定理 A.18) より f は定数関数である. $\lim_{\operatorname{Im} z \to \infty} f(z) = 0$ より $f = 0$ となり, $f \neq 0$ に矛盾する.

このことを用いて, $N \geq -1$ に対する数学的帰納法で主張を示す. $N = -1$ のときは $f = 0$ なので, 特に f は j の整数係数多項式である. N を -1 以上の整数とし, N に対する主張を仮定して, $f(z) = \sum_{n=-N-1}^{\infty} a_n q^n$ に対する主張を示す.

$f(z) - a_{-N-1} j(z)^{N+1}$ はレベル $\mathrm{SL}_2(\mathbb{Z})$ の保型関数であり, $\sum_{n=-N}^{\infty} b_n q^n$ $(b_n \in \mathbb{C})$ という形の q 展開を持つので, これに帰納法の仮定を適用することで, 多項式 $h(x)$ であって $f(z) - a_{-N-1} j(z)^{N+1} = h(j(z))$ を満たすものが存在することが分かる. よって $f(z) = a_{-N-1} j(z)^{N+1} + h(j(z))$ も $j(z)$ の多項式である. 任意の $n \geq -N-1$ に対し a_n が有理数 (ないし整数) である場合は, $j(z)$ の q 展開の係数が整数であることから, b_n $(n \geq -N)$ も有理数 (ないし整数) となることが分かる. よって帰納法の仮定より $h(x)$ は有理数 (ないし整数) 係数であり, $f(z) = a_{-N-1} j(z)^{N+1} + h(j(z))$ も $j(z)$ の有理数 (ないし整数) 係数多項式であることが従う. ∎

同様の考え方で定理 3.26 も示せる.

[定理 3.26 の証明]　まず, $\operatorname{Im} z \to \infty$ で $|j(z)| \to \infty$ となることを示す. $j(z)$ の q 展開を $j(z) = q^{-1} + 744 + \sum_{n=1}^{\infty} a_n q^n$ と書く. $z_0 \in \mathbb{H}$ を任意にとり, $q_0 = e^{2\pi i z_0}$ とおく. $j(z_0) = q_0^{-1} + 744 + \sum_{n=1}^{\infty} a_n q_0^n$ が収束することから, 定理 4.3 の証明と同様にして $\lim_{\operatorname{Im} z \to \infty} |j(z) - e^{-2\pi i z} - 744| = 0$ が示せる. 一方 $|e^{-2\pi i z}| = e^{2\pi \operatorname{Im} z} \to \infty$

$(\operatorname{Im} z \to \infty)$ である. 三角不等式 $|-e^{-2\pi i z}| \leq |-j(z)| + |j(z) - e^{-2\pi i z} - 744| + 744$ より $|j(z)| \geq |e^{-2\pi i z}| - |j(z) - e^{-2\pi i z} - 744| - 744$ であるから, $\displaystyle \lim_{\operatorname{Im} z \to \infty} |j(z)| = \infty$ が従う.

$c \in \mathbb{C}$ を任意にとる. $j(z) = c$ を満たす $z \in \mathbb{H}$ が存在しないとして矛盾を導く. 仮定より, 関数 $f \colon \mathbb{H} \to \mathbb{C}$ が $f(z) = (j(z) - c)^{-1}$ で定まる. これはレベル $\mathrm{SL}_2(\mathbb{Z})$ の保型関数である. D を命題 2.16 の通りとし, $z_0 \in D$ を任意にとる. 定義より $f(z_0) \neq 0$ である. 上で示したことにより $\displaystyle \lim_{\operatorname{Im} z \to \infty} |f(z)| = 0$ であるから, 実数 $C > 0$ を十分大きくとると, 「$\operatorname{Im} z > C$ ならば $|f(z)| < |f(z_0)|$」 となるようにすることができる. 定理 4.3 の証明と全く同様の議論により, f は定数関数であることが分かり, $\displaystyle \lim_{\operatorname{Im} z \to \infty} |f(z)| = 0$ と合わせて $f = 0$ を得る. これは f の定義に矛盾する. ∎

4.2　レベル $\mathrm{SL}_2(\mathbb{Z})$ の保型形式

本節では, 保型関数の持つ対称性を少し一般化して得られる, 保型形式という種類の関数を導入する. 実は, 命題 4.2 において導入した正則関数 g_k が保型形式の代表例となっているので, まず g_k の持つ対称性を調べよう. 以下, k を 4 以上の偶数とする. $z \in \mathbb{H}$, $\begin{pmatrix} a & b \\ c & d \end{pmatrix} \in \mathrm{SL}_2(\mathbb{Z})$ に対し $\Lambda_{\frac{az+b}{cz+d}} = (cz+d)^{-1} \Lambda_z$ が成り立つのであった (注意 3.6 参照). このことから,

$$g_k\left(\frac{az+b}{cz+d}\right) = \sum_{\omega \in (cz+d)^{-1}\Lambda_z \smallsetminus \{0\}} \frac{1}{\omega^k} \overset{(*)}{=} \sum_{\omega' \in \Lambda_z \smallsetminus \{0\}} \frac{(cz+d)^k}{\omega'^k} = (cz+d)^k g_k(z)$$

が得られる ($(*)$ では $\omega' = (cz+d)\omega$ とおいた). j 関数の場合と異なり, 変数変換 $z \mapsto \dfrac{az+b}{cz+d}$ に関する完全な対称性があるわけではなく, $(cz+d)^k$ という項が現れたことに注目していただきたい.

特にこの関係式を $\begin{pmatrix} a & b \\ c & d \end{pmatrix} = \begin{pmatrix} 1 & 1 \\ 0 & 1 \end{pmatrix}$ に適用すると $g_k(z+1) = g_k(z)$ となるので, 保型関数の場合と同様, g_k も q 展開を持つことが分かる. 実は, g_k の q 展開は次のような形になることが知られている:

$$g_k(z) = 2\zeta(k) + 2\frac{(2\pi i)^k}{(k-1)!}\sum_{n=1}^{\infty}\sigma_{k-1}(n)q^n.$$

ここで, $\zeta(k) = \displaystyle\sum_{n=1}^{\infty}\frac{1}{n^k}$ である. これは (k が正の偶数のとき) π^k の有理数倍

であることが知られており, 例えば $\zeta(4) = \dfrac{\pi^4}{90}$, $\zeta(6) = \dfrac{\pi^6}{945}$ となる. また,

$\sigma_{k-1}(n) = \displaystyle\sum_{d|n}d^{k-1}$ は n の正の約数の $k-1$ 乗の和を表す.

ここまでの考察に基づき, 以下のように保型形式を定義する.

> **定義 4.4** $k \geq 0$ を整数とする. 以下の 2 つの条件を満たす正則関数 $f\colon \mathbb{H} \to \mathbb{C}$ を, 重さ k, レベル $\mathrm{SL}_2(\mathbb{Z})$ の**保型形式**という:
>
> - 任意の $z \in \mathbb{H}$, $\begin{pmatrix} a & b \\ c & d \end{pmatrix} \in \mathrm{SL}_2(\mathbb{Z})$ に対し, $f\left(\dfrac{az+b}{cz+d}\right) = (cz+d)^k f(z)$ (**保型性**).
>
> - $f(z) = \displaystyle\sum_{n=0}^{\infty}a_n q^n$ $(q = e^{2\pi i z})$ という形の q 展開を持つ.
>
> さらに $a_0 = 0$ のとき, f は重さ k, レベル $\mathrm{SL}_2(\mathbb{Z})$ の**尖点形式**であるという.

より一般に, $\mathrm{SL}_2(\mathbb{Z})$ の合同部分群 Γ に対し, レベル Γ の保型形式を定義することもできる. 定義がやや込み入っているため, 詳細は 4.4 節で説明する.

注意 4.5 k が負の整数の場合にも, 全く同じ方法で重さ k, レベル $\mathrm{SL}_2(\mathbb{Z})$ の保型形式を定義できるが, そのような保型形式は 0 のみであることが証明できるので, 本書では最初から重さが 0 以上の保型形式のみを扱うことにする. 4.4 節で導入するレベル Γ の保型形式に対しても同様のことが成立する.

例 4.6 重さ 0, レベル $\mathrm{SL}_2(\mathbb{Z})$ の保型形式は定数関数のみである (定理 4.3 およびその証明を参照). また, 重さ 0, レベル $\mathrm{SL}_2(\mathbb{Z})$ の尖点形式は 0 のみである.

例 4.7 4 以上の偶数 k に対し, $E_k(z) = \dfrac{1}{2\zeta(k)}g_k(z)$ とおく (これも**アイゼンシュタイン級数**と呼ぶ). $E_4(z)^3$, $E_6(z)^2$ はともに重さ 12, レベル $\mathrm{SL}_2(\mathbb{Z})$ の保型形式であり, それらの q 展開の定数項は 1 である. したがって,

$$\Delta(z) = \frac{E_4(z)^3 - E_6(z)^2}{1728}$$

は重さ 12，レベル $\mathrm{SL}_2(\mathbb{Z})$ の尖点形式である（1728 で割るのは $\Delta(z)$ の q 展開の 1 次の係数を 1 にするためである）．Δ を**ラマヌジャンのデルタ関数**と呼ぶ．$z \in \mathbb{H}$ に対し，$\Delta(z)$ は楕円曲線 E_{Λ_z} を定める方程式 $\left(\frac{y}{2}\right)^2 = x^3 - 15g_4(z)x - 35g_6(z)$ の右辺の判別式の $(2\pi)^{-12}$ 倍に等しい．特に，任意の $z \in \mathbb{H}$ に対し $\Delta(z) \neq 0$ である（命題 3.18 に注意）．

実は，Δ の q 展開は $\Delta(z) = q \prod_{n=1}^{\infty} (1-q^n)^{24}$ で与えられることが知られている（右辺の無限積が収束することは命題 A.7 を用いて簡単に確認できる）．これは非自明な事実であり，次の 2 つを示すことによって証明される：

- $f(z) = q \prod_{n=1}^{\infty} (1-q^n)^{24}$ $(z \in \mathbb{H}, q = e^{2\pi iz})$ によって $\mathbb{H}$ 上の関数 f を定めると，f は重さ 12，レベル $\mathrm{SL}_2(\mathbb{Z})$ の尖点形式である．
- 重さ 12，レベル $\mathrm{SL}_2(\mathbb{Z})$ の尖点形式は全て cf $(c \in \mathbb{C})$ という形である．

これらについては，5.2 節で説明を与える．定理 5.11 と注意 5.16 を参照．

例 4.7 の記号を用いると，

$$j(z) = -16 \cdot \frac{1728 \cdot 4 \cdot \left(-15 \cdot \dfrac{\pi^4}{45} E_4(z)\right)^3}{(2\pi)^{12} \Delta(z)} = E_4(z)^3 \Delta(z)^{-1}$$

である．一方，既に述べたことから

$$E_4(z) = \frac{45}{\pi^4} g_4(z) = 1 + 240 \sum_{n=1}^{\infty} \sigma_3(n) q^n = 1 + 240q + 2160q^2 + \cdots$$

$$\Delta(z)^{-1} = q^{-1} \prod_{n=1}^{\infty} (1-q^n)^{-24} = q^{-1} \prod_{n=1}^{\infty} (1 + q^n + q^{2n} + \cdots)^{24}$$

である．右辺を q の冪級数と見たときの係数は全て 0 以上の整数であるから，次の定理が得られる．

定理 4.8　$j(z)$ の q 展開の係数は 0 以上の整数である．

上の等式は，$j(z)$ の q 展開を具体的に計算する際にも有効である．例えば，

$$E_4(z)^3 = (1+240q+2160q^2+(\text{3 次以上}))^3 = 1+720q+179280q^2+(\text{3 次以上})$$

$$\Delta(z)^{-1} = q^{-1}(1+q+q^2)^{24}(1+q^2)^{24} + (\text{2 次以上})$$

$$= q^{-1}(1+24q+300q^2)(1+24q^2) + (\text{2 次以上})$$

$$= q^{-1} + 24 + 324q + (\text{2 次以上})$$

より，

$$j(z) = (1 + 720q + 179280q^2)(q^{-1} + 24 + 324q) + (\text{2 次以上})$$

$$= q^{-1} + 744 + 196884q + (\text{2 次以上})$$

となる．

4.3　j 関数の値

　本節では，$a + b\sqrt{-d}$ $(a, b \in \mathbb{Q}, d \in \mathbb{Z}, b, d > 0)$ という形の $\mathbb{H}$ の元における j の値が代数的整数になるという興味深い現象を紹介する．本節の内容は，一見すると本書の主題とは無関係であるように思われるが，実際にはそうではない．まず，上記の現象を説明するために本節で導入する「関数を平均化して保型関数を構成する」という手法は，5.1 節のモジュラー方程式や第 8 章のヘッケ作用素のプロトタイプとなっており，本節の内容に馴染むことで，これらの概念を円滑に理解することが可能になる．また，$j(a + b\sqrt{-d})$ が代数的整数になるという現象そのものは，第 9 章で紹介する BSD 予想の部分的解決（グロス – ザギエ，コリヴァギンの定理）と深い関わりがある（9.4 節を参照）．

　手始めに $j(i)$ の値を求めてみよう．まず $g_6(i)$ を求める．$\begin{pmatrix} 0 & -1 \\ 1 & 0 \end{pmatrix} \cdot i = \dfrac{-1}{i} = i$ なので，g_6 が重さ 6，レベル $\mathrm{SL}_2(\mathbb{Z})$ の保型形式であることより

$$g_6(i) = g_6\left(\begin{pmatrix} 0 & -1 \\ 1 & 0 \end{pmatrix} \cdot i\right) = i^6 g_6(i) = -g_6(i)$$

となる．これより $g_6(i) = 0$ であるから，楕円曲線 E_{Λ_i} の方程式は $y^2 =$

$4x^3 - 60g_4(i)x$ すなわち $\left(\dfrac{y}{2}\right)^2 = x^3 - 15g_4(i)x$ となる. これの j 不変量が $j(i)$ なので,

$$j(i) = \frac{1728 \cdot 4(-15g_4(i))^3}{4(-15g_4(i))^3} = 1728$$

を得る. 同様の方法で, $\omega = \dfrac{-1 + \sqrt{3}i}{2}$ に対して $j(\omega)$ を計算することもできる.

例題 4.9　$\omega = \dfrac{-1 + \sqrt{3}i}{2}$ を 1 の原始 3 乗根とする. $-\dfrac{1}{\omega} = \omega + 1$ を利用して, $g_4(\omega)$ と $j(\omega)$ を求めよ.

[解答]　$-\dfrac{1}{\omega} = \omega + 1$ より $\omega = -\dfrac{1}{\omega} - 1 = \dfrac{-\omega - 1}{\omega} = \begin{pmatrix} -1 & -1 \\ 1 & 0 \end{pmatrix} \cdot \omega$ であるから, g_4 が重さ 4, レベル $\mathrm{SL}_2(\mathbb{Z})$ の保型形式であることより

$$g_4(\omega) = g_4\left(\begin{pmatrix} -1 & -1 \\ 1 & 0 \end{pmatrix} \cdot \omega\right) = \omega^4 g_4(\omega) = \omega g_4(\omega), \quad g_4(\omega) = 0$$

を得る. よって楕円曲線 E_{Λ_ω} の方程式は $y^2 = 4x^3 - 140g_6(\omega)$ すなわち $\left(\dfrac{y}{2}\right)^2 = x^3 - 35g_6(\omega)$ となる. これの j 不変量が $j(\omega)$ なので,

$$j(\omega) = \frac{1728 \cdot 4 \cdot 0^3}{27(-35g_6(\omega))^2} = 0$$

と求まる.

　j 関数は, $j(z) = q^{-1} + 744 + 196884q + 21493760q^2 + \cdots$ $(q = e^{2\pi iz})$ という, 極めて超越的な (例えば z の多項式とはほど遠い) 関数であるが, 上の計算の通り, z に i や ω を代入すると整数になってしまうのである.

　このことの一般化として, 次が成り立つ.

定理 4.10　$\tau \in \mathbb{H}$ が $a + b\sqrt{-d}$ $(a, b \in \mathbb{Q}, d \in \mathbb{Z}, b, d > 0)$ という形のとき, $j(\tau)$ は代数的整数となる.

　ここで, 定理中の**代数的整数**とは, 最高次項の係数が 1 である整数係数方程式 $x^n + a_1 x^{n-1} + \cdots + a_n = 0$ $(a_1, \ldots, a_n \in \mathbb{Z})$ の解となる複素数のことを指

す. 例えば $\sqrt{2}$, $\sqrt[3]{3}$, i, $\dfrac{-1+\sqrt{3}i}{2}$ は代数的整数である. なぜなら, これらは順に $x^2-2=0$, $x^3-3=0$, $x^2+1=0$, $x^2+x+1=0$ の解となっているからである. 一方, $\dfrac{1}{3}$ や $\dfrac{\sqrt{2}}{2}$, $\dfrac{-1+\sqrt{5}i}{2}$, e, π は代数的整数ではない.

■ $\tau=\sqrt{-2}$ の場合

定理 4.10 の証明を, まず $\tau=\sqrt{-2}$ の場合に説明してみよう. $\tau^2=-2$ と j がレベル $\mathrm{SL}_2(\mathbb{Z})$ の保型関数であることから

$$j(\tau)=j\left(\begin{pmatrix}0 & -1\\ 1 & 0\end{pmatrix}\cdot\tau\right)=j\left(-\frac{1}{\tau}\right)=j\left(\frac{\tau}{2}\right)$$

となる. したがって, $\mathbb{H}$ 上の関数 $F(z)$ を

$$F(z)=\left(j(z)-j\left(\frac{z}{2}\right)\right)\left(j(z)-j\left(\frac{z+1}{2}\right)\right)\left(j(z)-j(2z)\right)$$

と定めると, $F(\sqrt{-2})=0$ が成り立つ. 一方, $F(z)$ を $j(z)$ の多項式と見て展開した式 $F(z)=j(z)^3+Aj(z)^2+Bj(z)+C$ を考えると, A,B,C はいずれも $j\left(\dfrac{z}{2}\right)$, $j\left(\dfrac{z+1}{2}\right)$, $j(2z)$ の対称式となる (例えば $A=-j\left(\dfrac{z}{2}\right)-j\left(\dfrac{z+1}{2}\right)-j(2z)$ である).

ここで, $T=\begin{pmatrix}1 & 1\\ 0 & 1\end{pmatrix}\in\mathrm{SL}_2(\mathbb{Z})$ に対し $z\mapsto T\cdot z=z+1$ という変数変換を考えると,

$$j\left(\frac{z}{2}\right)\mapsto j\left(\frac{z+1}{2}\right),\ j\left(\frac{z+1}{2}\right)\mapsto j\left(\frac{z+2}{2}\right)\overset{T}{=}j\left(\frac{z}{2}\right),\ j(2z)\mapsto j(2z+2)\overset{T}{=}j(2z)$$

となる ($\overset{T}{=}$ で $j(T\cdot z)=j(z)$ を使った). $j\left(\dfrac{z}{2}\right)$ と $j\left(\dfrac{z+1}{2}\right)$ が入れ替わり, $j(2z)$ はもとのままである. 一方, $S=\begin{pmatrix}0 & -1\\ 1 & 0\end{pmatrix}\in\mathrm{SL}_2(\mathbb{Z})$ に対し $z\mapsto S\cdot z=-\dfrac{1}{z}$ という変数変換を考えると,

$$j\left(\frac{z}{2}\right)\mapsto j\left(-\frac{1}{2z}\right)\overset{S}{=}j(2z),$$

$$j\left(\frac{z+1}{2}\right)\mapsto j\left(\frac{-1+z}{2z}\right)\overset{S}{=}j\left(\frac{2z}{1-z}\right)\overset{T}{=}j\left(\frac{2z}{1-z}+2\right)=j\left(\frac{2}{1-z}\right)\overset{S}{=}j\left(\frac{z-1}{2}\right)$$

$$\overset{T}{=} j\left(\frac{z+1}{2}\right),$$

$$j(2z) \mapsto j\left(-\frac{2}{z}\right) \overset{S}{=} j\left(\frac{z}{2}\right)$$

となる（$\overset{T}{=}$ では $j(T \cdot z) = j(z)$ を，$\overset{S}{=}$ では $j(S \cdot z) = j(z)$ を使った）．今度は $j\left(\frac{z}{2}\right)$ と $j(2z)$ が入れ替わり，$j\left(\frac{z+1}{2}\right)$ はもとのままである．定理 2.12 より，$\mathrm{SL}_2(\mathbb{Z})$ の任意の元は S, T, S^{-1}, T^{-1} の積で書けるので，以下のことが分かった．

> 任意の元 $g \in \mathrm{SL}_2(\mathbb{Z})$ に対し，$j\left(\frac{g \cdot z}{2}\right), j\left(\frac{g \cdot z + 1}{2}\right), j(2(g \cdot z))$ は $j\left(\frac{z}{2}\right)$, $j\left(\frac{z+1}{2}\right), j(2z)$ の並べ替えとなる．

特に，$j\left(\frac{z}{2}\right)$, $j\left(\frac{z+1}{2}\right)$, $j(2z)$ の対称式（例えば上で出てきた A, B, C）は，変数変換 $z \mapsto g \cdot z$ で不変であること，すなわち，レベル $\mathrm{SL}_2(\mathbb{Z})$ の保型関数であることが分かる．$j\left(\frac{z}{2}\right)$ 単独ではレベル $\mathrm{SL}_2(\mathbb{Z})$ の保型関数にはならないが，その「仲間」である $j\left(\frac{z+1}{2}\right)$ と $j(2z)$ も合わせるとレベル $\mathrm{SL}_2(\mathbb{Z})$ の保型関数ができるというわけである．$j(z)$ もレベル $\mathrm{SL}_2(\mathbb{Z})$ の保型関数なので，$F(z) = j(z)^3 + Aj(z)^2 + Bj(z) + C$ もレベル $\mathrm{SL}_2(\mathbb{Z})$ の保型関数となる．$F(z)$ に定理 4.3 を適用すると，$F(z) = h(j(z))$ となる多項式 $h(x)$ が存在することがいえ，さらに両辺の q 展開を比較すると，$h(x)$ の最高次項の係数は -1 であり，他の項の係数も整数になることが分かる（具体的な計算は後述）．$F(z) = h(j(z))$ に $z = \sqrt{-2}$ を代入すると $h(j(\sqrt{-2})) = F(\sqrt{-2}) = 0$ となるので，$j(\sqrt{-2})$ は代数的整数であることが従う．

■ $j(\sqrt{-2})$ の値

もう少し踏み込んで，$j(\sqrt{-2})$ の値を決定してみよう．$h(x)$ を具体的に求めるために，次の例題を考える．

例題 4.11　j 関数 $j(z) = q^{-1} + 744 + 196884q + \cdots$（$q = e^{2\pi i z}$）に対し，以下の手順に沿って，$-A = j\left(\frac{z}{2}\right) + j\left(\frac{z+1}{2}\right) + j(2z)$ を $j(z)$ の多項式で表せ．

(1) $j(2z)$ の q 展開の 0 次以下の項を求めよ．

(2) $e^{\pi i} = -1$ に注意して，整数 n に対し，$(e^{2\pi i \cdot \frac{z}{2}})^n + (e^{2\pi i \cdot \frac{z+1}{2}})^n$ を q で表せ．また，これを用いて $j\left(\dfrac{z}{2}\right) + j\left(\dfrac{z+1}{2}\right)$ の q 展開の 0 次以下の項を求めよ．

(3) $j\left(\dfrac{z}{2}\right) + j\left(\dfrac{z+1}{2}\right) + j(2z)$ と $j(z)^2 - 1488j(z) + 162000$ の q 展開の 0 次以下の部分を比較することで，これらが一致することを証明せよ．

[解答] (1) $e^{2\pi i(2z)} = q^2$ であるから，

$$j(2z) = q^{-2} + 744 + (1 \text{ 次以上}).$$

(2) $(e^{2\pi i \cdot \frac{z}{2}})^n + (e^{2\pi i \cdot \frac{z+1}{2}})^n = (e^{\pi i z})^n + (e^{\pi i z} e^{\pi i})^n = (1 + (-1)^n)e^{n\pi i z}$ であるから，n の偶奇で場合分けすると，

$$(e^{2\pi i \cdot \frac{z}{2}})^n + (e^{2\pi i \cdot \frac{z+1}{2}})^n = \begin{cases} 0 & (n \text{ が奇数のとき}) \\ 2q^{\frac{n}{2}} & (n \text{ が偶数のとき}) \end{cases}$$

となる．よって，

$$j\left(\frac{z}{2}\right) + j\left(\frac{z+1}{2}\right) = 1488 + (1 \text{ 次以上})$$

である．

(3) (1) と (2) より，

$$j\left(\frac{z}{2}\right) + j\left(\frac{z+1}{2}\right) + j(2z) = q^{-2} + 2232 + (1 \text{ 次以上})$$

である．一方，

$$j(z)^2 - 1488j(z) + 162000$$

$$= (q^{-2} + 1488q^{-1} + 744^2 + 2 \times 196884)$$

$$\qquad - 1488(q^{-1} + 744) + 162000 + (1 \text{ 次以上})$$

$$= q^{-2} + 393768 + 162000 - 744^2 + (1 \text{ 次以上})$$

$$= q^{-2} + 2232 + (1 \text{ 次以上})$$

である．よって，

$$G(z) = \left(j\left(\frac{z}{2}\right) + j\left(\frac{z+1}{2}\right) + j(2z)\right) - (j(z)^2 - 1488j(z) + 162000)$$

は $\displaystyle\sum_{n=1}^{\infty} a_n q^n$ という形の q 展開を持つレベル $\mathrm{SL}_2(\mathbb{Z})$ の保型関数なので，定理 4.3 の証明より $G(z) = 0$ を得る. ∎

この例題と同様の方法で，

$$B = j\left(\frac{z}{2}\right)j\left(\frac{z+1}{2}\right) + j\left(\frac{z+1}{2}\right)j(2z) + j(2z)j\left(\frac{z}{2}\right)$$

$$= 1488j(z)^2 + 40773375j(z) + 8748000000,$$

$$-C = j\left(\frac{z}{2}\right)j\left(\frac{z+1}{2}\right)j(2z)$$

$$= -j(z)^3 + 162000j(z)^2 - 8748000000j(z) + 157464000000000$$

も示せる．$F(z) = j(z)^3 + Aj(z)^2 + Bj(z) + C$ より，以下のように $h(x)$ が求まる：

$$h(x) = -(x - 8000)(x - 1728)(x + 3375)^2.$$

$j(\sqrt{-2})$ は方程式 $h(x) = 0$ の解であるから，8000, 1728, -3375 のいずれかであることが分かった.

次に，$j(\sqrt{-2})$ の近似値を求めてみよう．$e^{2\pi i\sqrt{-2}} = e^{-2\sqrt{2}\pi}$ であるから，$j(z)$ の q 展開に $z = \sqrt{-2}$ を代入すると，$j(\sqrt{-2}) = e^{2\sqrt{2}\pi} + 744 + 196884e^{-2\sqrt{2}\pi} + \cdots$ を得る．$e^{2\sqrt{2}\pi} + 744 + 196884e^{-2\sqrt{2}\pi} = 7999.5863\cdots$ であるから，次の命題が成り立つことが強く期待される.

命題 4.12 $j(\sqrt{-2}) = 8000.$

上の近似計算から命題 4.12 を導くには，$j(z)$ の q 展開の係数の増大度を調べる必要がある．ここではその方針は避け，定理 3.25 と定理 4.8 を用いた証明を紹介する.

[証明]   既に見たように，$j(i) = 1728$ である．$j(\sqrt{-2}) = j(i)$ と仮定すると，定理 3.25 より，$\begin{pmatrix} a & b \\ c & d \end{pmatrix} \in \mathrm{SL}_2(\mathbb{Z})$ であって $\sqrt{-2} = \dfrac{ai + b}{ci + d}$ を満たすものが存在する．右辺は $x + yi$ $(x, y \in \mathbb{Q})$ という形であることに注意すると，これは不合理であることが容易に確認できる．よって $j(\sqrt{-2}) \neq 1728$ である．また，定理 4.8 より

$j(\sqrt{-2}) = e^{2\sqrt{2}\pi} + 744 + 196884 e^{-2\sqrt{2}\pi} + \cdots > 0$ であるから，$j(\sqrt{-2}) \neq -3375$ である．よって $j(\sqrt{-2}) = 8000$ が従う． ∎

注意 4.13　$\tau = \dfrac{-1 + \sqrt{-7}}{2}$ に対し $j(\tau) = -3375$ となることが以下のように示せる．$\tau^2 + \tau + 2 = 0$ であるから，$-\dfrac{1}{\tau} = \dfrac{\tau + 1}{2}$ である．よって $j(\tau) = j\left(-\dfrac{1}{\tau}\right) = j\left(\dfrac{\tau + 1}{2}\right)$ である．また，上の等式の逆数をとることで $-\dfrac{1}{\tau + 1} = \dfrac{\tau}{2}$ も分かるので，$j(\tau) = j(\tau + 1) = j\left(-\dfrac{1}{\tau + 1}\right) = j\left(\dfrac{\tau}{2}\right)$ も成り立つ．特に

$$h(j(\tau)) = F(\tau) = \left(j(\tau) - j\left(\dfrac{\tau}{2}\right)\right)\left(j(\tau) - j\left(\dfrac{\tau + 1}{2}\right)\right)\left(j(\tau) - j(2\tau)\right) = 0$$

であるから，$j(\tau)$ は $8000, 1728, -3375$ のいずれかである．命題 4.12 の証明と同様にして，定理 3.25 より $j(\tau) \neq j(i), j(\sqrt{-2})$ が導けるので，$j(\tau) = -3375$ が従う．$j(\tau)$ が $h(x) = 0$ の重解となることは，$F(\tau)$ の因子 $j(\tau) - j\left(\dfrac{\tau}{2}\right)$，$j(\tau) - j\left(\dfrac{\tau + 1}{2}\right)$ がともに 0 になることを反映している．

■ **一般の場合**

話を定理 4.10 に戻そう．一般の $\tau = a + b\sqrt{-d} \ (a, b \in \mathbb{Q}, d \in \mathbb{Z}, b, d > 0)$ に対する定理 4.10 も，$\tau = \sqrt{-2}$ のときとほぼ同様の手順で証明することができる．鍵となるのは次の命題である．

命題 4.14　$N \geq 1$ を整数とし，

$$A_N = \left\{ \begin{pmatrix} a & b \\ 0 & d \end{pmatrix} \,\middle|\, a, b, d \text{ は互いに素な整数，} ad = N, d > 0, 0 \leq b < d \right\}$$

とおく．$\mathbb{H}$ 上の関数の集合 $\{j(h \cdot z) \mid h \in A_N\}$ を考える[*2]．任意の $g \in \mathrm{SL}_2(\mathbb{Z})$ に対し，変数変換 $z \mapsto g \cdot z$ はこの集合の元の並べ替えを引き起こす．

[*2]　定義 2.9 においては $g \in \mathrm{SL}_2(\mathbb{Z})$ と $z \in \mathbb{H}$ に対して $g \cdot z \in \mathbb{H}$ を定めたが，より一般に，実数を成分とする 2×2 行列 $g = \begin{pmatrix} a & b \\ c & d \end{pmatrix}$ が $\det g > 0$ を満たすときにも，$g \cdot z = \dfrac{az + b}{cz + d} \in \mathbb{H}$ と定めることができる．この命題での $h \cdot z$ は，そのように拡張した作用を表している．

[証明]　簡単のため，N が素数 p である場合のみを扱う．この場合，

$$A_p = \left\{ \begin{pmatrix} 1 & 0 \\ 0 & p \end{pmatrix}, \begin{pmatrix} 1 & 1 \\ 0 & p \end{pmatrix}, \ldots, \begin{pmatrix} 1 & p-1 \\ 0 & p \end{pmatrix}, \begin{pmatrix} p & 0 \\ 0 & 1 \end{pmatrix} \right\},$$

$$\{j(h \cdot z) \mid h \in A_p\} = \left\{ j\left(\frac{z}{p}\right), j\left(\frac{z+1}{p}\right), \ldots, j\left(\frac{z+p-1}{p}\right), j(pz) \right\}$$

である．定理 2.12 より，$g = T = \begin{pmatrix} 1 & 1 \\ 0 & 1 \end{pmatrix}$ の場合と $g = S = \begin{pmatrix} 0 & -1 \\ 1 & 0 \end{pmatrix}$ の場合を考えればよい．

　$g = T$ のとき，$T \cdot z = z + 1$ なので，$0 \leq b \leq p-1$ に対し $j\left(\frac{z+b}{p}\right) \mapsto j\left(\frac{z+1+b}{p}\right)$ となる．さらに $b = p-1$ の場合は $j\left(\frac{z+p}{p}\right) = j\left(\frac{z}{p}+1\right) = j\left(\frac{z}{p}\right)$ となるから，$z \mapsto T \cdot z = z + 1$ で $j\left(\frac{z}{p}\right), j\left(\frac{z+1}{p}\right), \ldots, j\left(\frac{z+p-1}{p}\right)$ の並べ替えが起こる．また，$j(pz) \mapsto j(p(z+1)) = j(pz+p) = j(pz)$ なので $j(pz)$ は不変である．以上より，$\left\{ j\left(\frac{z}{p}\right), j\left(\frac{z+1}{p}\right), \ldots, j\left(\frac{z+p-1}{p}\right), j(pz) \right\}$ の並べ替えが起こることが示された．

　$g = S$ のとき，$S \cdot z = -\frac{1}{z}$ なので，$j\left(\frac{z}{p}\right) \mapsto j\left(-\frac{1}{pz}\right) = j(pz)$, $j(pz) \mapsto j\left(-\frac{p}{z}\right) = j\left(\frac{z}{p}\right)$ となる．つまり，$j\left(\frac{z}{p}\right)$ と $j(pz)$ が入れ替わる．また，$1 \leq b \leq p-1$ のとき，

$$j\left(\frac{z+b}{p}\right) = j\left(\begin{pmatrix} 1 & b \\ 0 & p \end{pmatrix} \cdot z \right) \mapsto j\left(\begin{pmatrix} 1 & b \\ 0 & p \end{pmatrix} \begin{pmatrix} 0 & -1 \\ 1 & 0 \end{pmatrix} \cdot z \right) = j\left(\begin{pmatrix} b & -1 \\ p & 0 \end{pmatrix} \cdot z \right)$$

となる．ここで，命題 1.10 より，$1 \leq c \leq p-1$ であって「$\mathbb{F}_p$ 内で $bc = -1$」という条件を満たすものが唯一存在する．この c に対し $1 + bc$ は p の倍数であるから，$1 + bc = pr$ となる $r \in \mathbb{Z}$ がとれる．このとき $\begin{pmatrix} b & -1 \\ p & 0 \end{pmatrix} = \begin{pmatrix} b & -r \\ p & -c \end{pmatrix} \begin{pmatrix} 1 & c \\ 0 & p \end{pmatrix}$ および $\begin{pmatrix} b & -r \\ p & -c \end{pmatrix} \in \mathrm{SL}_2(\mathbb{Z})$ が成り立つので，j がレベル $\mathrm{SL}_2(\mathbb{Z})$ の保型関数であることにも注意すると

$$j\left(\begin{pmatrix} b & -1 \\ p & 0 \end{pmatrix}\cdot z\right) = j\left(\begin{pmatrix} b & -r \\ p & -c \end{pmatrix}\begin{pmatrix} 1 & c \\ 0 & p \end{pmatrix}\cdot z\right) = j\left(\begin{pmatrix} 1 & c \\ 0 & p \end{pmatrix}\cdot z\right) = j\left(\frac{z+c}{p}\right)$$

を得る．よって $j\left(\dfrac{z+b}{p}\right)$ は $j\left(\dfrac{z+c}{p}\right)$ にうつる．b と c を入れ替えて同様の計算を行うと $j\left(\dfrac{z+c}{p}\right)$ は $j\left(\dfrac{z+b}{p}\right)$ にうつることが分かるので，$j\left(\dfrac{z+b}{p}\right)$ と $j\left(\dfrac{z+c}{p}\right)$ が入れ替わる．以上で $\left\{j\left(\dfrac{z}{p}\right), j\left(\dfrac{z+1}{p}\right), \ldots, j\left(\dfrac{z+p-1}{p}\right), j(pz)\right\}$ の並べ替えが起こることが示された．■

定理 4.3 における q 展開の条件を確認する際には，次の補題も用いる．

補題 4.15　$N \geq 1$ を整数とする．関数 $f\colon \mathbb{H} \to \mathbb{C}$ が $f(z+1) = f(z)$ $(z \in \mathbb{H})$ を満たし，さらに $f(z) = \displaystyle\sum_{n=-M}^{\infty} a_n q_N^n$ $(M \in \mathbb{Z}, a_n \in \mathbb{C}, q_N = e^{\frac{2\pi i z}{N}})$ という形の展開を持つとする．このとき，n が N の倍数でないならば $a_n = 0$ であり，したがって f の q 展開は $f(z) = \displaystyle\sum_{n \geq -M/N} a_{nN} q^n$ となる．

[証明]　$\zeta_N = e^{\frac{2\pi i}{N}}$ とおくと，$e^{\frac{2\pi i(z+1)}{N}} = e^{\frac{2\pi i}{N}} e^{\frac{2\pi i z}{N}} = \zeta_N q_N$ であるから，$f(z+1) = \displaystyle\sum_{n=-M}^{\infty} a_n \zeta_N^n q_N^n$ である．一方，$f(z+1) = f(z) = \displaystyle\sum_{n=-M}^{\infty} a_n q_N^n$ であるから，係数を比較して，任意の $n \geq -M$ に対し $a_n \zeta_N^n = a_n$ を得る．n が N の倍数でないならば，$\zeta_N^n = \cos\dfrac{2n\pi}{N} + i\sin\dfrac{2n\pi}{N} \neq 1$ より $a_n = 0$ が従う．■

命題 4.14 と補題 4.15 を用いて定理 4.10 を証明しよう．

[定理 4.10 の証明]　τ はある整数係数 2 次方程式 $rx^2 + sx + t = 0$ $(r > 0, t \neq 0)$ の解である．r, s, t は互いに素であるとしてよい．$-\dfrac{1}{\tau} = \dfrac{r\tau+s}{t}$ であるから，両辺の虚部の符号を見ることで $t > 0$ が分かる．$s = mt + s'$ $(m, s' \in \mathbb{Z}, 0 \leq s' < t)$ と書くと，r, s', t も互いに素であり，

$$j(\tau) = j\left(-\frac{1}{\tau}\right) = j\left(\frac{r\tau+s}{t}\right) = j\left(\frac{r\tau+s}{t}-m\right) = j\left(\frac{r\tau+s'}{t}\right) = j\left(\begin{pmatrix} r & s' \\ 0 & t \end{pmatrix}\cdot\tau\right)$$

となる. $N = rt$ に命題 4.14 を適用すると, $\displaystyle\prod_{h \in A_N} (X - j(h \cdot z)) = \sum_i A_i(z) X^i$

と展開したときの係数 $A_i(z)$ はレベル $\mathrm{SL}_2(\mathbb{Z})$ の保型関数であることが分かる.

また, 各 $h \in A_N$ に対し, $j(h \cdot z)$ は $\displaystyle\sum_{n=-M}^{\infty} a_n q_N^n$ $\left(M \in \mathbb{Z}, a_n \in \mathbb{C}, q_N = e^{\frac{2\pi i z}{N}}\right)$

という形の展開を持つので, $A_i(z)$ もこの形の展開を持つことが分かる. これと

$A_i(z+1) = A_i(z)$ を合わせると, 補題 4.15 より, $A_i(z)$ の q 展開が $\displaystyle\sum_{n=-M}^{\infty} a_n q^n$

$(M \in \mathbb{Z}, a_n \in \mathbb{C})$ という形であることが従う. よって定理 4.3 より, $A_i(z)$ は $j(z)$

の多項式である. したがって, $F(z) = \displaystyle\prod_{h \in A_N} (j(z) - j(h \cdot z))$ に対し, $\phi(j(z)) = F(z)$

となる多項式 $\phi(x)$ が存在する. q 展開を見ることで, $\phi(x)$ は最高次項の係数が

± 1 である整数係数多項式であることが示せる (詳細は省略). $\begin{pmatrix} r & s' \\ 0 & t \end{pmatrix} \in A_N$ と

$j(\tau) = j\left(\begin{pmatrix} r & s' \\ 0 & t \end{pmatrix} \cdot \tau\right)$ より $\phi(j(\tau)) = F(\tau) = 0$ であるから, $j(\tau)$ は代数的整数

であることが従う. ∎

■ 整数論との関係

　実は, $j(a + b\sqrt{-d})$ $(a, b \in \mathbb{Q}, d \in \mathbb{Z}, b, d > 0)$ の値は, 2 次体の整数論と深い関係がある. 次の定理は, その一端を表している.

定理 4.16 $d \geq 1$ を平方因数を持たない整数 (すなわち, 1 より大きい平方数で割れない整数) とし,

$$\alpha_d = \begin{cases} \sqrt{-d} & (d \equiv 1, 2 \pmod 4) \\ \dfrac{1 + \sqrt{-d}}{2} & (d \equiv 3 \pmod 4) \end{cases}$$

とおく. このとき, $j(\alpha_d)$ が整数になることは, $\{m + n\alpha_d \mid m, n \in \mathbb{Z}\}$ という数の世界で素因数分解の一意性が成り立つことと同値である.

なお, 定理中の「$\{m + n\alpha_d \mid m, n \in \mathbb{Z}\}$ という数の世界で素因数分解の一意性が成り立つ」という条件は, $d \in \{1, 2, 3, 7, 11, 19, 43, 67, 163\}$ と同値であることも分

かっている（**ヒーグナー - スタークの定理**）.

例 4.17 (1) $d = 1$ のとき, $\alpha_d = \sqrt{-1} = i$ である. このとき, $\{m+ni \mid m, n \in \mathbb{Z}\}$ の元は**ガウス整数**と呼ばれる. ガウス整数の世界では素因数分解の一意性が成り立つことが証明できる. 一方 $j(i) = 1728$ は整数であるから, 定理 4.16 は確かに成立している.

(2) $d = 5$ のとき, $\alpha_d = \sqrt{-5}$ である. $\{m + n\sqrt{-5} \mid m, n \in \mathbb{Z}\}$ では, $6 = 2 \times 3 = (1 + \sqrt{-5})(1 - \sqrt{-5})$ という 2 通りの分解があり, さらにそれぞれの分解はこれ以上細かくすることができない. つまり, $\{m + n\sqrt{-5} \mid m, n \in \mathbb{Z}\}$ という数の世界では, 素因数分解の一意性が成り立たない. このことと定理 4.16 から, $j(\sqrt{-5})$ は整数でない代数的整数となる. 実際に計算してみると, $j(\sqrt{-5}) = 632000 + 282880\sqrt{5}$ となる.

(3) $d = 163$ のとき, $\alpha_d = \dfrac{1 + \sqrt{-163}}{2}$ である. 定理 4.16 とヒーグナー - スタークの定理より, $j\left(\dfrac{1 + \sqrt{-163}}{2}\right)$ は整数になるはずである. 実際には,
$$j\left(\frac{1 + \sqrt{-163}}{2}\right) = -640320^3$$
となることが知られている.
$e^{2\pi i \cdot \frac{1 + \sqrt{-163}}{2}} = e^{\pi i} e^{-\sqrt{163}\pi} = -e^{-\sqrt{163}\pi}$ であるから, $j(z)$ の q 展開に $z = \dfrac{1 + \sqrt{-163}}{2}$ を代入すると,
$$-640320^3 = -e^{\sqrt{163}\pi} + 744 - 196884e^{-\sqrt{163}\pi} + 21493760e^{-2\sqrt{163}\pi} + \cdots$$
となる. $e^{-\sqrt{163}\pi} \fallingdotseq 3.8 \times 10^{-18}$ は非常に小さい正実数であるから, $e^{\sqrt{163}\pi}$ は整数 $640320^3 + 744$ に非常に近いことが分かる. この現象は, 1859 年にエルミートによって発見された.

定理 4.16 は, **虚数乗法論**という理論へと発展していく. ここではこれ以上述べることができないが, 興味のある読者は「クロネッカーの青春の夢」というキーワードで調べてみるとよいだろう. 章末の参考文献ガイドも参考にしていただきたい.

4.4 一般のレベルの保型形式

本節では, 合同部分群 $\Gamma_0(N)$, $\Gamma_1(N)$, $\Gamma(N)$ ($N \geq 1$ は整数) をレベルに持つ保

型形式の定義を紹介する．定義はやや込み入っており，以下で証明する 2 つの補題に基づいて行われる．

$$\mathrm{GL}_2(\mathbb{R}) = \left\{ g = \begin{pmatrix} a & b \\ c & d \end{pmatrix} \,\middle|\, a, b, c, d \in \mathbb{R},\ \det g \neq 0 \right\},$$

$$\mathrm{GL}_2(\mathbb{R})^+ = \{ g \in \mathrm{GL}_2(\mathbb{R}) \mid \det g > 0 \}$$

とおく．命題 4.14 の脚注の通り，$g \in \mathrm{GL}_2(\mathbb{R})^+$, $z \in \mathbb{H}$ に対し $g \cdot z \in \mathbb{H}$ が定まり，$\mathrm{SL}_2(\mathbb{Z})$ の $\mathbb{H}$ への作用と同様の計算法則を満たす．以下では整数 $k \geq 0$ を固定する．

補題 4.18　関数 $\phi\colon \mathbb{H} \to \mathbb{C}$ と $g = \begin{pmatrix} a & b \\ c & d \end{pmatrix} \in \mathrm{GL}_2(\mathbb{R})^+$ に対し，関数 $g *_k \phi\colon \mathbb{H} \to \mathbb{C}$ を以下のように定める：

$$(g *_k \phi)(z) = (cz + d)^{-k} \phi(g \cdot z).$$

このとき，$g_1, g_2 \in \mathrm{GL}_2(\mathbb{R})^+$ に対し $g_1 *_k (g_2 *_k \phi) = (g_2 g_1) *_k \phi$ が成り立つ（g_1 と g_2 の順序が入れ替わることに注意）．また，$\begin{pmatrix} 1 & 0 \\ 0 & 1 \end{pmatrix} *_k \phi = \phi$ である．

[証明]　$g_1 = \begin{pmatrix} a & b \\ c & d \end{pmatrix}$, $g_2 = \begin{pmatrix} p & q \\ r & s \end{pmatrix}$ とおく．任意の $z \in \mathbb{H}$ に対し，

$$
\begin{aligned}
(g_1 *_k (g_2 *_k \phi))(z) &= (cz + d)^{-k} (g_2 *_k \phi)(g_1 \cdot z) \\
&= (cz + d)^{-k} (r(g_1 \cdot z) + s)^{-k} \phi(g_2 \cdot (g_1 \cdot z)) \\
&= (cz + d)^{-k} \left(r \frac{az + b}{cz + d} + s \right)^{-k} \phi((g_2 g_1) \cdot z) \\
&= (r(az + b) + s(cz + d))^{-k} \phi((g_2 g_1) \cdot z) \\
&= ((ra + sc)z + (rb + sd))^{-k} \phi((g_2 g_1) \cdot z)
\end{aligned}
$$

となる．$g_2 g_1 = \begin{pmatrix} pa + qc & pb + qd \\ ra + sc & rb + sd \end{pmatrix}$ なので，右辺は $((g_2 g_1) *_k \phi)(z)$ に等しい．

よって $g_1 *_k (g_2 *_k \phi) = (g_2 g_1) *_k \phi$ が証明できた. また, $\left(\begin{pmatrix} 1 & 0 \\ 0 & 1 \end{pmatrix} *_k \phi \right)(z) =$

$(0z+1)^{-k}\phi(z) = \phi(z)$ なので $\begin{pmatrix} 1 & 0 \\ 0 & 1 \end{pmatrix} *_k \phi = \phi$ も成り立つ. ∎

なお, 本章では $g_1, g_2 \in \mathrm{SL}_2(\mathbb{Z})$ の場合にしか補題 4.18 を用いないが, 次章以降で $g_1, g_2 \in \mathrm{GL}_2(\mathbb{R})^+$ の場合が必要になるので, 二度手間を避けて, ここでまとめて証明を行った.

$N \geq 1$ を整数とし, Γ を $\Gamma_0(N)$, $\Gamma_1(N)$, $\Gamma(N)$ のいずれかとする. このとき, $\Gamma(N) \subset \Gamma$ が成り立つ.

補題 4.19 正則関数 $\phi \colon \mathbb{H} \to \mathbb{C}$ が任意の $z \in \mathbb{H}$, $g = \begin{pmatrix} a & b \\ c & d \end{pmatrix} \in \Gamma$ に対し $\phi(g \cdot z) = (cz+d)^k \phi(z)$ を満たすとする. また, $\gamma \in \mathrm{SL}_2(\mathbb{Z})$ とする. このとき, 関数 $\gamma *_k \phi \colon \mathbb{H} \to \mathbb{C}$ は任意の $z \in \mathbb{H}$, $h = \begin{pmatrix} a & b \\ c & d \end{pmatrix} \in \Gamma(N)$ に対し

$$(\gamma *_k \phi)(h \cdot z) = (cz+d)^k (\gamma *_k \phi)(z)$$

を満たす. 特に, $h = \begin{pmatrix} 1 & N \\ 0 & 1 \end{pmatrix} \in \Gamma(N)$ とすると, $(\gamma *_k \phi)(z+N) = (\gamma *_k \phi)(z)$ となることが分かるので, $\gamma *_k \phi$ は以下のような展開を持つ:

$$(\gamma *_k \phi)(z) = \sum_{n=-\infty}^{\infty} a_{\gamma,n} q_N^n \quad (a_{\gamma,n} \in \mathbb{C}, q_N = e^{\frac{2\pi i z}{N}}).$$

[証明] 任意の $g \in \Gamma$ に対して $g *_k \phi = \phi$ が成り立つときに, 任意の $\gamma \in \mathrm{SL}_2(\mathbb{Z})$, $h \in \Gamma(N)$ に対し $h *_k (\gamma *_k \phi) = \gamma *_k \phi$ となることを示せばよい.

$\gamma \in \mathrm{SL}_2(\mathbb{Z})$, $h \in \Gamma(N)$ を任意にとる. まず, $\gamma h \gamma^{-1} \equiv \gamma \begin{pmatrix} 1 & 0 \\ 0 & 1 \end{pmatrix} \gamma^{-1} = \begin{pmatrix} 1 & 0 \\ 0 & 1 \end{pmatrix}$ $(\bmod\ N)$ より $\gamma h \gamma^{-1} \in \Gamma(N)$ である. $\Gamma(N) \subset \Gamma$ より $\gamma h \gamma^{-1} \in \Gamma$ であるから, 仮定より, $(\gamma h \gamma^{-1}) *_k \phi = \phi$ が成り立つ. よって $\gamma *_k ((\gamma h \gamma^{-1}) *_k \phi) = \gamma *_k \phi$ である. 補題 4.18 より, 左辺は $(\gamma h \gamma^{-1} \gamma) *_k \phi = (\gamma h) *_k \phi = h *_k (\gamma *_k \phi)$ に等しいので, $h *_k (\gamma *_k \phi) = \gamma *_k \phi$ が得られた. ∎

定義 4.20   正則関数 $\phi\colon \mathbb{H} \to \mathbb{C}$ が重さ k,   レベル Γ の**保型形式**であるとは,以下を満たすことをいう:

(1) 任意の $z \in \mathbb{H}$, $g = \begin{pmatrix} a & b \\ c & d \end{pmatrix} \in \Gamma$ に対し $\phi(g \cdot z) = (cz+d)^k \phi(z)$.

(2) (1) と補題 4.19 より,任意の $\gamma \in \mathrm{SL}_2(\mathbb{Z})$ に対し,$(\gamma *_k \phi)(z) = \displaystyle\sum_{n=-\infty}^{\infty} a_{\gamma,n} q_N^n$ という展開がある.これについて,$a_{\gamma,n} = 0 \ (n < 0)$ が成り立つ.

さらに以下が成り立つとき,ϕ は重さ k,レベル Γ の**尖点形式**であるという:

(3) 任意の $\gamma \in \mathrm{SL}_2(\mathbb{Z})$ に対し,(2) の展開 $(\gamma *_k \phi)(z) = \displaystyle\sum_{n=0}^{\infty} a_{\gamma,n} q_N^n$ は $a_{\gamma,0} = 0$ を満たす.

注意 4.21   定義 4.20 の条件 (2), (3) は無限個の元 $\gamma \in \mathrm{SL}_2(\mathbb{Z})$ に対する条件であるが,以下で説明するように,実際は有限個の元のみを考えれば十分である.

有限個の元 $\gamma_1, \dots, \gamma_m \in \mathrm{SL}_2(\mathbb{Z})$ を $\mathrm{SL}_2(\mathbb{Z}) = \displaystyle\bigcup_{i=1}^{m} \Gamma \gamma_i$ を満たすようにとることができる.$\gamma \in \mathrm{SL}_2(\mathbb{Z})$ を任意にとると,$\gamma = \delta \gamma_i \ (\delta \in \Gamma, 1 \le i \le m)$ と書ける.条件 (1) のもとで,補題 4.18 より $\gamma *_k \phi = (\delta \gamma_i) *_k \phi = \gamma_i *_k (\delta *_k \phi) = \gamma_i *_k \phi$ となるので,任意の $n \in \mathbb{Z}$ に対し $a_{\gamma,n} = a_{\gamma_i,n}$ が成り立つ.つまり,条件 (1) のもとで,条件 (2) は,任意の $1 \le i \le m$ に対し $a_{\gamma_i,n} = 0 \ (n < 0)$ が成り立つことと同値である.条件 (3) についても全く同様である.

この注意を用いて,$\Gamma = \Gamma_0(p)$ (p は素数) の場合に定義 4.20 の条件 (2), (3) を書き直してみよう.

命題 4.22 p を素数とし,正則関数 $\phi\colon \mathbb{H} \to \mathbb{C}$ が任意の $z \in \mathbb{H}$, $g = \begin{pmatrix} a & b \\ c & d \end{pmatrix} \in \Gamma_0(p)$ に対し $\phi(g \cdot z) = (cz+d)^k \phi(z)$ を満たすとする.このとき,ϕ が重さ k,レベル $\Gamma_0(p)$ の保型形式であることは,以下の 2 条件が成り立つことと同値である:

(1) $\phi(z) = \displaystyle\sum_{n=0}^{\infty} a_n q^n$ $(a_n \in \mathbb{C}, q = e^{2\pi i z})$ という展開がある.

(2) $z^{-k}\phi(-z^{-1}) = \displaystyle\sum_{n=0}^{\infty} b_n q_p^n$ $(b_n \in \mathbb{C}, q_p = e^{\frac{2\pi i z}{p}})$ という展開がある.

さらにこのとき, ϕ が尖点形式であることは $a_0 = b_0 = 0$ と同値である.

[証明] $T = \begin{pmatrix} 1 & 1 \\ 0 & 1 \end{pmatrix}$, $S = \begin{pmatrix} 0 & -1 \\ 1 & 0 \end{pmatrix}$ とおくと, $\mathrm{SL}_2(\mathbb{Z}) = \Gamma_0(p) \cup \displaystyle\bigcup_{m=0}^{p-1} \Gamma_0(p) S T^m$ である (補題 2.17 参照). よって, ϕ が重さ k, レベル $\Gamma_0(p)$ の保型形式であることは, 以下の条件 (a), (b_m) $(0 \le m \le p-1)$ 全てが成り立つことと同値である:

(a) $\phi(z) = \displaystyle\sum_{n=0}^{\infty} a_n q_p^n$ $(a_n \in \mathbb{C})$ という展開がある.

(b_m) $((ST^m) *_k \phi)(z) = \displaystyle\sum_{n=0}^{\infty} b_{m,n} q_p^n$ $(b_{m,n} \in \mathbb{C})$ という展開がある.

(a) と条件 (1) が同値であることを示そう. (1) $\Rightarrow$ (a) は明らかである. (a) $\Rightarrow$ (1) を示す. $T \in \Gamma_0(p)$ より $\phi(z+1) = \phi(z)$ であるから, 補題 4.15 より, n が p の倍数でないときには $a_n = 0$ となる. すなわち $\phi(z) = \displaystyle\sum_{n=0}^{\infty} a_{pn} q_p^{pn} = \sum_{n=0}^{\infty} a_{pn} q^n$ であるから, a_{pn} を改めて a_n とおけば (1) が従う.

次に, 各 $1 \le m \le p-1$ に対し, $(\mathrm{b}_0) \Rightarrow (\mathrm{b}_m)$ を示す. $\zeta_p = e^{\frac{2\pi i}{p}}$ とおくと, $e^{\frac{2\pi i(z+m)}{p}} = \zeta_p^m q_p$ である. これと補題 4.18 より

$$((ST^m) *_k \phi)(z) = (T^m *_k (S *_k \phi))(z) = (S *_k \phi)(z+m) = \sum_{n=0}^{\infty} b_{0,n} \zeta_p^{mn} q_p^n$$

となるので, $b_{m,n} = b_{0,n} \zeta_p^{mn}$ とおけば (b_m) が従う. (b_0) は条件 (2) に他ならないので, (b_m) $(0 \le m \le p-1)$ 全てが成り立つことと (2) が成り立つことの同値性が分かった.

以上で, ϕ が重さ k, レベル $\Gamma_0(p)$ の保型形式であることと (1), (2) がともに

成り立つことの同値性が示された. さらにこのとき, ϕ が尖点形式であることは $a_0 = b_{0,0} = b_{1,0} = \cdots = b_{p-1,0} = 0$ と同値である. $1 \leq m \leq p - 1$ に対し $b_{m,0} = b_{0,0}\zeta_p^{m \cdot 0} = b_{0,0}$ であるから, この条件は $a_0 = b_{0,0} = 0$ と同値である. これで尖点形式に対する主張も示された. ∎

(1), (2) は, それぞれ $\Gamma_0(p)$ の $\mathbb{H}$ への作用に関する基本領域 D_p (命題 2.19 参照) の隅に空いた穴 ∞, 0 の近くでの ϕ の挙動を記述する条件である.

例 4.7 において, 重さ 12, レベル $SL_2(\mathbb{Z})$ の尖点形式は $c\Delta(z)$ $(c \in \mathbb{C})$ という形であるという事実を紹介した. これの一般化として, 次の定理が成り立つ.

> **定理 4.23** Γ を $SL_2(\mathbb{Z})$ の合同部分群とし, 重さ k, レベル Γ の尖点形式全体のなす集合を $S_k(\Gamma)$ と書く. このとき, 整数 $d \geq 0$ および $f_1, \ldots, f_d \in S_k(\Gamma)$ であって, 以下の条件を満たすものが存在する:
>
> 任意の $f \in S_k(\Gamma)$ は $f = c_1 f_1 + \cdots + c_d f_d$ $(c_1, \ldots, c_d \in \mathbb{C})$ という形に一意的に表せる[*3].
>
> さらに $k = 2$ の場合, d はモジュラー曲線 M_Γ に有限個の点を加えて得られる閉曲面の種数に等しい.
>
> 重さ k, レベル Γ の保型形式全体のなす集合 $M_k(\Gamma)$ についても, 類似のことが成り立つ.

4.5 参考文献ガイド

保型形式の理論に入門したい場合は, まず [55] の第 7 章を読むことを勧める (この本は第 7 章から読んでも十分に理解可能である). レベルは $SL_2(\mathbb{Z})$ に限定されているが, 非常に簡潔にまとまっており読みやすい. 本章で結果のみ述べた g_k や Δ の q 展開についても記載がある. より本格的な教科書としては, 洋書であるが, [14], [41], [57] を挙げておく. 邦訳されているものとして [32] もある.

j 関数の値と整数論の関係については, [9] の §10 以降にかなり詳しい解説がある. [35] にも記述がある. ただし, 定理 4.16 の証明を理解するためには, 代数的整数論, 特に類体論に関する知識が必要である.

[*3] 線型代数の用語を用いると, $S_k(\Gamma)$ は $f_1, \ldots, f_d$ を基底とする d 次元 $\mathbb{C}$ 線型空間であるということである. 特に, d は k と Γ から一意的に定まる.

第 **5** 章

モジュラー曲線 $M_{\Gamma_0(p)}$

本章では，p を素数として，モジュラー曲線 $M_{\Gamma_0(p)}$ について考察する．第 3 章では，トーラス $\mathbb{C}/\Lambda$（Λ は $\mathbb{C}$ の格子）が実は楕円曲線とみなせることを学んだ．その際のポイントは，

- Λ に関する周期性を持つ関数 $\wp_\Lambda, \wp'_\Lambda \colon \mathbb{C} \smallsetminus \Lambda \to \mathbb{C}$ を 2 つ構成し，
- $\wp_\Lambda$ と $\wp'_\Lambda$ の間の代数的な関係式を見つけることで，写像 $\phi_\Lambda \colon (\mathbb{C}/\Lambda) \smallsetminus \{0\} \to \mathbb{C}^2; z \mapsto (\wp_\Lambda(z), \wp'_\Lambda(z))$ の像が，ある平面代数曲線 E_Λ に含まれることを示す

というものであった．本章では，この方法の $M_{\Gamma_0(p)}$ への拡張を試みる．$f \colon \mathbb{H} \to \mathbb{C}$ の「$\Gamma_0(p)$ に関する周期性」とは，すなわち $\Gamma_0(p)$ に関する保型性

$$f\left(\frac{az+b}{cz+d}\right) = f(z) \quad \left(z \in \mathbb{H}, \begin{pmatrix} a & b \\ c & d \end{pmatrix} \in \Gamma_0(p)\right)$$

のことなので，以下の 2 つが目標となる．

- レベル $\Gamma_0(p)$ の保型関数 $f_1, f_2 \colon \mathbb{H} \to \mathbb{C}$ を見つける．
- f_1 と f_2 の間の代数的な関係式を見つけることで，写像 $\phi \colon M_{\Gamma_0(p)} \to \mathbb{C}^2; z \mapsto (f_1(z), f_2(z))$ の像が，ある平面代数曲線に含まれることを示す．

5.1 節では，j 関数を用いて f_1, f_2 を構成し，モジュラー曲線 $M_{\Gamma_0(p)}$ の「方程式もどき」を求める．5.2 節では，$p = 11$ という特別な場合に f_1, f_2 を別の方法で構成し，モジュラー曲線 $M_{\Gamma_0(11)}$ の本当の方程式を求める．5.2 節で f_1, f_2 を構成する際には，前章で導入した保型形式が用いられる．

5.1 モジュラー曲線 $M_{\Gamma_0(p)}$ の「方程式」

本節では，j 関数を用いてレベル $\Gamma_0(p)$ の保型関数を 2 つ構成し，それらの間の代数的な関係式を見つけることで，モジュラー曲線 $M_{\Gamma_0(p)}$ の「方程式もどき」を求めることを目標とする．

まず，j 関数 $j: \mathbb{H} \to \mathbb{C}$ はレベル $\mathrm{SL}_2(\mathbb{Z})$ の保型関数なので，当然，レベル $\Gamma_0(p)$ の保型関数でもある．もう 1 つの保型関数は以下の命題によって与えられる．

命題 5.1 関数 $\mathbb{H} \to \mathbb{C}; z \mapsto j(pz)$ はレベル $\Gamma_0(p)$ の保型関数である．

[証明] $\begin{pmatrix} a & b \\ c & d \end{pmatrix} \in \Gamma_0(p)$ に対し，$\begin{pmatrix} a & bp \\ cp^{-1} & d \end{pmatrix} \in \mathrm{SL}_2(\mathbb{Z})$ であることに注意すると，

$$j\left(p \cdot \frac{az+b}{cz+d}\right) = j\left(\frac{a(pz)+bp}{cp^{-1}(pz)+d}\right) = j(pz)$$

となるのでよい（2 つ目の等号で j がレベル $\mathrm{SL}_2(\mathbb{Z})$ の保型関数であることを用いた）．∎

この命題より，モジュラー曲線 $M_{\Gamma_0(p)}$ から $\mathbb{C}^2$ への写像 $\phi: M_{\Gamma_0(p)} \to \mathbb{C}^2$; $z \mapsto (j(pz), j(z))$ を得る．次の目標は，ϕ の像を含む平面代数曲線を見つけること，つまり，$j(pz)$ と $j(z)$ の間の代数的な関係式を見つけることである．このステップでは 4.3 節の内容を用いる．以下の命題は定理 4.10 の証明の際に用いられたものである．

命題 5.2 $A_p = \left\{ \begin{pmatrix} 1 & 0 \\ 0 & p \end{pmatrix}, \begin{pmatrix} 1 & 1 \\ 0 & p \end{pmatrix}, \ldots, \begin{pmatrix} 1 & p-1 \\ 0 & p \end{pmatrix}, \begin{pmatrix} p & 0 \\ 0 & 1 \end{pmatrix} \right\}$ を命題 4.14 の通りとする．$z \in \mathbb{H}$ に対し，X を変数とする多項式 $F_z(X)$ を

$$F_z(X) = \prod_{h \in A_p} (X - j(h \cdot z)) = (X - j(pz)) \prod_{i=0}^{p-1} \left(X - j\left(\frac{z+i}{p}\right)\right)$$

で定める．このとき，$F_z(X)$ の係数は全て $j(z)$ の整数係数多項式である．すなわち，2 変数整数係数多項式 $\Phi_p(X, Y)$ であって，任意の $z \in \mathbb{H}$ に対して $\Phi_p(X, j(z)) = F_z(X)$ を満たすようなものが存在する．この $\Phi_p(X, Y)$ を**モジュラー多項式**と呼ぶ．

証明は説明済みであるが, 復習も兼ねて, もう一度軽く見ておこう.

[**証明**] $F_z(X)$ における X^i の係数を $A_i(z)$ とおく. $A_i(z)$ は

$$j\left(\frac{z}{p}\right), \quad j\left(\frac{z+1}{p}\right), \quad \cdots \quad, \quad j\left(\frac{z+p-1}{p}\right), \quad j(pz)$$

の対称式である. 命題 4.14 より, 任意の $g \in \mathrm{SL}_2(\mathbb{Z})$ に対し, 変数変換 $z \mapsto g \cdot z$ はこれらの関数の並べ替えを引き起こすから, $A_i(z)$ は変数変換 $z \mapsto g \cdot z$ で不変である. すなわち, $A_i(z)$ はレベル $\mathrm{SL}_2(\mathbb{Z})$ の保型関数である. $j(z)$ の q 展開の形および補題 4.15 から, $A_i(z)$ の q 展開は $\sum_{n=-N}^{\infty} a_n q^n \ (a_n \in \mathbb{Z})$ という形をしていることが分かるので, 定理 4.3 より, $A_i(z)$ は $j(z)$ の整数係数多項式として表せる. ∎

例 5.3 例題 4.11 (3) より, $\Phi_2(X, Y)$ を X の多項式と見たときの X^2 の係数は $-(Y^2 - 1488Y + 162000)$ である. 例題 4.11 の下の計算も合わせると,

$$\Phi_2(X, Y) = X^3 + Y^3 - X^2 Y^2 + 1488XY(X + Y) - 162000(X^2 + Y^2)$$
$$+ 40773375XY + 8748000000(X + Y) - 157464000000000$$

が得られる. 4.3 節で $j(\sqrt{-2})$ が代数的整数であることを示すのに用いた $h(x)$ は $\Phi_2(x, x)$ に他ならない. なお, $\Phi_2(X, Y)$ が対称式となったのは偶然ではなく, 任意の素数 p に対し $\Phi_p(X, Y)$ は対称式となることが証明できる.

次の命題は, $\Phi_p(X, Y)$ の定義から容易に従う.

命題 5.4 $\Phi_p(X, Y) = 0$ で定まる平面代数曲線 $\{(x, y) \in \mathbb{C}^2 \mid \Phi_p(x, y) = 0\}$ を C_p とおくと, $\phi \colon M_{\Gamma_0(p)} \to \mathbb{C}^2$ の像は C_p に含まれる.

[**証明**] $z \in \mathbb{H}$ とする. $x = j(pz), y = j(z)$ に対して $\Phi_p(x, y) = 0$ を証明すればよい.

$$\Phi_p(x, y) = \Phi_p(x, j(z)) = F_z(x) = (x - j(pz)) \prod_{i=0}^{p-1}\left(x - j\left(\frac{z+i}{p}\right)\right)$$

であり, $x = j(pz)$ より $x - j(pz) = 0$ なので右辺は 0 になる. ∎

これで, モジュラー曲線から平面代数曲線 C_p への写像 $\phi \colon M_{\Gamma_0(p)} \to C_p$ が得ら

れた. この写像が全単射ならば, $M_{\Gamma_0(p)}$ の方程式は $\Phi_p(X, Y)$ であると言えるの
だが, 残念ながらそのようにはなっておらず, 次の命題の通り, ϕ は「ほとんど全
単射」であることしか分からない.

> **命題 5.5** (1) $\phi\colon M_{\Gamma_0(p)} \to C_p$ は全射である.
>
> (2) $z \in \mathbb{H}$ が $a + b\sqrt{-d}$ $(a, b \in \mathbb{Q}, d \in \mathbb{Z}, b, d > 0)$ という形でないとする.
> $w \in \mathbb{H}$ が $\phi(z) = \phi(w)$ を満たすならば, z と w は $\Gamma_0(p)$ の作用でうつり
> あう.

$a + b\sqrt{-d}$ $(a, b \in \mathbb{Q}, d \in \mathbb{Z}, b, d > 0)$ という形の複素数は, $\mathbb{H}$ の中ではかなり例
外的なものであるため, (2) は ϕ が「ほとんど単射」であることを主張していると
解釈できる.

[証明]　(1) $(x, y) \in \mathbb{C}^2$ が $\Phi_p(x, y) = 0$ を満たすとする. 定理 3.26 より
$j\colon \mathbb{H} \to \mathbb{C}$ は全射であるから, $x = j(w), y = j(z)$ となる $w, z \in \mathbb{H}$ が存在す
る. $0 = \Phi_p(x, y) = \Phi_p(j(w), j(z)) = F_z(j(w)) = \displaystyle\prod_{h \in A_p} (j(w) - j(h \cdot z))$ より, あ
る $h \in A_p$ に対して $j(w) = j(h \cdot z)$ が成り立つ.

$h = \begin{pmatrix} p & 0 \\ 0 & 1 \end{pmatrix}$ のとき, $j(w) = j(pz)$ であるから, $(x, y) = (j(pz), j(z)) = \phi(z)$ と

なる. また, $h = \begin{pmatrix} 1 & b \\ 0 & p \end{pmatrix}$ $(0 \le b \le p-1)$ のとき, $j(w) = j\left(\dfrac{z+b}{p}\right) = j\left(-\dfrac{p}{z+b}\right)$

である. よって, $z' = -\dfrac{1}{z+b} \in \mathbb{H}$ とおくと, $x = j(w) = j(pz')$ および

$y = j(z) = j(z + b) = j\left(-\dfrac{1}{z+b}\right) = j(z')$ より, $(x, y) = (j(pz'), j(z')) = \phi(z')$

となる. いずれの場合も (x, y) は ϕ の像に属するので, ϕ の全射性が証明できた.

(2) $\phi(z) = \phi(w)$ より, $j(pz) = j(pw)$ かつ $j(z) = j(w)$ が成り立つ. 特に
$j(z) = j(w)$ なので, 定理 3.25 より, $w = g \cdot z$ となる $g \in \mathrm{SL}_2(\mathbb{Z})$ が存在する. こ
れを $j(pz) = j(pw)$ に代入することで, $j\left(\begin{pmatrix} p & 0 \\ 0 & 1 \end{pmatrix} \cdot z\right) = j\left(\begin{pmatrix} p & 0 \\ 0 & 1 \end{pmatrix} g \cdot z\right)$ を得る.

よって, 再び定理 3.25 より, $\begin{pmatrix} p & 0 \\ 0 & 1 \end{pmatrix} \cdot z = h \begin{pmatrix} p & 0 \\ 0 & 1 \end{pmatrix} g \cdot z$ となる $h \in \mathrm{SL}_2(\mathbb{Z})$ が存在

する. $\begin{pmatrix} a & b \\ c & d \end{pmatrix} = \begin{pmatrix} p & 0 \\ 0 & 1 \end{pmatrix}^{-1} h \begin{pmatrix} p & 0 \\ 0 & 1 \end{pmatrix} g$ とおくと, $a, b, c, d \in \mathbb{Q}$ かつ $ad - bc = 1$

であることが $g, h \in \mathrm{SL}_2(\mathbb{Z})$ からすぐに分かる. さらに, $\begin{pmatrix} a & b \\ c & d \end{pmatrix} \cdot z = z$ すなわ

ち $\dfrac{az + b}{cz + d} = z$ なので, $cz^2 + (d - a)z - b = 0$ となる. これが 2 次方程式ならば

z に対する仮定に反するので, $c = 0$ である. さらに, $a \neq d$ なら $z \in \mathbb{Q}$ となっ

て $z \in \mathbb{H}$ に反するので, $a = d$ である. このとき $b = 0$ である. $ad - bc = 1$ より

$a^2 = 1$ となるから, $a = \pm 1$ である. 以上で $\begin{pmatrix} p & 0 \\ 0 & 1 \end{pmatrix}^{-1} h \begin{pmatrix} p & 0 \\ 0 & 1 \end{pmatrix} g = \pm \begin{pmatrix} 1 & 0 \\ 0 & 1 \end{pmatrix}$

が分かった (行列の -1 倍については, 命題 2.16 の証明の最後の部分を参照). これ

より $\begin{pmatrix} p & 0 \\ 0 & 1 \end{pmatrix} g \begin{pmatrix} p & 0 \\ 0 & 1 \end{pmatrix}^{-1} = \pm h^{-1} \in \mathrm{SL}_2(\mathbb{Z})$ を得る. $g = \begin{pmatrix} r & s \\ t & u \end{pmatrix}$ とおくと, 左

辺は $\begin{pmatrix} r & sp \\ tp^{-1} & u \end{pmatrix}$ となるので, t は p の倍数となり, $g \in \Gamma_0(p)$ が従う. $w = g \cdot z$

だったので, z と w は $\Gamma_0(p)$ の作用でうつりあうことが示された. ∎

以下の例題を通して, $\phi: M_{\Gamma_0(p)} \to C_p$ が単射でないことを観察しよう.

例題 5.6 $z = \dfrac{-1 + \sqrt{1 - 4p^2}}{2p}, w = \dfrac{1 + \sqrt{1 - 4p^2}}{2p} \in \mathbb{H}$ とおく.

(1) $pz^2 + z + p = 0, w = -z^{-1}$ に注意して $j(z) = j(w), j(pz) = j(pw)$ を示せ.

(2) $w = g \cdot z$ となる $g \in \Gamma_0(p)$ は存在しないことを示せ.

[解答] (1) $j(w) = j(-z^{-1}) = j(z)$ である. また, $pz^2 + z + p = 0$ すなわち

$pz + 1 = -pz^{-1}$ が成り立つので, $j(pw) = j(-pz^{-1}) = j(pz + 1) = j(pz)$ を得る.

(2) $\begin{pmatrix} a & b \\ c & d \end{pmatrix} \in \Gamma_0(p)$ に対し $w = \dfrac{az + b}{cz + d}$ であるとする.

$$\frac{az + b}{cz + d} = \frac{a(-1 + \sqrt{1 - 4p^2}) + 2pb}{c(-1 + \sqrt{1 - 4p^2}) + 2pd} = \frac{(-a + 2pb) + a\sqrt{1 - 4p^2}}{(-c + 2pd) + c\sqrt{1 - 4p^2}}$$

である．これが $w = \dfrac{1 + \sqrt{1 - 4p^2}}{2p}$ に等しいので，$a = \dfrac{-c + 2pd}{2p} + \dfrac{c}{2p} = d$ およ

び $-a + 2pb = \dfrac{-c + 2pd}{2p} + \dfrac{c(1 - 4p^2)}{2p} = d - 2pc$ が成り立つ．$a = d$ を第 2 式に

代入することで，$2a = 2pb + 2pc$ すなわち $a = p(b + c)$ を得る．特に a は p の倍

数である．c も p の倍数であったので，$ad - bc = 1$ に反する．∎

　実は，$\phi\colon M_{\Gamma_0(p)} \to C_p$ は有限個の点を除いて単射になる．C_p は一般には特異

点を持つ代数曲線になるが，$M_{\Gamma_0(p)}$ は複素上半平面 $\mathbb{H}$ という「とがっていない」

図形から作られているので，代数曲線になったとすれば特異点を持たないはずであ

る．ϕ が同型にならないのは，このように C_p と $M_{\Gamma_0(p)}$ の幾何学的性質がずれて

いるからだと解釈できる．

　本書では詳細を説明できないが，代数曲線の一般論により，以下が成り立つ：

- C_p の特異点解消 $\pi\colon \widetilde{C}_p \to C_p$ を自然に構成することができる[*1].
- C_p が整数係数方程式で表されることから，$\widetilde{C}_p$ も整数係数方程式で表される．
- 全単射 $\widetilde{\phi}\colon M_{\Gamma_0(p)} \to \widetilde{C}_p$ であって $\pi \circ \widetilde{\phi} = \phi$ を満たすものが存在する（下の
  図式を参照）．

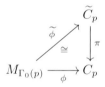

このことから，定理 2.21 が $M_{\Gamma_0(p)}$ に対して証明されたことになる．

　定理 4.3 の類似についても紹介しておこう．

定理 5.7　レベル $\Gamma_0(p)$ の保型関数 $f\colon \mathbb{H} \to \mathbb{C}$ が以下を満たすとする（命題 4.22
を参照）：

- $f(z) = \displaystyle\sum_{n=-N}^{\infty} a_n q^n \ (N \in \mathbb{Z}, a_n \in \mathbb{C}, q = e^{2\pi i z})$ という展開がある．

- $f(-z^{-1}) = \displaystyle\sum_{n=-N'}^{\infty} b_n q_p^n \ (N' \in \mathbb{Z}, b_n \in \mathbb{C}, q_p = e^{\frac{2\pi i z}{p}})$ という展開がある．

[*1] 特異点解消の例は例 B.17 を参照．

このとき，$f(z)$ は $j(z)$ と $j(pz)$ の有理式（＝分数式）で書くことができる．さらに $N = N' = 0$ ならば，f は定数関数となる．

「多項式」ではなく「有理式」となっているところに，$\phi\colon M_{\Gamma_0(p)} \to C_p$ が全単射ではないことの影響が現れている．この定理の後半部（$N = N' = 0$ の場合）は次節で重要な役割を果たす．

[証明]　後半の，$N = N' = 0$ のときに f が定数関数になるという部分のみ示す．命題 4.22 より，このとき f は重さ 0，レベル $\Gamma_0(p)$ の保型形式となり，したがって任意の $\gamma \in \mathrm{SL}_2(\mathbb{Z})$ に対し $f(\gamma \cdot z) = \sum_{n=0}^{\infty} a_{\gamma,n} q_p^n$ $(a_{\gamma,n} \in \mathbb{C})$ という展開があることにまず注意しておく．

$T = \begin{pmatrix} 1 & 1 \\ 0 & 1 \end{pmatrix}$, $S = \begin{pmatrix} 0 & -1 \\ 1 & 0 \end{pmatrix}$ とおき，$\gamma_0, \ldots, \gamma_p \in \mathrm{SL}_2(\mathbb{Z})$ を $\gamma_j = ST^j$ $(0 \le j \le p-1)$，$\gamma_p = e$ で定める．注意 2.18 より，$\mathrm{SL}_2(\mathbb{Z})$ の任意の元は $\Gamma_0(p)\gamma_0, \ldots, \Gamma_0(p)\gamma_p$ のうちちょうど 1 つに属する．$z_0 \in \mathbb{H}$ を固定し，$c = f(z_0)$ とおく．$F\colon \mathbb{H} \to \mathbb{C}$ を

$$F(z) = \prod_{j=0}^{p}(f(\gamma_j \cdot z) - c)$$

で定める．$f(\gamma_p \cdot z_0) - c = f(e \cdot z_0) - f(z_0) = 0$ より $F(z_0) = 0$ である．F がレベル $\mathrm{SL}_2(\mathbb{Z})$ の保型関数であることを示そう．$g \in \mathrm{SL}_2(\mathbb{Z})$ を任意にとる．各 $0 \le j \le p$ に対し，$\gamma_j g \in \mathrm{SL}_2(\mathbb{Z})$ であるから，$\gamma_j g \in \Gamma_0(p)\gamma_{j_g}$ となる $0 \le j_g \le p$ が唯一定まる．$h_{j,g} = \gamma_j g \gamma_{j_g}^{-1} \in \Gamma_0(p)$ とおく．$0 \le j, j' \le p$ が $j \ne j'$ を満たすならば $j_g \ne j_g'$ である．なぜなら，$j_g = j_g'$ であるとすると，

$$\gamma_j = h_{j,g}\gamma_{j_g}g^{-1} = h_{j,g}\gamma_{j_g'}g^{-1} = h_{j,g}(h_{j',g}^{-1}\gamma_{j'}g)g^{-1} = h_{j,g}h_{j',g}^{-1}\gamma_{j'} \in \Gamma_0(p)\gamma_{j'}$$

より，$\gamma_j \in \Gamma_0(p)\gamma_j \cap \Gamma_0(p)\gamma_{j'} = \varnothing$ となって矛盾するからである．よって $0_g, \ldots, p_g$ は $0, \ldots, p$ の並べ替えであり，

$$F(g \cdot z) = \prod_{j=0}^{p}(f((\gamma_j g) \cdot z) - c) = \prod_{j=0}^{p}(f((h_{j,g}\gamma_{j_g}) \cdot z) - c)$$

$$\overset{(*)}{=} \prod_{j=0}^{p}(f(\gamma_{j_g} \cdot z) - c) = \prod_{j=0}^{p}(f(\gamma_j \cdot z) - c) = F(z)$$

となって F がレベル $\mathrm{SL}_2(\mathbb{Z})$ の保型関数であることが従う．ただし，$(*)$ では f がレベル $\Gamma_0(p)$ の保型関数であることを用いた．また，証明の冒頭で注意したことから，$F(z) = \sum_{n=0}^{\infty} a_n q_p^n\ (a_n \in \mathbb{C})$ という展開があることが分かる．$F(z+1) = F(z)$ と補題 4.15 より，n が p の倍数でないときには $a_n = 0$ であるから，a_{pn} を改めて a_n とおいて $F(z) = \sum_{n=0}^{\infty} a_n q^n\ (a_n \in \mathbb{C})$ という展開を得る．よって定理 4.3 より，複素数係数多項式 $h(x)$ で $F(z) = h(j(z))$ を満たすものが存在する．$F(z)$ の q 展開には q の負冪は現れないので，$h(x)$ は定数でなくてはならず，したがって $F(z)$ も定数である．よって $F(z) = F(z_0) = 0$ を得る．このことと命題 A.20 より，ある $0 \leq j \leq p$ であって，任意の $z \in \mathbb{H}$ に対し $f(\gamma_j \cdot z) = c$ となるものが存在する．z を $\gamma_j^{-1} \cdot z$ に置き換えて $f(z) = c$ が得られるので，f は定数関数であることが示された．∎

　本節で扱った方法の長所は，全ての素数 p に対して $M_{\Gamma_0(p)}$ の「方程式もどき」を書くことができる点にある．p によらずに話を進めることができるので，一般論を構築する際には有用である．その一方で，特異点解消が必要になるため，$M_{\Gamma_0(p)} = \widetilde{C}_p$ の本当の方程式はよく分からないという欠点がある．また，これと表裏一体のことであるが，C_p を定める多項式 $\Phi_p(X, Y)$ の次数が高い（$2p$ 次になる）ということも不便な点として挙げられる．例えば $p = 11$ の場合，2.4 節で述べたように，$M_{\Gamma_0(11)}$ は実は 3 次方程式 $y^2 + y = x^3 - x^2 - 10x - 20$ で定まる楕円曲線に無限遠点を加えてから 2 点を除いたものとなるのである．次節では，この方程式を導く方法を解説する．

5.2　モジュラー曲線 $M_{\Gamma_0(11)}$ の方程式

　本節では，前節の方法を発展させて，$M_{\Gamma_0(11)}$ の方程式を求める方法を紹介する．前節では，j 関数を利用してレベル $\Gamma_0(p)$ の保型関数を構成した．本節のアイデアは，レベル $\Gamma_0(11)$ の保型形式の比をとることでレベル $\Gamma_0(11)$ の保型関数を構成するというものである．

■ エータ関数とエータ積

レベル $\Gamma_0(11)$ の保型形式を構成するには，エータ積という方法を用いる．エータ積は，第7章，第8章，第9章において，尖点形式の例として何度も登場するため，本節の内容はそのための準備も兼ねている．エータ積とは，以下で定義するエータ関数の積として得られる関数のことである．

定義 5.8 $\mathbb{H}$ 上の関数 $\eta\colon \mathbb{H} \to \mathbb{C}$ を

$$\eta(z) = q_{24} \prod_{n=1}^{\infty} (1 - q^n) \quad (q_{24} = e^{\frac{\pi i z}{12}}, q = e^{2\pi i z})$$

で定め，**エータ関数**と呼ぶ．右辺の無限積が収束することは命題 A.7 から従う．η は $\mathbb{H}$ 上の正則関数である．また，命題 A.7 より，任意の $z \in \mathbb{H}$ に対し $\eta(z) \neq 0$ である．

エータ関数は次の変換公式を満たす．

定理 5.9 実数 $t > 0$ に対し，$\eta(it^{-1}) = \sqrt{t} \cdot \eta(it)$ が成り立つ．

この定理は本書では証明しない．章末の参考文献ガイドを参照．

系 5.10 $z \in \mathbb{H}$ に対し，$\eta(-z^{-1})^2 = -iz \cdot \eta(z)^2$ が成り立つ．

[証明] 示すべき等式の両辺は $\mathbb{H}$ 上の正則関数であるから，定理 A.19 より，$z = it$（t は正の実数）の場合の等式，すなわち $\eta(it^{-1})^2 = t \cdot \eta(it)^2$ を示せば十分である．これは定理 5.9 の等式の両辺を 2 乗したものに他ならない． ∎

系 5.10 を用いて，60 ページで述べた以下の事実を証明することができる．

定理 5.11 $\eta(z)^{24} = q \prod_{n=1}^{\infty} (1 - q^n)^{24}$ は重さ 12，レベル $\mathrm{SL}_2(\mathbb{Z})$ の尖点形式である．

[証明] まず，系 5.10 の両辺を 12 乗して $\eta(-z^{-1})^{24} = z^{12} \eta(z)^{24}$ を得る．つまり，$S = \begin{pmatrix} 0 & -1 \\ 1 & 0 \end{pmatrix} \in \mathrm{SL}_2(\mathbb{Z})$ に対し $S *_{12} \eta^{24} = \eta^{24}$ となる．両辺の $S^{-1} *_{12}$ をとって補題 4.18 を用いることで $S^{-1} *_{12} \eta^{24} = \eta^{24}$ も従う．一方，明らかに

$\eta(z+1)^{24} = \eta(z)^{24}$ なので，$T = \begin{pmatrix} 1 & 1 \\ 0 & 1 \end{pmatrix} \in \mathrm{SL}_2(\mathbb{Z})$ に対し $T *_{12} \eta^{24} = \eta^{24}$ である．両辺の $T^{-1} *_{12}$ をとって補題 4.18 を用いることで $T^{-1} *_{12} \eta^{24} = \eta^{24}$ も従う．よって，定理 2.12 と補題 4.18 より，任意の $g \in \mathrm{SL}_2(\mathbb{Z})$ に対し $g *_{12} \eta^{24} = \eta^{24}$ が成り立つ．また，$\eta(z)^{24} = q \prod_{n=1}^{\infty} (1-q^n)^{24}$ は明らかに定数項 0 の q 展開を持つ．以上で尖点形式の条件が確かめられた．　∎

　エータ関数を用いて，重さ 2，レベル $\Gamma_0(11)$ の尖点形式を構成しよう．この尖点形式は，第 7 章，第 8 章，第 9 章においても頻繁に登場する．

定理 5.12　$f\colon \mathbb{H} \to \mathbb{C}; z \mapsto \eta(z)^2 \eta(11z)^2 = q \prod_{n=1}^{\infty} (1-q^n)^2 (1-q^{11n})^2$ は重さ 2，レベル $\Gamma_0(11)$ の尖点形式である．また，重さ 2，レベル $\Gamma_0(11)$ の尖点形式は cf $(c \in \mathbb{C})$ という形に限られる．

この定理の証明には，系 5.10 を少し強めた，次の命題を用いる．

命題 5.13　$g = \begin{pmatrix} a & b \\ c & d \end{pmatrix} \in \mathrm{SL}_2(\mathbb{Z})$ とする．a が 6 と互いに素であり，$c \geq 0$ であるとき，$z \in \mathbb{H}$ に対し以下が成り立つ：$\eta(g \cdot z)^2 = -ie^{\frac{\pi i a(b-c+3)}{6}}(cz+d)\eta(z)^2$.

この命題も本書では証明しない．

例 5.14　$g = \begin{pmatrix} -1 & -1 \\ 1 & 0 \end{pmatrix}$ に命題 5.13 を適用すると，$z \in \mathbb{H}$ に対し $\eta\left(\frac{-z-1}{z}\right)^2 = -ie^{-\frac{\pi i}{6}}z \cdot \eta(z)^2$ を得る．一方，定義より $\eta\left(\frac{-z-1}{z}\right) = \eta(-z^{-1}-1) = e^{-\frac{\pi i}{12}}\eta(-z^{-1})$ であるから，$\eta(-z^{-1})^2 = -iz \cdot \eta(z)^2$ となって系 5.10 が導かれる．

[定理 5.12 の証明]　まず，$g = \begin{pmatrix} a & b \\ c & d \end{pmatrix} \in \Gamma_0(11)$ に対し $g *_2 f = f$ を示す．$ad - bc = 1$ より a と c は互いに素であるから，整数 n を $a + nc$ が 6 と互いに素になるようにとることができる（a と 6 の最大公約数を m として，$n = \dfrac{6}{m}$ とすれ

ばよい). $T = \begin{pmatrix} 1 & 1 \\ 0 & 1 \end{pmatrix} \in \mathrm{SL}_2(\mathbb{Z})$ に対し $T^n g = \begin{pmatrix} a+nc & b+nd \\ c & d \end{pmatrix}$ である. も

し $(T^n g) *_2 f = f$ が示せたとすると, $T^n *_2 f = f$ (これは f が q 展開を持つこ

とから明らかである) と補題 4.18 より $f = (T^n g) *_2 f = g *_2 (T^n *_2 f) = g *_2 f$

が得られる. よって, $T^n g$ を改めて g とおいて, a は 6 と互いに素であるとしてよ

い. $g *_2 f = (-g) *_2 f$ であるから, $c < 0$ のときは $-g$ を改めて g とおくことに

より, $c \geq 0$ としてよい. 命題 5.13 を $\begin{pmatrix} a & b \\ c & d \end{pmatrix}, \begin{pmatrix} a & 11b \\ 11^{-1}c & d \end{pmatrix}$ に対して適用す

ることで

$$\eta\Big(\frac{az+b}{cz+d}\Big)^2 = -ie^{\frac{\pi i a(b-c+3)}{6}}(cz+d)\eta(z)^2,$$

$$\eta\Big(11 \cdot \frac{az+b}{cz+d}\Big)^2 = \eta\Big(\frac{a(11z)+11b}{11^{-1}c(11z)+d}\Big)^2 = -ie^{\frac{\pi i a(11b-11^{-1}c+3)}{6}}(cz+d)\eta(11z)^2$$

を得る. $c = 11c'$ $(c' \in \mathbb{Z})$ と書くと, $\pi i a(b-c+3) + \pi i a(11b-11^{-1}c+3) = \pi i a(b-11c'+3) + \pi i a(11b-c'+3) = 6\pi i a + 12\pi i a(b-c')$ である. a は 6 と互いに

素なので奇数であることにも注意すると, $e^{\frac{\pi i a(b-c+3)}{6}} e^{\frac{\pi i a(11b-11^{-1}c+3)}{6}} = e^{\pi i a} = -1$

である. よって,

$$(g *_2 f)(z) = (cz+d)^{-2}\eta\Big(\frac{az+b}{cz+d}\Big)^2 \eta\Big(11 \cdot \frac{az+b}{cz+d}\Big)^2 = \eta(z)^2 \eta(11z)^2 = f(z)$$

となり $g *_2 f = f$ が従う.

次に, 命題 4.22 の条件を確認する. $f(z) = q \prod_{n=1}^{\infty}(1-q^n)^2(1-q^{11n})^2$ なので,

$f(z) = \sum_{n=1}^{\infty} a_n q^n$ $(a_n \in \mathbb{C})$ という形の展開がある. また, $w = \begin{pmatrix} 0 & -\frac{1}{\sqrt{11}} \\ \sqrt{11} & 0 \end{pmatrix} \in$

$\mathrm{GL}_2(\mathbb{R})^+$ とおくと, 系 5.10 より, $z \in \mathbb{H}$ に対し

$$(w *_2 f)(z) = (\sqrt{11}z)^{-2}f(-(11z)^{-1}) = 11^{-1}z^{-2}\eta(-(11z)^{-1})^2 \eta(-z^{-1})^2$$

$$= -\eta(11z)^2 \eta(z)^2 = -f(z)$$

となる. すなわち $w *_2 f = -f$ である. よって

$$(11z)^{-2}f(-(11z)^{-1}) = 11^{-1}(w *_2 f)(z) = -11^{-1}f(z) = -11^{-1}\sum_{n=1}^{\infty} a_n q^n$$

であり，z を $\dfrac{z}{11}$ に置き換えて $z^{-2}f(-z^{-1}) = -11^{-1}f\left(\dfrac{z}{11}\right) = -11^{-1}\displaystyle\sum_{n=1}^{\infty}a_n q_{11}^n$ を得る．以上で f が重さ 2，レベル $\Gamma_0(11)$ の尖点形式であることが示された．

最後に，重さ 2，レベル $\Gamma_0(11)$ の尖点形式 h が cf $(c \in \mathbb{C})$ という形であることを示す．これは定理 2.20 と定理 4.23 からも分かるが，ここではもう少し直接的な証明を与える．命題 A.7 より，任意の $z \in \mathbb{H}$ に対し $f(z) \neq 0$ であるから，$\phi(z) = \dfrac{h(z)}{f(z)}$ は $\mathbb{H}$ 上の正則関数である．f, h は重さ 2，レベル $\Gamma_0(11)$ の尖点形式なので，$z \in \mathbb{H}$，$g = \begin{pmatrix} a & b \\ c & d \end{pmatrix} \in \Gamma_0(11)$ に対し

$$\phi(g \cdot z) = \frac{h(g \cdot z)}{f(g \cdot z)} = \frac{(cz+d)^2 h(z)}{(cz+d)^2 f(z)} = \frac{h(z)}{f(z)} = \phi(z)$$ が成り立つ．よって ϕ はレベル $\Gamma_0(11)$ の保型関数である．$h(z) = \displaystyle\sum_{n=1}^{\infty}b_n q^n$ $(b_n \in \mathbb{C})$ という展開があるので，$\phi(z) = \left(\displaystyle\sum_{n=0}^{\infty}b_{n+1}q^n\right)\prod_{n=1}^{\infty}(1+q^n+q^{2n}+\cdots)^2(1+q^{11n}+q^{22n}+\cdots)^2$ は $\displaystyle\sum_{n=0}^{\infty}c_n q^n$ $(c_n \in \mathbb{C})$ という形に展開される．同様に，$\phi(-z^{-1}) = \dfrac{z^{-2}h(-z^{-1})}{z^{-2}f(-z^{-1})} = \dfrac{z^{-2}h(-z^{-1})}{-11^{-1}f\left(\frac{z}{11}\right)}$ は $\displaystyle\sum_{n=0}^{\infty}c_n' q_{11}^n$ $(c_n' \in \mathbb{C})$ という形に展開される．よって定理 5.7 より ϕ は定数関数であり，したがって $h(z)$ は $f(z)$ の定数倍である． ∎

証明中で示した等式 $w *_2 f = -f$ は，後で使うので命題の形にまとめておく．

命題 5.15　$w = \begin{pmatrix} 0 & -\dfrac{1}{\sqrt{11}} \\ \sqrt{11} & 0 \end{pmatrix} \in \mathrm{GL}_2(\mathbb{R})^+$ とおくと，$w *_2 f = -f$ が成り立つ．

注意 5.16　上の証明と同様の方法で，定理 4.3 を用いて，重さ 12，レベル $\mathrm{SL}_2(\mathbb{Z})$ の尖点形式が $\eta(z)^{24} = q\displaystyle\prod_{n=1}^{\infty}(1-q^n)^{24}$ の定数倍に限られること（60 ページ参照）が示せる．

注意 5.17　整数 N と関数 $f_N\colon \mathbb{H} \to \mathbb{C}$ を以下のいずれかとする（$f_{11} = f$ である）:

- $N = 11$, $f_{11}(z) = \eta(z)^2\eta(11z)^2$.
- $N = 14$, $f_{14}(z) = \eta(z)\eta(2z)\eta(7z)\eta(14z)$.
- $N = 15$, $f_{15}(z) = \eta(z)\eta(3z)\eta(5z)\eta(15z)$.
- $N = 20$, $f_{20}(z) = \eta(2z)^2\eta(10z)^2$.
- $N = 24$, $f_{24}(z) = \eta(2z)\eta(4z)\eta(6z)\eta(12z)$.
- $N = 27$, $f_{27}(z) = \eta(3z)^2\eta(9z)^2$.
- $N = 32$, $f_{32}(z) = \eta(4z)^2\eta(8z)^2$.
- $N = 36$, $f_{36}(z) = \eta(6z)^4$.

このとき，定理 5.12 の証明と同様の方法で，次を示すことができる：f_N は重さ 2，レベル $\Gamma_0(N)$ の尖点形式であり，また，重さ 2，レベル $\Gamma_0(N)$ の尖点形式は cf_N ($c \in \mathbb{C}$) という形に限られる．

上記の f_N のように，エータ関数の積として書ける関数を**エータ積**と呼ぶ．保型形式（尖点形式）の例としてはエータ積がしばしば採用されるが，一般の尖点形式がエータ積となるわけではないので，誤解のないよう注意が必要である．

■ レベル $\Gamma_0(11)$ の保型関数の構成

定理 5.12 の f と $\Delta = \eta^{24}$ を用いて，レベル $\Gamma_0(11)$ の保型関数を構成しよう．

定義 5.18 (1) $F\colon \mathbb{H} \to \mathbb{C}$ を $F(z) = \dfrac{\Delta(z)}{f(z)^6}$ で定める（命題 A.7 より，任意の $z \in \mathbb{H}$ に対し $f(z) \neq 0$ となることに注意）．F は正則関数である．

(2) $\phi_1\colon \mathbb{H} \to \mathbb{C}$ を $\phi_1(z) = -\dfrac{1}{5}\left(\dfrac{F'(z)}{2\pi i F(z)f(z)} - 8\right)$ で定める（命題 A.7 より，任意の $z \in \mathbb{H}$ に対し $F(z), f(z) \neq 0$ となることに注意）．ϕ_1 は正則関数である．

(3) $\phi_2\colon \mathbb{H} \to \mathbb{C}$ を $\phi_2(z) = \dfrac{\phi_1'(z)}{2\pi i f(z)}$ で定める．これも正則関数である．

注意 5.19 $\phi_1(z)$ の定義に $-\dfrac{1}{5}$ や -8 が出てくるのは，後の計算を簡単にするためであり，さほど本質的な理由はない．

命題 5.20 F, ϕ_1, ϕ_2 はレベル $\Gamma_0(11)$ の保型関数であり，以下の性質を満たす：

- $F(z) = q^{-5} - 12q^{-4} + 54q^{-3} - 88q^{-2} - 99q^{-1} + 540 - 418q + \cdots$ という

q 展開がある.

- $\phi_1(z) = q^{-1} + 6 + 17q + 46q^2 + 116q^3 + 252q^4 + 533q^5 + \cdots$ という q 展開がある.

- $\phi_2(z) = -q^{-2} - 2q^{-1} + 12 + 116q + 597q^2 + 2298q^3 + 7616q^4 + \cdots$ という q 展開がある.

- w を命題 5.15 の通りとするとき,任意の $z \in \mathbb{H}$ に対し $F(w \cdot z) = 11^6 F(z)^{-1}$, $\phi_1(w \cdot z) = \phi_1(z)$, $\phi_2(w \cdot z) = -\phi_2(z)$ である.

[証明] まず,F がレベル $\Gamma_0(11)$ の保型関数であることを示す.定理 5.11 と定理 5.12 より,$z \in \mathbb{H}, g = \begin{pmatrix} a & b \\ c & d \end{pmatrix} \in \Gamma_0(11)$ に対し

$$F(g \cdot z) = \frac{\Delta(g \cdot z)}{f(g \cdot z)^6} = \frac{(cz+d)^{12}\Delta(z)}{(cz+d)^{12}f(z)^6} = \frac{\Delta(z)}{f(z)^6} = F(z) \qquad (*)$$

となるのでよい.次に,$\phi_1(z), \phi_2(z)$ がレベル $\Gamma_0(11)$ の保型関数であることを示す.記号を上の通りとするとき,$F\left(\dfrac{az+b}{cz+d}\right) = F(z)$ であるから,両辺を z で微分することにより $F'\left(\dfrac{az+b}{cz+d}\right)\left(\dfrac{az+b}{cz+d}\right)' = F'(z)$ が得られる.

$$\left(\frac{az+b}{cz+d}\right)' = \frac{a(cz+d) - c(az+b)}{(cz+d)^2} = \frac{ad-bc}{(cz+d)^2} = (cz+d)^{-2}$$

であるから,$F'(g \cdot z) = (cz+d)^2 F'(z)$ を得る.これを用いて $(*)$ と同じ議論を行うことにより,$\phi_1(g \cdot z) = \phi_1(z)$ が従う.この両辺を z で微分すると $\phi_1'(g \cdot z) = (cz+d)^2 \phi_1'(z)$ が得られるので,再び $(*)$ と同様にして $\phi_2(g \cdot z) = \phi_2(z)$ が従う.以上で $F(z), \phi_1(z), \phi_2(z)$ がレベル $\Gamma_0(11)$ の保型関数であることが示せた.

$$F(z) = \frac{\Delta(z)}{f(z)^6} = \frac{\eta(z)^{12}}{\eta(11z)^{12}} = q^{-5} \prod_{n=1}^{\infty} (1-q^n)^{12}(1 + q^{11n} + q^{22n} + \cdots)^{12}$$ より

$F(z)$ の q 展開が得られる(計算機を用いるとよい).また,$\dfrac{dq}{dz} = 2\pi i q$ に注意して $F(z)$ の q 展開の両辺を微分すると

$$(2\pi i)^{-1} F'(z) = -5q^{-5} + 48q^{-4} - 162q^{-3} + 176q^{-2} + 99q^{-1} - 418q + \cdots$$

となる．これと $F(z)^{-1}f(z)^{-1} = \dfrac{\eta(11z)^{10}}{\eta(z)^{14}} = q^4 \displaystyle\prod_{n=1}^{\infty}(1-q^{11n})^{10}(1+q^n+q^{2n}+\cdots)^{14}$ から，$\phi_1(z) = -\dfrac{1}{5}((2\pi i)^{-1}F'(z)F(z)^{-1}f(z)^{-1} - 8)$ の q 展開が得られる（計算機を用いるとよい）．同様にして，$\phi_2(z) = (2\pi i)^{-1}\phi_1'(z)f(z)^{-1}$ の q 展開も求まる．

系 5.10 より，$z \in \mathbb{H}$ に対し

$$F(w \cdot z) = F(-(11z)^{-1}) = \frac{\eta(-(11z)^{-1})^{12}}{\eta(-z^{-1})^{12}} = \frac{(-11iz)^6\eta(11z)^{12}}{(-iz)^6\eta(z)^{12}} = 11^6 F(z)^{-1}$$

が成り立つ．両辺を微分して $11^{-1}z^{-2}F'(-(11z)^{-1}) = -11^6 F'(z)F(z)^{-2}$ を得る．命題 5.15 より $(w *_2 f)(z) = -f(z)$ すなわち $11^{-1}z^{-2}f(-(11z)^{-1}) = -f(z)$ であるから，

$$\begin{aligned}\frac{F'(w \cdot z)}{F(w \cdot z)f(w \cdot z)} &= \frac{F'(-(11z)^{-1})}{F(-(11z)^{-1})f(-(11z)^{-1})} = \frac{11^7 z^2 F'(z)F(z)^{-2}}{11^6 F(z)^{-1} \cdot 11z^2 f(z)} \\ &= \frac{F'(z)}{F(z)f(z)}\end{aligned}$$

すなわち $\phi_1(w \cdot z) = \phi_1(z)$ が従う．さらに両辺を微分すると

$$11^{-1}z^{-2}\phi_1'(-(11z)^{-1}) = \phi_1'(z)$$

となるので，$\phi_2(w \cdot z) = \dfrac{\phi_1'(-(11z)^{-1})}{2\pi i f(-(11z)^{-1})} = -\dfrac{11z^2\phi_1'(z)}{2\pi i \cdot 11z^2 f(z)} = -\phi_2(z)$ も従う．∎

■ ϕ_1 と ϕ_2 の関係

次に，$\phi\colon M_{\Gamma_0(11)} \to \mathbb{C}^2;\ z \mapsto (\phi_1(z), \phi_2(z))$ の像がある平面代数曲線に含まれることを示す．

命題 5.21 $z \in \mathbb{H}$ に対し，$(x, y) = (\phi_1(z), \phi_2(z))$ は $y^2 = x^4 - 20x^3 + 56x^2 - 44x$ を満たす．言い換えると，写像 $\phi\colon M_{\Gamma_0(11)} \to \mathbb{C}^2;\ z \mapsto (\phi_1(z), \phi_2(z))$ の像は，平面代数曲線 $C\colon y^2 = x^4 - 20x^3 + 56x^2 - 44x$ に含まれる．

この命題の証明は定理 3.11 (1) の証明とよく似ている．ただし，補題 3.12 の代わりに定理 5.7 の $N = N' = 0$ の場合を用いる．

[証明]　関数 $G\colon \mathbb{H} \to \mathbb{C}$ を $G(z) = \phi_2(z)^2 - \phi_1(z)^4 + 20\phi_1(z)^3 - 56\phi_1(z)^2 + 44\phi_1(z)$ で定める．$G = 0$ を示せばよい．命題 5.20 より，G はレベル $\Gamma_0(11)$ の保型関数であり，$G(z) = \displaystyle\sum_{n=1}^{\infty} a_n q^n$ $(a_n \in \mathbb{C})$ という形の q 展開を持つことが分かる．さらに命題 5.20 より $G(w \cdot z) = G(z)$ であるから，$G(w \cdot z) = \displaystyle\sum_{n=1}^{\infty} a_n q^n$ である．z を $\dfrac{z}{11}$ に置き換えて $G(-z^{-1}) = \displaystyle\sum_{n=1}^{\infty} a_n q_{11}^n$ を得る．よって，定理 5.7 の $N = N' = 0$ の場合より，G は定数関数である．定理 4.3 の証明と同様，$\operatorname{Im} z \to \infty$ で $G(z) \to 0$ であるから，$G = 0$ が従う．∎

変数変換によって，$C\colon y^2 = x^4 - 20x^3 + 56x^2 - 44x$ が楕円曲線 $y^2 + y = x^3 - x^2 - 10x - 20$ にうつせることを示そう．$x \neq 0$ という条件のもとで，

$$y^2 = x^4 - 20x^3 + 56x^2 - 44x \iff \left(\frac{y}{x^2}\right)^2 = 1 - \frac{20}{x} + \frac{56}{x^2} - \frac{44}{x^3}$$

であるから，$x_1 = \dfrac{1}{x}, y_1 = \dfrac{y}{x^2}$ とおくと，C の方程式は $y_1^2 = -44x_1^3 + 56x_1^2 - 20x_1 + 1$ となる．さらに $x_2 = -11x_1, y_2 = 11y_1$ とおくと

$$y_1^2 = -44x_1^3 + 56x_1^2 - 20x_1 + 1 \iff y_2^2 = 4x_2^3 + 56x_2^2 + 220x_2 + 121$$

である．最後に $X = x_2 + 5, Y = \dfrac{1}{2}y_2 - \dfrac{1}{2}$ とおくと，

$$y_2^2 = 4x_2^3 + 56x_2^2 + 220x_2 + 121 \iff Y^2 + Y = X^3 - X^2 - 10X - 20$$

を得る．X, Y を x, y で書くと $X = -\dfrac{11}{x} + 5, Y = \dfrac{11y}{2x^2} - \dfrac{1}{2}$ であるから，以下の命題が結論される．

命題 5.22　変数変換 $X = -\dfrac{11}{x} + 5, Y = \dfrac{11y}{2x^2} - \dfrac{1}{2}$ によって，$C\colon y^2 = x^4 - 20x^3 + 56x^2 - 44x$ は楕円曲線 $E\colon Y^2 + Y = X^3 - X^2 - 10X - 20$ にうつされる．

■ $M_{\Gamma_0(11)}$ の方程式の決定

以上をもとに，$M_{\Gamma_0(11)}$ の方程式を決定しよう．

定理 5.23　$E = \{(x,y) \in \mathbb{C}^2 \mid y^2 + y = x^3 - x^2 - 10x - 20\}$ とおく. 定理 3.11 と同様, E に仮想的な「無限遠点」O を付け加えて考える. 命題 5.21 と命題 5.22 より, 写像 $\psi \colon M_{\Gamma_0(11)} \cup \{\infty, 0\} \to E \cup \{O\}$ が以下で定まる:

- $z \in M_{\Gamma_0(11)}$ に対し, $\psi(z) = \begin{cases} \left(-\dfrac{11}{\phi_1(z)} + 5, \dfrac{11\phi_2(z)}{2\phi_1(z)^2} - \dfrac{1}{2} \right) & (\phi_1(z) \neq 0) \\ O & (\phi_1(z) = 0). \end{cases}$

- $\psi(\infty) = (5, -6),\ \psi(0) = (5, 5)$.

このとき ψ は全単射である. 特に, $\psi \colon M_{\Gamma_0(11)} \to (E \cup \{O\}) \smallsetminus \{(5,-6),(5,5)\}$ も全単射である. つまり, $M_{\Gamma_0(11)}$ は $E \cup \{O\}$ から 2 点 $(5,-6),(5,5)$ を除いたものと同一視できる.

$\psi(\infty), \psi(0)$ の定義の妥当性は以下の通りである. 命題 5.20 より

$$\lim_{z \to \infty} \frac{1}{\phi_1(z)} = \lim_{q \to 0} \frac{q}{1 + 6q + 17q^2 + \cdots} = 0,$$

$$\lim_{z \to \infty} \frac{\phi_2(z)}{\phi_1(z)^2} = \lim_{q \to 0} \frac{-(1 + 2q - 12q^2 + \cdots)}{(1 + 6q + 17q^2 + \cdots)^2} = -1$$

であるから, $\lim_{z \to \infty} \psi(z) = (5, -6)$ である. また, 命題 5.20 より

$$\lim_{z \to 0} \frac{1}{\phi_1(z)} = \lim_{z \to \infty} \frac{1}{\phi_1(w \cdot z)} = \lim_{z \to \infty} \frac{1}{\phi_1(z)} = 0,$$

$$\lim_{z \to 0} \frac{\phi_2(z)}{\phi_1(z)^2} = \lim_{z \to \infty} \frac{\phi_2(w \cdot z)}{\phi_1(w \cdot z)^2} = \lim_{z \to \infty} \frac{-\phi_2(z)}{\phi_1(z)^2} = 1$$

であるから, $\lim_{z \to 0} \psi(z) = (5, 5)$ である.

[定理 5.23 の証明]　$z \in M_{\Gamma_0(11)}$ のとき $\psi(z) = (5, y)\ (y \in \mathbb{C})$ となることはなく, $\psi(0) = (5, 5)$ であるから, ψ による $(5, -6) \in E$ の逆像は 1 点 $\{\infty\}$ である. このこととリーマン面の一般論から ψ が全単射であることが比較的容易に従うが, 本書の程度を超えるので割愛する (定理 3.11 (2) の証明の脚注を参照). ∎

以上の議論 (特に命題 5.21 の証明) をよく検討すると, 次の 2 つが分かるだろう.

- モジュラー曲線 $M_{\Gamma_0(11)}$ が代数曲線となることの根源は定理 5.7 (の $N = N' = 0$ の場合) にある.

- モジュラー曲線 $M_{\Gamma_0(11)}$ の方程式が整数係数となることは，保型形式 $\Delta(z)$，$f(z)$ の q 展開の係数が整数であることに起因している．

本節で行った計算は，後に 9.4 節において，BSD 予想の部分的解決について解説する際に用いられる．

■ 一般の $M_{\Gamma_0(N)}$ について

定理 5.23 の通り，$M_{\Gamma_0(11)}$ は楕円曲線（無限遠点を含める）から有限個の点を除いたものと同一視できたが，同様のことが全ての $M_{\Gamma_0(N)}$ に対して成立するわけではない．実際，次の命題が成り立つ．

命題 5.24 整数 $N \geq 1$ に対し，以下は同値である．

(1) $M_{\Gamma_0(N)}$ は楕円曲線（無限遠点を含める）から有限個の点を除いたものと同一視できる．

(2) $M_{\Gamma_0(N)}$ に有限個の点を加えて得られる閉曲面の種数は 1 である．

(3) $N \in \{11, 14, 15, 17, 19, 20, 21, 24, 27, 32, 36, 49\}$ である．

[証明] (1) $\Rightarrow$ (2) を示す．楕円曲線 E を，$E \cup \{O\}$ から有限個の点を除いたものが $M_{\Gamma_0(N)}$ と同一視できるようにとる．定理 3.28 より，$\mathbb{C}$ の格子 Λ であって E_Λ と E が同型であるものが存在する．定理 3.11 より $E_\Lambda \cup \{O\}$ はトーラス $\mathbb{C}/\Lambda$ と同一視できるので，$E_\Lambda \cup \{O\}$ は種数 1 の閉曲面であり，したがって $E \cup \{O\}$ も種数 1 の閉曲面である．よって，$M_{\Gamma_0(N)}$ に有限個の点を加えると種数 1 の閉曲面になることが示せた．(2) $\Rightarrow$ (1) の証明は省略する．

(2) と (3) の同値性は，$M_{\Gamma_0(N)}$ に有限個の点を加えて得られる閉曲面の種数の公式（N が素数の場合は定理 2.20 を参照）より従う．詳細は省略する．∎

注意 5.25 注意 5.17 に現れた $N = 11, 14, 15, 20, 24, 27, 32, 36$ が命題 5.24 (3) のリストに含まれているのは偶然ではない．実際，$N \in \{11, 14, 15, 20, 24, 27, 32, 36\}$ ならば，f_N を注意 5.17 の通りとすると，重さ 2，レベル $\Gamma_0(N)$ の尖点形式は cf_N ($c \in \mathbb{C}$) という形にただ一通りに書けるので，定理 4.23 より，$M_{\Gamma_0(N)}$ に有限個の点を加えて得られる閉曲面の種数は 1 である．

$N \in \{11, 14, 15, 20, 24, 27, 32, 36\}$ の場合には，本節と全く同様の方法で $M_{\Gamma_0(N)}$ の方程式を計算することが可能である（後に定理 7.5 で方程式の具体的な形を与え

る）．興味のある方はぜひ試みていただきたい．

5.3　参考文献ガイド

モジュラー多項式 $\Phi_p(X, Y)$ については，[35] の Chapter 5 や [9] の §11 などで扱われている．定理 5.7 は [9] の Theorem 11.9 に含まれている．また，平面代数曲線の特異点解消については，[43] の第 5 講に解説がある．

エータ積で得られる保型形式については [7] が詳しい．定理 5.9 の証明は [34] の第 9 章や [14] の Chapter 1 に載っている．命題 5.13 は [44] で証明されている．

$M_{\Gamma_0(11)}$ の方程式は [15] で計算された．本書の記述は [17] を参考にした．この論文では，類似の手法により，多数の N に対する $M_{\Gamma_0(N)}$ の方程式が計算されている．

$M_{\Gamma_0(N)}$ に有限個の点を加えて得られる閉曲面の種数については [57] の Chapter 1 を参照．

第 **6** 章

モジュラー曲線 $M_{\Gamma_1(11)}$

前章では，保型関数を使ってモジュラー曲線 $M_{\Gamma_0(11)}$ の方程式を求めた．本章では，それとは異なり，楕円曲線と直接結び付けることでモジュラー曲線 $M_{\Gamma_1(11)}$ の方程式を計算する方法を紹介する．

先に進む前に，第 3 章のまとめ

$$M_{\mathrm{SL}_2(\mathbb{Z})} \xrightarrow[\cong]{\tau \mapsto \Lambda_\tau} (\mathbb{C} \text{ の格子全体（相似なものは同一視））}$$

$$\xrightarrow[\cong]{\Lambda \mapsto \mathbb{C}/\Lambda} (\text{トーラス全体（同型なものは同一視））}$$

$$\xrightarrow[\cong]{\mathbb{C}/\Lambda \mapsto E_\Lambda} (\text{楕円曲線全体（同型なものは同一視））} \xrightarrow[\cong]{E \mapsto j(E)} \mathbb{C}$$

を思い出しておこう．本章では，この構成を精密化した

$$(M_{\Gamma_1(11)} \text{ の点}) \xleftrightarrow{1:1} (\text{楕円曲線 ＋ その 11 等分点（同型なものは同一視））}$$

という全単射を構成し，右側の分類を行うことで $M_{\Gamma_1(11)}$ の方程式を導く．

6.1 $M_{\Gamma_1(p)}$ と格子

本節では p を素数とし，少し一般にモジュラー曲線 $M_{\Gamma_1(p)}$ について考える．目標は，以下の 2 つの間に一対一対応を構成することである．

- $M_{\Gamma_1(p)}$ の点．
- トーラス $\mathbb{C}/\Lambda$ および，その p 等分点 $P \in \mathbb{C}/\Lambda$（定義は後述）の組 $(\mathbb{C}/\Lambda, P)$（同型なものは同一視）．

3.1 節では，$\tau \in \mathbb{H}$ に格子 $\Lambda_\tau = \{m + n\tau \mid m, n \in \mathbb{Z}\}$ を対応させ，$\tau, \tau' \in \mathbb{H}$ が

$\mathrm{SL}_2(\mathbb{Z})$ の作用でうつりあうことと,格子 $\Lambda_\tau, \Lambda_{\tau'}$ が相似であることの同値性を証明した(命題 3.4 参照).モジュラー曲線 $M_{\Gamma_1(p)}$ を調べるためには,$\tau, \tau' \in \mathbb{H}$ が,$\mathrm{SL}_2(\mathbb{Z})$ の作用ではなく,もっと小さい群 $\Gamma_1(p)$ の作用でうつりあうための条件を記述する必要がある.次の命題の通り,この条件は,格子 $\Lambda_\tau, \Lambda_{\tau'}$ に加え,トーラス $\mathbb{C}/\Lambda_\tau, \mathbb{C}/\Lambda_{\tau'}$ の点 $\frac{1}{p} \in \mathbb{C}/\Lambda_\tau, \frac{1}{p} \in \mathbb{C}/\Lambda_{\tau'}$ も考えるとうまく把握できる.

命題 6.1 $\tau, \tau' \in \mathbb{H}$ に対し,以下は同値である.

(1) τ と τ' は $\Gamma_1(p)$ の作用でうつりあう.すなわち,$\tau' = g\cdot\tau$ を満たす $g \in \Gamma_1(p)$ が存在する.

(2) ある複素数 $\alpha \in \mathbb{C} \smallsetminus \{0\}$ に対し,$\alpha\Lambda_{\tau'} = \Lambda_\tau$ かつ $\frac{1}{p}\alpha \equiv \frac{1}{p} \pmod{\Lambda_\tau}$ が成り立つ[*1].

(3) トーラスの同型(よい性質を満たす全単射)$f: \mathbb{C}/\Lambda_{\tau'} \xrightarrow{\cong} \mathbb{C}/\Lambda_\tau$ で,$f(0) = 0$ かつ $f\left(\frac{1}{p}\right) = \frac{1}{p}$ を満たすものが存在する.

[証明] (1) $\Rightarrow$ (2) を示す.$g = \begin{pmatrix} a & b \\ c & d \end{pmatrix} \in \Gamma_1(p)$ に対して $\tau' = g\cdot\tau$ であるとし,$\alpha = c\tau + d$ とおくと,注意 3.6 より $\alpha\Lambda_{\tau'} = \Lambda_\tau$ である.また,$\frac{1}{p}\alpha = \frac{c\tau+d}{p} = \frac{1}{p} + \frac{c\tau+(d-1)}{p}$ であるが,$g \in \Gamma_1(p)$ より c および $d-1$ は p の倍数なので,$\frac{c\tau+(d-1)}{p} \in \Lambda_\tau$ すなわち $\frac{1}{p}\alpha \equiv \frac{1}{p} \pmod{\Lambda_\tau}$ となり,(2) が従う.

次に (2) $\Rightarrow$ (1) を示す.(2) を満たす α が存在すると仮定する.$\alpha, \alpha\tau' \in \alpha\Lambda_{\tau'} = \Lambda_\tau$ であるから,$\alpha = c\tau + d$, $\alpha\tau' = a\tau + b$ $(a,b,c,d \in \mathbb{Z})$ と書くことができるが,このとき $g = \begin{pmatrix} a & b \\ c & d \end{pmatrix} \in \mathrm{SL}_2(\mathbb{Z})$ となることが命題 3.4 の (2) $\Rightarrow$ (1) の証明において示されている.明らかに $\tau' = \frac{a\tau+b}{c\tau+d} = g\cdot\tau$ である.また,$\frac{1}{p}\alpha - \frac{1}{p} = \frac{c\tau+(d-1)}{p} \in \Lambda_\tau$ より $c, d-1$ は p の倍数である.$ad - bc = 1$ より $a - 1 = -a(d-1) + bc$ なので,$a-1$ も p の倍数であることが分かる.以上で $g \in \Gamma_1(p)$ となり,(1) が示された.

[*1] 整数の合同式と同様,$z, w \in \mathbb{C}$ が $z - w \in \Lambda_\tau$ を満たすことを $z \equiv w \pmod{\Lambda_\tau}$ と表す.

$(2) \Rightarrow (3)$ は $f(z) = \alpha z$ とすればよい. $(3) \Rightarrow (2)$ を示すには, 38 ページで述べた, トーラスの同型 $f: \mathbb{C}/\Lambda_{\tau'} \xrightarrow{\cong} \mathbb{C}/\Lambda_{\tau}$ が $f(z) = \alpha z + \beta$ ($\alpha \in \mathbb{C} \setminus \{0\}$ は $\alpha \Lambda_{\tau'} = \Lambda_{\tau}$ となる複素数, $\beta \in \mathbb{C}$) という形に書けるという事実を用いる. さらに $f(0) = 0$ なので, $\beta \in \Lambda_{\tau}$ となり, f は $f(z) = \alpha z$ という形をしていることが分かる. このとき $f\left(\dfrac{1}{p}\right) = \dfrac{1}{p}$ という条件は $\dfrac{1}{p}\alpha \equiv \dfrac{1}{p} \pmod{\Lambda_{\tau}}$ という条件に他ならないので, (2) が示された. ∎

$\dfrac{1}{p}$ が定める $\mathbb{C}/\Lambda_{\tau}$ の点を P_{τ} と書く. この点はどのような特徴を持っているだろうか? それを見るために, $\mathbb{C}/\Lambda_{\tau}$ に加法が定義できることに注目する ($\mathbb{F}_p$ の加法と同様に定めればよい). P_{τ} を p 倍する, すなわち p 回加えることを考えると, $\mathbb{C}/\Lambda_{\tau}$ 内で

$$pP_{\tau} = \underbrace{P_{\tau} + \cdots + P_{\tau}}_{p \text{ 個}} = \underbrace{\frac{1}{p} + \cdots + \frac{1}{p}}_{p \text{ 個}} = 1 = 0$$

となる (最後の等号では $1 \in \Lambda_{\tau}$ を用いた). このように, $\mathbb{C}/\Lambda_{\tau}$ の点 P であって, $P \neq 0$ かつ $pP = 0$ となるものを $\mathbb{C}/\Lambda_{\tau}$ の **p 等分点**と呼ぶ[*2]. $\mathbb{C}/\Lambda_{\tau}$ の p 等分点は P_{τ} 以外にも存在するが, そのような点は相似拡大によって $P_{\tau'} \in \mathbb{C}/\Lambda_{\tau'}$ ($\tau' \in \mathbb{H}$) にうつせることが, 次の命題 ($\Lambda = \Lambda_{\tau}$ として適用) より分かる.

命題 6.2 Λ を $\mathbb{C}$ の格子とし, $P \in \mathbb{C}/\Lambda$ を p 等分点とする. このとき, 以下の条件を満たすような $\tau' \in \mathbb{H}$ および $\alpha \in \mathbb{C} \setminus \{0\}$ が存在する:

$\alpha \Lambda_{\tau'} = \Lambda$ であり, 同型 $\mathbb{C}/\Lambda_{\tau'} \xrightarrow[\cong]{\times \alpha} \mathbb{C}/\Lambda$ は $P_{\tau'}$ を P にうつす.

[証明]　まず注意 3.3 より, $\tau \in \mathbb{H}$ および $\beta \in \mathbb{C} \setminus \{0\}$ であって $\beta \Lambda_{\tau} = \Lambda$ を満たすものが存在する. Λ を Λ_{τ} に置き換え, P を同型 $\mathbb{C}/\Lambda_{\tau} \xrightarrow[\cong]{\times \beta} \mathbb{C}/\Lambda$ によって P にうつる点に置き換えることで, $\Lambda = \Lambda_{\tau}$ の場合に帰着できる. 以下ではこの場合を扱う.

$pP = 0$ より $P = \dfrac{c\tau + d}{p}$ ($c, d \in \mathbb{Z}, 0 \leq c, d \leq p - 1$) と表すことができる. $P \neq 0$ より $(c, d) \neq (0, 0)$ である. c, d の最大公約数を N とおき, $c = c'N$,

---

[*2] 0 を p 等分点に含めることも多いが, 本書では 0 は除外する.

$d = d'N$ と書く. このとき, c', d' は互いに素であるから, $ad' - bc' = 1$ となる整数 a, b が存在する. $g = \begin{pmatrix} a & b \\ c' & d' \end{pmatrix} \in \mathrm{SL}_2(\mathbb{Z})$, $\tau'' = g \cdot \tau = \dfrac{a\tau + b}{c'\tau + d'} \in \mathbb{H}$, $\alpha_1 = c'\tau + d' \in \mathbb{C} \smallsetminus \{0\}$ とおくと, 注意 3.6 より, $\alpha_1 \Lambda_{\tau''} = \Lambda_\tau$ が成り立つ. また, 同型 $\mathbb{C}/\Lambda_{\tau''} \xrightarrow[\cong]{\times \alpha_1} \mathbb{C}/\Lambda_\tau$ によって $\dfrac{N}{p}$ は $\dfrac{(c'\tau + d')N}{p} = P$ にうつされる.

一方, $\mathbb{C}/\Lambda_{\tau''}$ 内で $\dfrac{N}{p} = \dfrac{N}{p} + \tau'' = \dfrac{p\tau'' + N}{p}$ であり, p と N は互いに素であるから, 上の議論を再び適用することができる. すなわち, $AN - Bp = 1$ となる整数 A, B をとり, $h = \begin{pmatrix} A & B \\ p & N \end{pmatrix} \in \mathrm{SL}_2(\mathbb{Z})$, $\tau' = h \cdot \tau'' = \dfrac{A\tau'' + B}{p\tau'' + N} \in \mathbb{H}$, $\alpha_2 = p\tau'' + N \in \mathbb{C} \smallsetminus \{0\}$ とおくと, $\alpha_2 \Lambda_{\tau'} = \Lambda_{\tau''}$ であり, 同型 $\mathbb{C}/\Lambda_{\tau'} \xrightarrow[\cong]{\times \alpha_2} \mathbb{C}/\Lambda_{\tau''}$ によって $P_{\tau'} = \dfrac{1}{p}$ は $\dfrac{p\tau'' + N}{p} = \dfrac{N}{p}$ にうつされる. $\alpha = \alpha_1 \alpha_2$ とおけば $\alpha \Lambda_{\tau'} = \alpha_1 \Lambda_{\tau''} = \Lambda_\tau$ であり, 同型 $\mathbb{C}/\Lambda_{\tau'} \xrightarrow[\cong]{\times \alpha_2} \mathbb{C}/\Lambda_{\tau''} \xrightarrow[\cong]{\times \alpha_1} \mathbb{C}/\Lambda_\tau$ によって $P_{\tau'}$ は P にうつされるので, 条件を満たす. ∎

命題 6.1, 命題 6.2 を合わせることで,

- $M_{\Gamma_1(p)}$ の点
- トーラス $\mathbb{C}/\Lambda$ およびその p 等分点 P の組 $(\mathbb{C}/\Lambda, P)$ (同型なものは同一視. ただし, 同型は 0 を 0 にうつすものとする)

の間の一対一対応が得られる.

6.2 楕円曲線の加法

次のステップは, 「トーラスと p 等分点の組 $(\mathbb{C}/\Lambda, P)$」を楕円曲線の言葉で言い換えることである. 定理 3.11 より,

- トーラス $\mathbb{C}/\Lambda$
- 楕円曲線 $E_\Lambda : y^2 = 4x^3 - 60g_4(\Lambda)x - 140g_6(\Lambda)$ に無限遠点 O を加えたもの $E_\Lambda \cup \{O\}$

は $\phi_\Lambda \colon \mathbb{C}/\Lambda \xrightarrow{\cong} E_\Lambda \cup \{O\}; z \mapsto (\wp_\Lambda(z), \wp'_\Lambda(z))$ によって同一視することができるのであった．$\mathbb{C}/\Lambda$ には加法が定まっているので，$E_\Lambda \cup \{O\}$ の側でも加法に相当する操作があるはずである．実は，これは以下のように簡単に定義することができる．

定義 6.3　$E \colon a_5 y^2 + a_6 xy + a_7 y = a_1 x^3 + a_2 x^2 + a_3 x + a_4 \ (a_1,\dots,a_7 \in \mathbb{C}, a_1, a_5 \neq 0)$ を楕円曲線とする．$E \cup \{O\}$ における加法を以下のように定義する（図6.1）．

- $P = (x, y) \in E$ に対し，P を通り y 軸に平行な直線 l と E の交点が P, $-P$ となるように $-P \in E$ を定める（l と E が P で接するならば $-P = P$ とする）．具体的に書くと，$-P = \left(x, -\dfrac{a_6 x + a_7}{a_5} - y\right)$ である（特に，$a_6 = a_7 = 0$ ならば $-P = (x, -y)$ となる）．無限遠点に対しては $-O = O$ とおく．

- $P, Q \in E$ に対し，直線 PQ と E の交点が P, Q, $P * Q$ となるように $P * Q \in E$ を定め，$P + Q = -(P * Q)$ とおく．ただし，$P = Q$ の場合には直線 PQ として P における接線を考える（同様に，$P \neq Q$ かつ直線 PQ が P において E と接する場合には $P * Q = P$ とするなど，交点は重複度を込めて考える）．また，直線 PQ が y 軸と平行なときには E と3点で交わらないが，その場合には $P * Q = O$ とおく（このことから $P * (-P) = P + (-P) = O$ が分かる）．

- $P + O = O + P = P$, $O + O = O$ と定める．

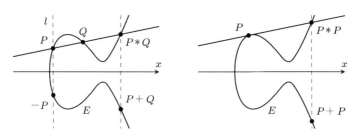

図 6.1　楕円曲線の加法

加法の定義から，$P, Q \in E \cup \{O\}$ に対し $P + Q = Q + P$（交換法則）が成り立つことが分かる．また，実は $P, Q, R \in E \cup \{O\}$ に対し $(P + Q) + R = P + (Q + R)$（結合法則）も成り立つ．定理6.7 (2) を参照．

$P \in E \cup \{O\}$ および整数 n に対し，$nP \in E \cup \{O\}$ を以下の通り定める：

- $n > 0$ のとき，$nP = \underbrace{P + \cdots + P}_{n \text{ 個}}$.

- $n = 0$ のとき，$nP = O$.

- $n < 0$ のとき，$nP = \underbrace{(-P) + \cdots + (-P)}_{-n \text{ 個}}$.

例題 6.4 楕円曲線 $E \colon y^2 = x^3 - 4$ 上の 2 点 $P = (2, -2)$, $Q = (5, 11)$ に対し，$P + Q$ および $2P = P + P$ を求めよ．

[解答] 直線 PQ の方程式は $y = \dfrac{13}{3}x - \dfrac{32}{3}$ である．これを E の方程式に代入すると，$\dfrac{169}{9}x^2 + \cdots = x^3 - 4$ となる．この 3 次方程式は $x = 2, 5$ を解に持つので，解と係数の関係から，もう 1 つの解は $\dfrac{169}{9} - 2 - 5 = \dfrac{106}{9}$ である．したがって $P * Q$ の x 座標は $\dfrac{106}{9}$ である．$P * Q$ の y 座標は，$x = \dfrac{106}{9}$ を直線 PQ の方程式に代入することで $y = \dfrac{13}{3} \cdot \dfrac{106}{9} - \dfrac{32}{3} = \dfrac{1378 - 288}{27} = \dfrac{1090}{27}$ と求まる．よって $P * Q = \left(\dfrac{106}{9}, \dfrac{1090}{27} \right)$, $P + Q = \left(\dfrac{106}{9}, -\dfrac{1090}{27} \right)$ である．

次に $2P$ を求める．$y^2 = x^3 - 4$ の両辺を x で微分すると $2yy' = 3x^2$ となるので，E の P における接線の傾きは $\dfrac{3 \cdot 2^2}{2 \cdot (-2)} = -3$ である．よって接線の方程式は $y = -3x + 4$ である．これを E の方程式に代入すると，$9x^2 + \cdots = x^3 - 4$ となる．この 3 次方程式は $x = 2$ を重解に持つので，解と係数の関係から，もう 1 つの解は $9 - 2 - 2 = 5$ である．したがって $P * P$ の x 座標は 5 である．$P * P$ の y 座標は $-3 \cdot 5 + 4 = -11$ であるから，$P * P = (5, -11)$, $2P = (5, 11) = Q$ を得る．

注意 6.5 上の例題のように，$P * Q$ の x 座標は解と係数の関係を用いて求めることができ，y 座標は x 座標と直線 PQ の方程式から求まる．また，$P + Q = -(P * Q)$ の座標は $P * Q$ の座標の 1 次式である．このことから，以下が分かる．

- $P = (x_1, y_1)$, $Q = (x_2, y_2)$ とおくと，$P + Q$ の座標は x_1, y_1, x_2, y_2 の有理式で表せる（つまり，$E \cup \{O\}$ 上の加法は代数的な操作である）．

- さらに，楕円曲線 E の方程式の係数が有理数ならば，$P + Q$ の座標を与える有理式の係数も有理数である．特に，$P, Q \in E(\mathbb{Q}) \cup \{O\}$ ならば

$P + Q \in E(\mathbb{Q}) \cup \{O\}$ である（$E(\mathbb{Q})$ については定義 1.2 を参照）.

$\mathbb{C}/\Lambda$ 上の加法と $E_\Lambda \cup \{O\}$ 上の加法の関係については，以下の定理が成り立つ.

定理 6.6 Λ を $\mathbb{C}$ の格子とし，$\phi_\Lambda: \mathbb{C}/\Lambda \xrightarrow{\cong} E_\Lambda \cup \{O\}$ を定理 3.11 (2) の全単射とする. $z, w \in \mathbb{C}/\Lambda$ に対し $\phi_\Lambda(z + w) = \phi_\Lambda(z) + \phi_\Lambda(w)$ が成り立つ（右辺の $+$ は $E_\Lambda \cup \{O\}$ における加法を表す）. 特に，p 等分点 $P \in \mathbb{C}/\Lambda$ に対し，$\phi_\Lambda: \mathbb{C}/\Lambda \xrightarrow{\cong} E_\Lambda \cup \{O\}$ による P の像をまた P と書くと，P は $E_\Lambda \cup \{O\}$ の p 等分点である. すなわち，$P \in E_\Lambda$ であり，$E_\Lambda \cup \{O\}$ における加法に関して $pP = O$ を満たす.

［証明］ 概要のみ述べる. $z \in \mathbb{C}/\Lambda$ を固定し，写像 $f_z: \mathbb{C}/\Lambda \to \mathbb{C}/\Lambda$ を $f_z(w) = \phi_\Lambda^{-1}(\phi_\Lambda(z) + \phi_\Lambda(w)) - z$ で定める. f_z は同型であり，$f_z(0) = \phi_\Lambda^{-1}(\phi_\Lambda(z) + O) - z = 0$ となるから，命題 6.1 (3) $\Rightarrow$ (2) の証明より，$\alpha(z)\Lambda = \Lambda$ を満たす $\alpha(z) \in \mathbb{C} \setminus \{0\}$ を用いて $f_z(w) = \alpha(z)w$ と書くことができる. $\alpha(z)$ は z に対してただ 1 つ決まるので，$z \mapsto \alpha(z)$ は写像 $\alpha: \mathbb{C}/\Lambda \to \mathbb{C} \setminus \{0\}$ を定める. この α を $\mathbb{C}$ 上の関数 $\alpha: \mathbb{C} \to \mathbb{C}$ と見たものは正則関数であることが証明できるので，補題 3.12 より，$\alpha(z)$ の値は $z \in \mathbb{C}/\Lambda$ によらないことが分かる. $z = 0$ のとき，$w \in \mathbb{C}/\Lambda$ に対し $f_0(w) = \phi_\Lambda^{-1}(O + \phi_\Lambda(w)) - 0 = \phi_\Lambda^{-1}(\phi_\Lambda(w)) = w$ であるから，$\alpha(0) = 1$ である. よって任意の $z \in \mathbb{C}/\Lambda$ に対し $\alpha(z) = 1$ であり，任意の $z, w \in \mathbb{C}/\Lambda$ に対し $f_z(w) = w$ であること，すなわち $z + w = \phi_\Lambda^{-1}(\phi_\Lambda(z) + \phi_\Lambda(w))$ であることが分かる. これで $\phi_\Lambda(z + w) = \phi_\Lambda(z) + \phi_\Lambda(w)$ が証明できた. ∎

同様の方法で，次も示せる.

定理 6.7 (1) $f: E \xrightarrow{\cong} E'$ を楕円曲線の間の同型（すなわち，座標変換で定まる全単射）とする. $f(O) = O$ として f を全単射 $f: E \cup \{O\} \xrightarrow{\cong} E' \cup \{O\}$ に延長する. このとき，任意の $P, Q \in E \cup \{O\}$ に対し $f(P + Q) = f(P) + f(Q)$ が成り立つ. 特に，f は $E \cup \{O\}$ の p 等分点を $E' \cup \{O\}$ の p 等分点にうつす.

(2) 任意の楕円曲線 E に対し，$E \cup \{O\}$ の加法は結合法則を満たす.

［証明］ (1) 定理 3.28 より，$\mathbb{C}$ の格子 Λ および同型 $\psi: E_\Lambda \xrightarrow{\cong} E$ がとれる. $\psi(O) = O$ として，ψ を全単射 $\psi: E_\Lambda \cup \{O\} \xrightarrow{\cong} E \cup \{O\}$ に延長する. 全単射

$\psi \circ \phi_\Lambda : \mathbb{C}/\Lambda \xrightarrow{\cong} E \cup \{O\}$, $f \circ \psi \circ \phi_\Lambda : \mathbb{C}/\Lambda \xrightarrow{\cong} E' \cup \{O\}$ が 0 を O にうつすことに注意して定理 6.6 の証明と同様の議論を適用すると，任意の $z, w \in \mathbb{C}/\Lambda$ に対し $(\psi \circ \phi_\Lambda)(z+w) = (\psi \circ \phi_\Lambda)(z) + (\psi \circ \phi_\Lambda)(w)$, $(f \circ \psi \circ \phi_\Lambda)(z+w) = (f \circ \psi \circ \phi_\Lambda)(z) + (f \circ \psi \circ \phi_\Lambda)(w)$ が成り立つことが分かる．$P, Q \in E \cup \{O\}$ に対し，$z_0, w_0 \in \mathbb{C}/\Lambda$ を $(\psi \circ \phi_\Lambda)(z_0) = P$, $(\psi \circ \phi_\Lambda)(w_0) = Q$ となるようにとると，$P + Q = (\psi \circ \phi_\Lambda)(z_0) + (\psi \circ \phi_\Lambda)(w_0) = (\psi \circ \phi_\Lambda)(z_0 + w_0)$ であるから，$f(P+Q) = (f \circ \psi \circ \phi_\Lambda)(z_0 + w_0) = (f \circ \psi \circ \phi_\Lambda)(z_0) + (f \circ \psi \circ \phi_\Lambda)(w_0) = f(P) + f(Q)$ となり主張が従う．

(2) Λ および $\psi \colon E_\Lambda \cup \{O\} \xrightarrow{\cong} E \cup \{O\}$ を (1) と同様にとると，任意の $z, w \in \mathbb{C}/\Lambda$ に対し $(\psi \circ \phi_\Lambda)(z+w) = (\psi \circ \phi_\Lambda)(z) + (\psi \circ \phi_\Lambda)(w)$ が成り立つのであった．$\mathbb{C}/\Lambda$ の加法は結合法則を満たすので，$E \cup \{O\}$ の加法も結合法則を満たす． ∎

定理 6.6 と 6.1 節の考察，および第 3 章の一対一対応

$$(\text{トーラス（同型なものは同一視）}) \xleftrightarrow{\;\mathbb{C}/\Lambda \leftrightarrow E_\Lambda\;} (\text{楕円曲線（同型なものは同一視）})$$

（定理 3.19，定理 3.28 参照）から，以下の定理が導かれる．

> **定理 6.8** 以下の 2 つは一対一に対応する：
>
> - $M_{\Gamma_1(p)}$ の点．
> - 楕円曲線 E およびその p 等分点 $P \in E$ の組 (E, P)（同型なものは同一視）．

注意 6.9 $P \in E$ を p 等分点とするとき，$1 \le n \le p-1$ となる整数 n に対し $nP \ne O$ である．なぜなら，もし $nP = O$ であったとすると，n と p が互いに素であることから $an + bp = 1$ となる整数 a, b が存在するので，$P = a(nP) + b(pP) = O$ となってしまうからである．

6.3 モジュラー曲線 $M_{\Gamma_1(11)}$ の方程式

本節では，定理 6.8 を用いて $M_{\Gamma_1(11)}$ の方程式を求める．そのためには，楕円曲線 E とその 11 等分点 $P \in E$ の組 (E, P) がどのくらいあるかを調べる必要がある．

■ 新しい座標軸の設定

(E, P) に対し，以下を満たすように新しい座標軸を設定する（図 6.2）．

- 新しい座標では，P が原点となる．
- 新しい x 軸は，P における接線となるようにとる．
- 新しい y 軸は，P を通り，もとの y 軸に平行なものをとる．
- 新しい x 軸と y 軸の「目盛り」は，もとのものと同じとする．つまり，新しい x 軸方向の単位ベクトルは $\begin{pmatrix} 1 \\ A \end{pmatrix}$ $(A \in \mathbb{C})$ という形であり，新しい y 軸方向の単位ベクトルは $\begin{pmatrix} 0 \\ 1 \end{pmatrix}$ であるとする．

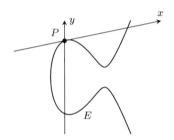

図 6.2   新しい座標軸

このようなことが可能であるためには，P における接線が y 軸と平行でない必要がある．これは P が 11 等分点であることから保証される．実際，P における接線が y 軸と平行になるならば $2P = O$ であるが，これは注意 6.9 に反する．

E の方程式が $y^2 = x^3 + ax + b$ $(a, b \in \mathbb{C})$ という形であるとし，上記の座標変換で方程式がどのように変化するかを考察する．上記の座標変換は $x \mapsto x + B$，$y \mapsto Ax + y + C$ $(B, C \in \mathbb{C})$ という形をしているので，これによって E の方程式は $y^2 + c_1 xy + c_2 y = x^3 + c_3 x^2 + c_4 x + c_5$ $(c_1, \ldots, c_5 \in \mathbb{C})$ という形に変わる．E は P を通り，P は新しい座標での原点なので，$c_5 = 0$ でなくてはならない．また，新しい座標での x 軸は E に原点 P で接しているので，$y = 0$ とおいたときの方程式 $x^3 + c_3 x^2 + c_4 x = 0$ は $x = 0$ で重解を持つ必要がある．これより $c_4 = 0$ となる．以上で，新しい座標のもとでの E の方程式は $y^2 + c_1 xy + c_2 y = x^3 + c_3 x^2$ という形をしていることが分かった．

さらに $c_2, c_3 \neq 0$ である．実際，$c_2 = 0$ ならば原点 P が E の特異点となり，E

が楕円曲線であることに反する. また, $c_3 = 0$ ならば x 軸が P において E と 3 重に接するので, $P * P = P$ となり, $-2P = P$ すなわち $3P = O$ が成り立つが, これは注意 6.9 に反する. そこで, $\left(\dfrac{c_3}{c_2}\right)^2 x, \left(\dfrac{c_3}{c_2}\right)^3 y$ を改めて x, y と置き直し, $c_2 = c_3$ となるように調整することができる. $b = -c_2 = -c_3, c = 1 - c_1$ とおいて得られる E の方程式 $y^2 + (1-c)xy - by = x^3 - bx^2$ を (E, P) の **$E(b, c)$ 標準形** と呼ぶ. このとき $b \neq 0$ である.

また, 別の組 (E', P') (E' は楕円曲線, P' は E' の 11 等分点) に対し, その $E(b, c)$ 標準形を $y^2 + (1-c')xy - b'y = x^3 - b'x^2$ ($b', c' \in \mathbb{C}$) とすると, (E, P) と (E', P') が同型であることは $(b, c) = (b', c')$ と同値であることが証明できる.

以上の考察を命題の形でまとめておこう.

命題 6.10 $(E, P) \in M_{\Gamma_1(11)}$ (定理 6.8 の同一視を用いている) の $E(b, c)$ 標準形が $y^2 + (1-c)xy - by = x^3 - bx^2$ であるときに $\phi(E, P) = (b, c)$ と定めることで, 単射 $\phi \colon M_{\Gamma_1(11)} \to \mathbb{C}^2$ が得られる.

■ $M_{\Gamma_1(11)}$ の方程式の決定

5.2 節と同様, ϕ の像を含む平面代数曲線を見つけることが次の目標となる. これは, $E \colon y^2 + (1-c)xy - by = x^3 - bx^2$ の点 $P = (0, 0)$ に対し, $11P = O$ という条件を b と c の式で表すことに相当する. そのために $2P, 3P, \ldots$ の座標を計算しよう.

命題 6.11 $E \colon y^2 + (1-c)xy - by = x^3 - bx^2$ が楕円曲線であり, $P = (0, 0) \in E$ が 11 等分点であるとする. このとき $b \notin \{0, c, c^2 + c\}$, $c \neq 0$ であり, $2P, 3P,$ $4P, 5P, 6P$ の座標は以下で与えられる:

- $2P = (b, bc)$.
- $3P = (c, b - c)$.
- $4P = (r(r-1), r^2(c - r + 1))$. ただし $r = \dfrac{b}{c}$.
- $5P = (rs(s-1), rs^2(r - s))$. ただし $s = \dfrac{c}{r - 1}$.
- $6P = (-mt, m^2(m + 2t - 1))$. ただし $m = \dfrac{s(1-r)}{1-s}, t = \dfrac{r-s}{1-s}$.

$c \neq 0$ より r が定義され, $b \neq c$ より $r \neq 1$ なので s が定義され, $b \neq c^2 + c$ よ

り $s \neq 1$ なので m, t が定義されることに注意.

[証明]　既に説明したように $b \neq 0$ である. $P * P$ は P における接線 $y = 0$ と E の交点のうち P 以外のものであるから, その座標は $(b, 0)$ である. よって定義 6.3 より $2P = -(P * P) = (b, -(1-c)b + b - 0) = (b, bc)$ を得る. $c = 0$ ならば $2P = (b, 0) = P * P = -2P$ より $4P = O$ となり注意 6.9 に反するので, $c \neq 0$ も従う.

次に $3P$ を求める. P と $2P$ を結ぶ直線は $y = cx$ であるから, $P * 2P$ は直線 $y = cx$ 上にある. これを E の方程式 $y^2 + (1-c)xy - by = x^3 - bx^2$ に代入すると, $c^2 x^2 + (1-c)cx^2 - bcx = x^3 - bx^2$ すなわち $x^3 - (b+c)x^2 + bcx = 0$ となる. この方程式の解は $x = 0, b, c$ であるから, $P * 2P$ の x 座標は c である. したがって $P * 2P = (c, c^2)$ である. これと定義 6.3 より $3P = -(P * 2P) = (c, -(1-c)c + b - c^2) = (c, b-c)$ を得る. $b = c$ ならば $3P = (b, 0) = P * P = -2P$ より $5P = O$ となり注意 6.9 に反するので, $b \neq c$ も従う.

$4P$ を求める. $r = \dfrac{b}{c}$ より $\dfrac{b-c}{c} = r - 1$ であることに注意すると, P と $3P$ を結ぶ直線の方程式は $y = (r-1)x$ である. これを E の方程式 $y^2 + (1-c)xy - by = x^3 - bx^2$ に代入すると, $(r-1)^2 x^2 + (1-c)(r-1)x^2 - b(r-1)x = x^3 - bx^2$ となる. この方程式の解のうち 2 つは 0 と c であることが分かっているので, 解と係数の関係より, もう 1 つの解は

$$(b + (r-1)^2 + (1-c)(r-1)) - 0 - c = cr + (r-1)^2 + (1-c)(r-1) - c = r(r-1)$$

である. よって $P * 3P = (r(r-1), r(r-1)^2)$ である. これと定義 6.3 より $4P = -(P * 3P) = (r(r-1), r^2(c - r + 1))$ が分かる. $b = c^2 + c$ すなわち $c = r - 1$ ならば $r(r-1) = cr = b, r^2(c - r + 1) = 0$ より $4P = (b, 0) = P * P = -2P$ すなわち $6P = O$ となり注意 6.9 に反するので, $b \neq c^2 + c$ も従う.

$5P, 6P$ も同様の手順で求められるので, 省略する. ∎

命題 6.11 を用いると, $\phi: M_{\Gamma_1(11)} \to \mathbb{C}^2$ の像が, 適切な変数変換のもとで平面代数曲線に含まれることが示せる.

命題 6.12　$\phi: M_{\Gamma_1(11)} \to \mathbb{C}^2$ を命題 6.10 の通りとし, その像の元 (b, c) をとる. $r = \dfrac{b}{c}, s = \dfrac{c}{r-1}$ とおくと, $r(s-1)^3 = -(1-r)(r-s)$ が成り立つ.

すなわち, $W_1 = \{(b,c) \in \mathbb{C}^2 \mid b \notin \{0, c, c^2 + c\}, c \neq 0\} \subset \mathbb{C}^2$, $W_2 = \{(r,s) \in \mathbb{C}^2 \mid r, s \neq 0, 1\} \subset \mathbb{C}^2$ とおき, 全単射 $i_1 \colon W_1 \xrightarrow{\cong} W_2$ を $(b,c) \mapsto \left(\dfrac{b}{c}, \dfrac{c}{\frac{b}{c}-1}\right)$ (逆写像は $(r,s) \mapsto (r(r-1)s, (r-1)s)$) で定めると, $M_{\Gamma_1(11)} \xrightarrow{\phi} W_1 \xrightarrow[\cong]{i_1} W_2$ の合成の像は $\{(r,s) \in W_2 \mid r(s-1)^3 = -(1-r)(r-s)\}$ に含まれる.

[証明]　ϕ によって (b,c) にうつる $(E,P) \in M_{\Gamma_1(11)}$ をとる (定理 6.8 の同一視を用いている). このとき, (E,P) の $E(b,c)$ 標準形は $y^2 + (1-c)xy - by = x^3 - bx^2$ である. $11P = O$ より $5P = -6P$ であるから, $5P$ と $6P$ の x 座標は等しい. よって命題 6.11 より $rs(s-1) = -mt = -\dfrac{s(1-r)(r-s)}{(1-s)^2}$ が成り立つ. $c \neq 0$ すなわち $s \neq 0$ に注意して両辺に $\dfrac{(s-1)^2}{s}$ をかければ主張が得られる. ∎

さらに変数変換を行うことで, 楕円曲線の方程式へと変形する. まず, $u = s-1$, $v = r-1$ とおくと, $u, v \neq 0$ かつ

$$r(s-1)^3 = -(1-r)(r-s) \iff (v+1)u^3 = v(v-u)$$
$$\iff v^2 - uv - u^3 v - u^3 = 0$$

である. さらに $x = u^{-1}v$, $y = v$ とおくと, $x, y \neq 0$ かつ $u = x^{-1}y$, $v = y$ なので

$$v^2 - uv - u^3 v - u^3 = 0 \iff y^2 - x^{-1}y^2 - x^{-3}y^4 - x^{-3}y^3 = 0$$
$$\iff x^3 - x^2 - y^2 - y = 0 \iff y^2 + y = x^3 - x^2$$

となり, 楕円曲線の方程式が得られた. すなわち, 以下の命題が結論される.

命題 6.13　$i_1 \colon W_1 \xrightarrow{\cong} W_2$ を命題 6.12 の通りとする. さらに $W_3 = \{(u,v) \in \mathbb{C}^2 \mid u, v \neq 0, -1\} \subset \mathbb{C}^2$, $W_4 = \{(x,y) \in \mathbb{C}^2 \mid x \neq 0, y \notin \{0, -1, -x\}\} \subset \mathbb{C}^2$ とおき, 全単射 $i_2 \colon W_2 \xrightarrow{\cong} W_3$, $i_3 \colon W_3 \xrightarrow{\cong} W_4$ を $(r,s) \mapsto (s-1, r-1)$, $(u,v) \mapsto (u^{-1}v, v)$ (逆写像はそれぞれ $(u,v) \mapsto (v+1, u+1)$, $(x,y) \mapsto (x^{-1}y, y)$) で定めると, 合成写像 $\psi = i_3 \circ i_2 \circ i_1 \circ \phi \colon M_{\Gamma_1(11)} \to W_4$ の像は $\{(x,y) \in W_4 \mid y^2 + y = x^3 - x^2\}$ に含まれる.

楕円曲線 $y^2 + y = x^3 - x^2$ の点のうち W_4 に含まれないもの，すなわち $x = 0$，$y = 0$，$y = -1$，$y = -x$ のいずれかを満たすものは 4 点 $(0,0)$, $(1,0)$, $(0,-1)$, $(1,-1)$ であるから，単射

$$\psi \colon M_{\Gamma_1(11)} \to \{(x,y) \in \mathbb{C}^2 \mid y^2 + y = x^3 - x^2\} \smallsetminus \{(0,0), (1,0), (0,-1), (1,-1)\}$$

が得られた．これの像を決定し，$M_{\Gamma_1(11)}$ の完全な記述を与えるのが次の定理である．

定理 6.14 $k = 1,2,3,4,5$ に対し $\alpha_k = 2\cos\dfrac{2k\pi}{11}$, $x_k = \alpha_k^4 + 2\alpha_k^3 - \alpha_k$, $y_k = 3\alpha_k^4 + 9\alpha_k^3 + 3\alpha_k^2 - 7\alpha_k - 3$, $P_k = (x_k, y_k)$ とおく．このとき P_k は楕円曲線 $y^2 + y = x^3 - x^2$ の点であり，ψ の像は

$$\{(x,y) \in \mathbb{C}^2 \mid y^2 + y = x^3 - x^2\} \smallsetminus \{(0,0), (1,0), (0,-1), (1,-1), P_1, \ldots, P_5\}$$

に一致する．すなわち，$M_{\Gamma_1(11)}$ は楕円曲線 $y^2 + y = x^3 - x^2$ から 9 点 $(0,0), (1,0), (0,-1), (1,-1), P_1, \ldots, P_5$ を除いたものと同一視できる．

この定理の正確な証明は省略し，なぜ $P_1, \ldots, P_5$ が除外されるのかについての簡単な説明のみを行う．$(x_0, y_0) \in \{(x,y) \in W_4 \mid y^2 + y = x^3 - x^2\}$ に対し，全単射 $W_1 \xrightarrow[\cong]{i_1} W_2 \xrightarrow[\cong]{i_2} W_3 \xrightarrow[\cong]{i_3} W_4$ によって (x_0, y_0) にうつる $(b,c) \in W_1$ をとる．このとき，方程式 $y^2 + (1-c)xy - by = x^3 - bx^2$ で定まる平面代数曲線が特異点を持つならば (x_0, y_0) は ψ の像に属さない．平面代数曲線 $y^2 + (1-c)xy - by = x^3 - bx^2$ が特異点を持つという条件を x_0 と y_0 に関する方程式で表し，$y_0^2 + y_0 = x_0^3 - x_0^2$ との連立方程式を解くと $(x_0, y_0) = P_k$ $(k = 1, \ldots, 5)$ が得られる．

以上の議論を検討すると，$M_{\Gamma_1(11)}$ が整数係数の方程式で定まる代数曲線となることは，以下の事実と深く関わっていることが分かる：

$n \geq 1$ を整数とするとき，楕円曲線 $E \colon a_5 y^2 + a_6 xy + a_7 y = a_1 x^3 + a_2 x^2 + a_3 x + a_4$ および $P = (x_0, y_0) \in E$ に対し，nP の x 座標と y 座標は $a_1, \ldots, a_7, x_0, y_0$ の有理数係数の有理式で表される．

有理数係数の方程式で定まる楕円曲線を $\mathbb{Q}$ **上の楕円曲線**と呼ぶ．定理 6.14 の証明をたどることで，次も示される．

定理 6.15 ψ によって以下の 2 つは一対一に対応する：

- $\mathbb{Q}$ 上の楕円曲線 E と，E の $\mathbb{Q}$ 有理点 $P \in E(\mathbb{Q})$ であって 11 等分点であるものの組 (E, P)（同型なものは同一視）．
- 楕円曲線 $y^2 + y = x^3 - x^2$ の $\mathbb{Q}$ 有理点であって $(0,0)$, $(1,0)$, $(0,-1)$, $(1,-1)$, $P_1, \ldots, P_5$ でないもの[*3].

さらに，定理 6.15 は $\mathbb{Q}$ を $\mathbb{R}$ や $\mathbb{Q}(i) = \{a + bi \mid a, b \in \mathbb{Q}\}$ などの体に取り替えても同様に成り立つ．このように，有理点が幾何学的対象と対応しているような代数多様体を**モジュライ空間**と呼ぶ（正確な定式化には，スキームと表現可能関手の理論を用いる）．現在では，モジュラー曲線をモジュライ空間と捉えることで，具体的な計算をせずにモジュラー曲線を調べることができるようになっている．

命題 5.24 の $M_{\Gamma_1(N)}$ に対する類似は以下のようになる．

命題 6.16 整数 $N \geq 1$ に対し，以下は同値である．

(1) $M_{\Gamma_1(N)}$ は楕円曲線（無限遠点を含める）から有限個の点を除いたものと同一視できる．

(2) $M_{\Gamma_1(N)}$ に有限個の点を加えて得られる閉曲面の種数は 1 である．

(3) $N \in \{11, 14, 15\}$ である．

命題 6.16 に現れる N が命題 5.24 に現れる N よりも少ないことは，大雑把には，$M_{\Gamma_1(N)}$ の方が $M_{\Gamma_0(N)}$ よりも複雑な図形であることを反映している．2.2 節最後の説明を参照．

6.4 参考文献ガイド

$M_{\Gamma_1(p)}$ と楕円曲線の関係については，[14] の Chapter I に記述がある．

楕円曲線の加法については，[59] の第 1 章を参照．[58] の第 3 章では，より洗練された取り扱いがされている．

$M_{\Gamma_1(11)}$ の方程式の計算は [49] を参考にした．命題 6.16 については [30] を参照．

[*3] $P_1, \ldots, P_5$ の x 座標と y 座標は有理数でないことが示せるので，これは「$(0,0)$, $(1,0)$, $(0,-1)$, $(1,-1)$ でないもの」と言っても同じことである．

第 **7** 章

モジュラー曲線の $\mathbb{F}_p$ 有理点

　第5章と第6章では，モジュラー曲線 $M_{\Gamma_0(N)}$, $M_{\Gamma_1(N)}$ が整数係数の方程式で定まる代数曲線であるという事実（定理 2.21）の解説を行った．本章では，各素数 p に対し，これらのモジュラー曲線の $\mathbb{F}_p$ 有理点（定義 1.13 参照）の個数を考察し，実はそれが重さ 2 の尖点形式と密接に関わっているという現象を観察する．また，関連した現象として，楕円曲線と重さ 2 の尖点形式が対応することを主張する志村 – 谷山予想を紹介する．志村 – 谷山予想がどのようにしてフェルマー予想を導くかについても簡単に述べる．

　整数係数方程式の $\mathbb{F}_p$ における解の個数と尖点形式の結び付きを大きく一般化したものがラングランズ予想である．ラングランズ予想については，7.5 節で解説を行う．

　本章を通して，p を素数とする．

7.1　$M_{\Gamma_1(11)}$ の $\mathbb{F}_p$ 有理点の個数

　楕円曲線 $y^2 + y = x^3 - x^2$（無限遠点を含む）を $X_{\Gamma_1(11)}$ と書く．定理 6.14 より，これはモジュラー曲線 $M_{\Gamma_1(11)}$ に 10 点を加えたものと同一視されるのであった．

$$X_{\Gamma_1(11)}(\mathbb{F}_p) = \{(x,y) \in \mathbb{F}_p^2 \mid y^2 + y = x^3 - x^2\} \cup \{O\}$$

と定め，$X_{\Gamma_1(11)}(\mathbb{F}_p)$ の元のことを $X_{\Gamma_1(11)}$ の $\mathbb{F}_p$ 有理点と呼ぶ（定義 1.13 と付録 B を参照）．$\mathbb{F}_p^2$ の元の個数は p^2 であるから，$X_{\Gamma_1(11)}(\mathbb{F}_p)$ の元の個数 $\#X_{\Gamma_1(11)}(\mathbb{F}_p)$ は $p^2 + 1$ 以下であるが，実際にはどのようになるだろうか．少し調べてみよう．

　まず $p = 2$ の場合を考える．$X_{\Gamma_1(11)}(\mathbb{F}_2)$ を求めるには，以下のような表が便利である．

x	0	1
$x^3 - x^2$	0	0

y	0	1
$y^2 + y$	0	0

この表より $X_{\Gamma_1(11)}(\mathbb{F}_2) = \{(0,0),(0,1),(1,0),(1,1),O\}$ が分かり，$\#X_{\Gamma_1(11)}(\mathbb{F}_2) = 5$ を得る．

例題 7.1　上と同様の表を作ることで，$\#X_{\Gamma_1(11)}(\mathbb{F}_3)$ および $\#X_{\Gamma_1(11)}(\mathbb{F}_7)$ を求めよ（無限遠点を忘れないように注意）．

[解答]　$\mathbb{F}_3$ に対しては

x	0	1	2
$x^3 - x^2$	0	0	1

y	0	1	2
$y^2 + y$	0	2	0

となるので，$\#X_{\Gamma_1(11)}(\mathbb{F}_3) = 4 + 1 = 5$ である．

$\mathbb{F}_7$ に対しては

x	0	1	2	3	4	5	6
$x^3 - x^2$	0	0	4	4	6	2	5

y	0	1	2	3	4	5	6
$y^2 + y$	0	2	6	5	6	2	0

となる．$x^3 - x^2 = y^2 + y$ の値が $0, 2, 6, 5$ になる組み合わせをそれぞれ考えることで $\#X_{\Gamma_1(11)}(\mathbb{F}_7) = 4 + 2 + 2 + 1 + 1 = 10$ となる（最後の $+1$ は無限遠点の分）．

　小さい p に対する $\#X_{\Gamma_1(11)}(\mathbb{F}_p)$ を表にすると，次のようになる．

p	2	3	5	7	11	13	17	19	23	29	31	37	41	43	47
$\#X_{\Gamma_1(11)}(\mathbb{F}_p)$	5	5	5	10	11	10	20	20	25	30	25	35	50	50	40

$p \neq 11$ に対する $\#X_{\Gamma_1(11)}(\mathbb{F}_p)$ は全て 5 の倍数であることにまず気づくだろう．$p = 11$ が例外であることは，$\mathbb{F}_{11}$ 係数の方程式 $y^2 + y = x^3 - x^2$ で定まる $\mathbb{F}_{11}$ 上の代数曲線 $X_{\Gamma_1(11),\mathbb{F}_{11}}$ が特異点を持つという現象を反映している（有限体上の代数曲線については付録 B の最後の部分を参照）．例題 3.17 では，$X_{\Gamma_1(11)}$ の方程式を変数変換によって $y^2 = x^3 - \dfrac{1}{3}x + \dfrac{19}{108}$ という形に変形し，右辺の判別式を計算したところ -11 となったが，この計算は係数を $\mathbb{F}_{11}$ の元だと思ってもそのまま通用し，その場合には判別式が 0 になることが分かる．これはすなわち，$X_{\Gamma_1(11),\mathbb{F}_{11}}$ が特異

点を持つことを示している．同様の議論によって，$p \neq 2, 3, 11$ のとき，$X_{\Gamma_1(11), \mathbb{F}_p}$ は楕円曲線となることが分かる（実は，$p = 2, 3$ の場合にも $X_{\Gamma_1(11), \mathbb{F}_p}$ は楕円曲線となる）．

他に $\#X_{\Gamma_1(11)}(\mathbb{F}_p)$ の規則性は見つかるだろうか？　実は，以下の定理の通り，$\#X_{\Gamma_1(11)}(\mathbb{F}_p)$ は定理 5.12 の尖点形式 $f(z) = \eta(z)^2 \eta(11z)^2$ と関係するのである．

> **定理 7.2**　$f(z) = \eta(z)^2 \eta(11z)^2 = q \displaystyle\prod_{n=1}^{\infty}(1 - q^n)^2(1 - q^{11n})^2$ とおく．このとき，各素数 $p \neq 11$ に対し，以下が成り立つ[*1]：
>
> $$\#X_{\Gamma_1(11)}(\mathbb{F}_p) = 1 + p - a_p(f).$$

注意 7.3　モジュラー曲線のレベルが $\Gamma_1(11)$ であり，尖点形式のレベルが $\Gamma_0(11)$ なので，両者の間に離齬があると思われるかもしれない．実は，$\mathbb{H}$ 上の関数が重さ 2，レベル $\Gamma_1(11)$ の尖点形式であることと重さ 2，レベル $\Gamma_0(11)$ の尖点形式であることは同値なので[*2]，そのような離齬はない．

定理 7.2 は，楕円曲線 $X_{\Gamma_1(11)}$ の $\mathbb{F}_p$ 有理点の個数 $\#X_{\Gamma_1(11)}(\mathbb{F}_p)$ が尖点形式 f によって記述できることを主張する，大変面白いものである．本当に成り立っているのか，少し実験してみよう．

$$f(z) = q\prod_{n=1}^{\infty}(1 - q^n)^2(1 - q^{11n})^2 = q(1 - q)^2(1 - q^{11})^2(1 - q^2)^2(1 - q^{22})^2 \cdots$$

$$= q - 2q^2 - q^3 + 2q^4 + q^5 + \cdots$$

より，$a_1(f) = 1$，$a_2(f) = -2$，$a_3(f) = -1$，$a_4(f) = 2$，$a_5(f) = 1$ を得る．$p = 2, 3, 5$ のとき，$1 + p - a_p(f)$ の値は，順に $1 + 2 - a_2(f) = 5$，$1 + 3 - a_3(f) = 5$，$1 + 5 - a_5(f) = 5$ となり，確かに $\#X_{\Gamma_1(11)}(\mathbb{F}_p)$ の値と一致する．

定理 7.2 の証明には様々な知識が必要となるため，本書では説明することができない．次節以降では，定理 7.2 と似た現象をいろいろ観察していくことにする．

[*1]　以下では，保型形式 f の q 展開の q^n の係数を断りなく $a_n(f)$ と表す．54 ページを参照．

[*2]　より強く，定理 4.23 と定理 6.14（あるいは命題 6.16）より，重さ 2，レベル $\Gamma_1(11)$ の尖点形式は $f(z) = \eta(z)^2 \eta(11z)^2$ の定数倍のみであることが導ける．

7.2 $M_{\Gamma_0(N)}$, $M_{\Gamma_1(N)}$ が楕円曲線になる場合

命題 6.16 で見たように，$M_{\Gamma_1(N)}$ は，$N = 11, 14, 15$ のとき，またそのときに限り，楕円曲線から有限個の点を除いたものになるのであった．これらに対しても，以下の通り，定理 7.2 の類似が成立する．

定理 7.4 $N \in \{14, 15\}$ に対し，楕円曲線 $X_{\Gamma_1(N)}$（無限遠点を含む）および重さ 2，レベル $\Gamma_0(N)$ の尖点形式 f_N を以下で定める（f_N は注意 5.17 のものと同一である）．

- $X_{\Gamma_1(14)}$: $y^2 + xy + y = x^3 - x$, $f_{14}(z) = \eta(z)\eta(2z)\eta(7z)\eta(14z)$.
- $X_{\Gamma_1(15)}$: $y^2 + xy + y = x^3 + x^2$, $f_{15}(z) = \eta(z)\eta(3z)\eta(5z)\eta(15z)$.

このとき，$M_{\Gamma_1(N)}$ は楕円曲線 $X_{\Gamma_1(N)}$ から有限個の点を除いたものと同一視できる．N を割り切らない任意の素数 p に対し，以下が成り立つ：

$$\#X_{\Gamma_1(N)}(\mathbb{F}_p) = 1 + p - a_p(f_N).$$

$M_{\Gamma_0(N)}$ に対しても同様のことを考えよう．命題 5.24 より，$M_{\Gamma_0(N)}$ が楕円曲線から有限個の点を除いたものになるのは $N = 11, 14, 15, 17, 19, 20, 21, 24, 27, 32, 36, 49$ のときであった．これらの場合に定理 7.2 の類似を紹介する．

定理 7.5 $N \in \{11, 14, 15, 17, 19, 20, 21, 24, 27, 32, 36, 49\}$ に対し，楕円曲線 $X_{\Gamma_0(N)}$（無限遠点を含む）を以下で定める．

- $X_{\Gamma_0(11)}$: $y^2 + y = x^3 - x^2 - 10x - 20$.
- $X_{\Gamma_0(14)}$: $y^2 + xy + y = x^3 + 4x - 6$.
- $X_{\Gamma_0(15)}$: $y^2 + xy + y = x^3 + x^2 - 10x - 10$.
- $X_{\Gamma_0(17)}$: $y^2 + xy + y = x^3 - x^2 - x - 14$.
- $X_{\Gamma_0(19)}$: $y^2 + y = x^3 + x^2 - 9x - 15$.
- $X_{\Gamma_0(20)}$: $y^2 = x^3 + x^2 + 4x + 4$.
- $X_{\Gamma_0(21)}$: $y^2 + xy = x^3 - 4x - 1$.
- $X_{\Gamma_0(24)}$: $y^2 = x^3 - x^2 - 4x + 4$.
- $X_{\Gamma_0(27)}$: $y^2 + y = x^3 - 7$.
- $X_{\Gamma_0(32)}$: $y^2 = x^3 + 4x$.

- $X_{\Gamma_0(36)}$：$y^2 = x^3 + 1$.
- $X_{\Gamma_0(49)}$：$y^2 + xy = x^3 - x^2 - 2x - 1$.

このとき，$M_{\Gamma_0(N)}$ は楕円曲線 $X_{\Gamma_0(N)}$ から有限個の点を除いたものと同一視できる．また，f_N を重さ 2，レベル $\Gamma_0(N)$ の尖点形式であって $a_1(f_N) = 1$ を満たすものとする（このような f_N は唯一存在することが知られている[*3]．なお，$N \in \{11, 14, 15, 20, 24, 27, 32, 36\}$ のときには f_N は注意 5.17 のものと一致する）．N を割り切らない任意の素数 p に対し，以下が成り立つ：

$$\#X_{\Gamma_0(N)}(\mathbb{F}_p) = 1 + p - a_p(f_N).$$

尖点形式 f が $a_1(f) = 1$ を満たすとき，f は**正規化された尖点形式**であるという．

7.3　一般のモジュラー曲線の場合

より一般のモジュラー曲線に対しては，定理 7.2 の類似はどうなるだろうか？本節では，いくつかの例を通して，

モジュラー曲線 $M_{\Gamma_0(N)}$ に有限個の点を加えて得られる非特異射影代数曲線[*4] $X_{\Gamma_0(N)}$ の $\mathbb{F}_p$ 有理点の個数 $\#X_{\Gamma_0(N)}(\mathbb{F}_p)$ は，重さ 2，レベル $\Gamma_0(N)$ の尖点形式を複数個用いて記述できる

という現象を紹介する．

まず，モジュラー曲線 $M_{\Gamma_0(23)}$ を考える（定理 2.20 より，素数 p であって，$M_{\Gamma_0(p)}$ に有限個の点を加えて得られる閉曲面の種数が 2 以上となるもののなかで最小なのは 23 である）．$M_{\Gamma_0(23)}$ は $y^2 = x^6 + 4x^5 - 18x^4 - 142x^3 - 351x^2 - 394x - 175$ という方程式で定まる非特異射影代数曲線 $X_{\Gamma_0(23)}$ から有限個の点を除いたものとなる．このように，$y^2 = F(x)$（$F(x)$ は重根を持たない多項式）という形の方程式で定まる非特異射影代数曲線を**超楕円曲線**と呼ぶ（正確な定義は付録の例 B.17 を参照）．この超楕円曲線は，楕円曲線とは異なり，無限遠点を 2 つ持っている[*5]．素

[*3]　一意性は定理 4.23 と命題 5.24 より従う．存在は次章の命題 8.13 を参照．

[*4]　射影代数曲線については付録 B を参照．大雑把に言うと，$X_{\Gamma_0(N)}$ は閉曲面と同じ「かたち」をしているということである．

[*5]　一般に，$y^2 = F(x)$ の無限遠点は，$F(x)$ の次数 $\deg F$ が奇数のとき 1 個，偶数のとき 2 個になる（付録の例 B.17 を参照）．$\deg F = 4$ の場合にこのことを納得するには，命題 5.22 を思い出すとよい．

数 p に対し,

$$\{(x,y) \in \mathbb{F}_p^2 \mid y^2 = x^6 + 4x^5 - 18x^4 - 142x^3 - 351x^2 - 394x - 175\}$$

に 2 つの無限遠点を加えたものを $X_{\Gamma_0(23)}(\mathbb{F}_p)$ と書く. $\#X_{\Gamma_0(23)}(\mathbb{F}_p)$ は, 以下の定理の通り, 2 つの尖点形式を用いて記述することができる.

定理 7.6 $x^2 + x - 1 = 0$ の 2 解を α_1, α_2 とおく. 各 $i = 1, 2$ に対し,

$$f_i(z) = q + \alpha_i q^2 + (-2\alpha_i - 1)q^3 + (-\alpha_i - 1)q^4 + 2\alpha_i q^5$$
$$+ (\alpha_i - 2)q^6 + (2\alpha_i + 2)q^7 + \cdots$$

という形の q 展開を持つ, 重さ 2, レベル $\Gamma_0(23)$ の尖点形式 f_i が唯一存在する. また, 任意の重さ 2, レベル $\Gamma_0(23)$ の尖点形式は $c_1 f_1 + c_2 f_2$ ($c_1, c_2 \in \mathbb{C}$) という形にただ一通りに書ける. さらに, 任意の素数 $p \neq 23$ に対し, 以下が成り立つ:

$$\#X_{\Gamma_0(23)}(\mathbb{F}_p) = 1 + p - (a_p(f_1) + a_p(f_2)).$$

定理 7.6 の等式を $p = 3$ の場合に確かめてみよう. $F(x) = x^6 + 4x^5 - 18x^4 - 142x^3 - 351x^2 - 394x - 175$ とおく. $x \in \mathbb{F}_3$ のとき, $x \neq 0$ ならフェルマーの小定理 (命題 1.12) より $x^2 = 1$ なので $F(x) = x^6 + x^5 - x^3 - x - 1 = 1 + x - x - x - 1 = -x$ となることに注意すると, 下の表が得られる.

x	0	1	2		y	0	1	2
$F(x)$	2	2	1		y^2	0	1	1

よって $X_{\Gamma_0(23)}(\mathbb{F}_3)$ は $(2,1)$, $(2,2)$ と 2 つの無限遠点の計 4 点からなるので, $\#X_{\Gamma_0(23)}(\mathbb{F}_3) = 4$ である. 一方,

$$1 + 3 - (a_3(f_1) + a_3(f_2)) = 4 - (-2\alpha_1 - 1) - (-2\alpha_2 - 1) = 6 + 2(\alpha_1 + \alpha_2) = 4$$

であるから, 確かに $\#X_{\Gamma_0(23)}(\mathbb{F}_3) = 1 + 3 - (a_3(f_1) + a_3(f_2))$ が成り立つ. $p = 5$ の場合も比較的簡単な手計算で確かめることができるので, ぜひ試していただきたい.

命題 5.22 の変数変換によって, 楕円曲線 $Y^2 + Y = X^3 - X^2 - 10X - 20$ の 2 点 $(5, -6)$, $(5, 5)$ が超楕円曲線 $y^2 = x^4 - 20x^3 + 56x^2 - 44x$ の無限遠点に対応する.

定理 7.6 の尖点形式 f_1, f_2 はエータ積ではないが，その q 展開の係数は LMFDB (www.lmfdb.org) というデータベースサイトで調べることができる．

次に，N が合成数である場合について，2 つ例を挙げる．

定理 7.7　(1) $M_{\Gamma_0(22)}$ は $y^2 = x^6 + 12x^5 + 56x^4 + 148x^3 + 224x^2 + 192x + 64$ という方程式で定まる超楕円曲線 $X_{\Gamma_0(22)}$（2 つの無限遠点を含む）から有限個の点を除いたものと同一視できる．定理 5.12 より，

$$f_1(z) = \eta(z)^2\eta(11z)^2 = q\prod_{n=1}^{\infty}(1-q^n)^2(1-q^{11n})^2$$

は重さ 2，レベル $\Gamma_0(11)$ の尖点形式であった．$f_2\colon \mathbb{H} \to \mathbb{C}$ を $f_2(z) = f_1(2z)$ で定めると，f_1, f_2 は重さ 2，レベル $\Gamma_0(22)$ の尖点形式である（f_2 の保型性は命題 5.1 と同様にして確認できる）．また，重さ 2，レベル $\Gamma_0(22)$ の尖点形式は $c_1 f_1 + c_2 f_2$ $(c_1, c_2 \in \mathbb{C})$ という形にただ一通りに書くことができる．さらに，任意の素数 $p \neq 2, 11$ に対し，以下が成り立つ：

$$\#X_{\Gamma_0(22)}(\mathbb{F}_p) = 1 + p - 2a_p(f_1).$$

(2) $M_{\Gamma_0(48)}$ は $y^2 = x^8 + 14x^4 + 1$ という方程式で定まる超楕円曲線 $X_{\Gamma_0(48)}$（2 つの無限遠点を含む）から有限個の点を除いたものと同一視できる．注意 5.17 より，

$$f_1(z) = \eta(2z)\eta(4z)\eta(6z)\eta(12z) = q\prod_{n=1}^{\infty}(1-q^{2n})(1-q^{4n})(1-q^{6n})(1-q^{12n})$$

は重さ 2，レベル $\Gamma_0(24)$ の尖点形式であった．$f_2, f_3\colon \mathbb{H} \to \mathbb{C}$ を $f_2(z) = f_1(2z)$ および $f_3(z) = \dfrac{\eta(4z)^4\eta(12z)^4}{\eta(2z)\eta(6z)\eta(8z)\eta(24z)}$ で定めると，f_1, f_2, f_3 は重さ 2，レベル $\Gamma_0(48)$ の尖点形式である．また，重さ 2，レベル $\Gamma_0(48)$ の尖点形式は $c_1 f_1 + c_2 f_2 + c_3 f_3$ $(c_1, c_2, c_3 \in \mathbb{C})$ という形にただ一通りに書くことができる．さらに，任意の素数 $p \neq 2, 3$ に対し，以下が成り立つ：

$$\#X_{\Gamma_0(48)}(\mathbb{F}_p) = 1 + p - (2a_p(f_1) + a_p(f_3)).$$

注意 7.8　ここでは，計算がしやすいように，モジュラー曲線が超楕円曲線になる例を選んだが，全てのモジュラー曲線が超楕円曲線になるわけではない．$M_{\Gamma_0(N)}$

が超楕円曲線となるような N は [47] において分類されていて，楕円曲線になるものも含め，全部で 31 個ある．また，それらの方程式は [17] に載っている．

定理 7.6 や定理 7.7 の一般化として，次が成り立つことが知られている．

定理 7.9 整数 $N \geq 1$ に対し，以下の条件を満たす非特異射影代数曲線 $X_{\Gamma_0(N)}$ が存在する：

- $X_{\Gamma_0(N)}$ は整数係数の方程式で定まる．
- $M_{\Gamma_0(N)}$ は $X_{\Gamma_0(N)}$ から有限個の点を除いたものと同一視できる．

さらに，重さ 2，レベル $\Gamma_0(N)$ の正規化された尖点形式 $f_1, \ldots, f_k$ および整数 $m_1, \ldots, m_k \geq 1$ であって，N を割り切らない任意の素数 p に対して

$$\#X_{\Gamma_0(N)}(\mathbb{F}_p) = p + 1 - (m_1 a_p(f_1) + \cdots + m_k a_p(f_k))$$

となるようなものが存在する．

N が素数の場合は $m_1 = \cdots = m_k = 1$ となり，全ての重さ 2，レベル $\Gamma_0(N)$ の尖点形式は $c_1 f_1 + \cdots + c_k f_k$ $(c_1, \ldots, c_k \in \mathbb{C})$ という形に一意的に書くことができる．N が合成数の場合は，f_i がより低いレベルの尖点形式になっていることがあり，その際の m_i は 1 よりも大きくなる．また，N が素数かどうかに関わらず，$m_1 + \cdots + m_k$ は $X_{\Gamma_0(N)}$ を閉曲面と見たときの種数と一致する．

$\Gamma_0(N)$ を $\Gamma_1(N)$ に置き換えても，同様のことが成立する．

7.4 モジュラー曲線とは限らない楕円曲線の場合

定理 7.2 や定理 7.4，定理 7.5 を，モジュラー曲線ではなく楕円曲線に対する定理と見て一般化することもできる．本節では，以下の 2 つの定理を紹介する．

- ある種の条件を満たす重さ 2 の尖点形式 f から，$\mathbb{Q}$ 上の楕円曲線であって，f によって $\mathbb{F}_p$ 有理点の個数が記述されるものを構成することができる．
- $\mathbb{Q}$ 上の全ての楕円曲線に対し，その $\mathbb{F}_p$ 有理点の個数を記述する重さ 2 の尖点形式が存在する．

これによって，$\mathbb{Q}$ 上の楕円曲線と重さ 2 の尖点形式はおおむね一対一に対応する．この対応から導かれる整数論的な結果（フェルマー予想等）についても述べる．

次の定理は, 上記の 2 つをまとめて述べたものである.

定理 7.10 (1) $N \geq 1$ を整数とし, 重さ 2, レベル $\Gamma_0(N)$ の正規化された尖点形式 f が, 任意の整数 $n \geq 1$ に対し $a_n(f) \in \mathbb{Q}$ を満たすとする. さらに, f は「ヘッケ固有新形式」であるという仮定をおく (説明は後述). このとき, $\mathbb{Q}$ 上の楕円曲線 $E_f : y^2 + dxy + ey = x^3 + ax^2 + bx + c$ $(a, b, c, d, e \in \mathbb{Z})$ であって, 次を満たすものが存在する: N を割り切らない任意の素数 p に対し, $\mathbb{F}_p$ 上の代数曲線 $E_{f, \mathbb{F}_p}$ が特異点を持たないならば

$$\#E_f(\mathbb{F}_p) = 1 + p - a_p(f)$$

となる ($E_f(\mathbb{F}_p)$ には無限遠点も含めることにする).

(2) $E : y^2 + dxy + ey = x^3 + ax^2 + bx + c$ $(a, b, c, d, e \in \mathbb{Z})$ を $\mathbb{Q}$ 上の楕円曲線とするとき[*6], (1) のような尖点形式 f であって次を満たすものが唯一存在する: 任意の素数 p に対し, $\mathbb{F}_p$ 上の代数曲線 $E_{\mathbb{F}_p}$ が特異点を持たないならば $\#E(\mathbb{F}_p) = 1 + p - a_p(f)$ となる ($E(\mathbb{F}_p)$ には無限遠点も含めることにする).

注意 7.11 (1) 定理 7.2 と定理 7.5 より, $X_{\Gamma_1(11)} : y^2 + y = x^3 - x^2$ と $X_{\Gamma_0(11)} : y^2 + y = x^3 - x^2 - 10x - 20$ はともに $f(z) = \eta(z)^2 \eta(11z)^2$ に対する E_f の条件を満たすが, $X_{\Gamma_1(11)}$ と $X_{\Gamma_0(11)}$ の j 不変量は異なるので, これらは同型でない. つまり, 同型な楕円曲線を同一視したとしても, E_f は f から一意的に定まるわけではない. 一方, 楕円曲線 E, E' (無限遠点を含める) がともに E_f の条件を満たすならば, 代数的な式で書ける全射 $E \to E'$ が存在することが証明されている (ファルティングスの定理). 代数的な式で書ける全射 $E \to E'$ が存在するとき, 楕円曲線 E, E' は**同種**であるという (これは代数的な式で書ける全射 $E' \to E$ が存在することとも同値である). なお, $X_{\Gamma_1(11)}$ から $X_{\Gamma_0(11)}$ への全射は, 例えば

$$(x, y) \mapsto \left(x + \frac{1}{x^2} + \frac{2}{x-1} + \frac{1}{(x-1)^2}, \, y - (2y+1)\left(\frac{1}{x^3} + \frac{1}{(x-1)^3} + \frac{1}{(x-1)^2} \right) \right)$$

で与えられる ($X_{\Gamma_1(11)}$ の無限遠点および x 座標が $0, 1$ となる点はいずれも $X_{\Gamma_0(11)}$ の無限遠点にうつす).

[*6] $\mathbb{Q}$ 上の楕円曲線としては有理数係数の方程式で定まるものを考えるべきであるが, 変数変換によって係数の分母を払うことができるため, 最初から整数係数の場合を考えている.

(2) 定理 7.10 (1) の E_f は，N を割り切らない任意の素数 p に対し $E_{f,\mathbb{F}_p}$ が特異点を持たないようにとることができる.

定理 7.10 (1) は志村によって証明された.（1）における**新形式**とは，大雑把には，低いレベルの尖点形式から定理 7.7 のようにして得られる尖点形式（**旧形式**という）とは無関係な尖点形式のことである. 後に必要となることはないが，参考までにもう少し正確に述べておこう. f を重さ 2，レベル $\Gamma_0(N)$ の尖点形式とする. f が旧形式であるとは，

- 正整数の組 (N', m) であって，$N' < N$ であり，$N'm$ が N の約数であるもの
- 重さ 2，レベル $\Gamma_0(N')$ の尖点形式 g

を用いて $g(mz)$ と書けるような尖点形式の和で表されることをいう. また，f が新形式であるとは，任意の旧形式とある種の内積（ピーターソン内積）に関して直交することをいう. もし N が素数ならば，全ての重さ 2，レベル $\Gamma_0(N)$ の尖点形式は新形式である.「ヘッケ固有」という言葉の意味は次章で説明する（定義 8.6 を参照）. 定理 7.9 における等式

$$\#X_{\Gamma_0(N)}(\mathbb{F}_p) = p + 1 - (m_1 a_p(f_1) + \cdots + m_k a_p(f_k)) \qquad (*)$$

において，$m_i = 1$ となる f_i がちょうど「正規化されたヘッケ固有新形式」となる.

定理 7.10 (1) の証明は，上記の等式 $(*)$ を用いて行われる. その方針をごく簡単に説明しよう. 高度な内容を含むので，雰囲気のみ感じていただければ十分である. 以下では，$X_{\Gamma_0(N)}$ を閉曲面と見たときの種数が 2 以上の場合を考える（種数が 0 の場合は定理 4.23 より重さ 2，レベル $\Gamma_0(N)$ の正規化された尖点形式 f が存在せず，種数が 1 の場合は $E_f = X_{\Gamma_0(N)}$ とすればよいからである）. このとき，楕円曲線の高次元版である**アーベル多様体**であって $X_{\Gamma_0(N)}$ を含むもの $J_{\Gamma_0(N)}$ を構成することができる. $J_{\Gamma_0(N)}$ は，大雑把に言えば，$X_{\Gamma_0(N)}$ の点同士の加法ができるように $X_{\Gamma_0(N)}$ を膨らませたものである. $J_{\Gamma_0(N)}$ を $X_{\Gamma_0(N)}$ の**ヤコビ多様体**と呼ぶ[*7]. ここで，等式 $(*)$ に現れる $f_1, \ldots, f_k$ のグループ分け $\{f_1, \ldots, f_k\} = F_1 \cup \cdots \cup F_r$（$F_1, \ldots, F_r$ は互いに交わらない）であって，各 $1 \le j \le r$ に対し以下の条件が成

[*7] アーベルもヤコビも人名なので紛らわしいが，アーベル多様体は代数多様体の種類を表しており，ヤコビ多様体は代数曲線 $X_{\Gamma_0(N)}$ から定まる特定のアーベル多様体を指している.

り立つものを考える:

- $F_j \neq \varnothing$ である.
- 整数 $n \geq 1$ に対し $a_n(F_j) = \displaystyle\sum_{f \in F_j} a_n(f)$ とおくと,$a_n(F_j) \in \mathbb{Q}$ である.
- 任意の空でない部分集合 $S \subsetneq F_j$ に対し,$\displaystyle\sum_{f \in S} a_n(f) \notin \mathbb{Q}$ となる整数 $n \geq 1$

　が存在する.

例えば,定理 7.6 の f_1, f_2 は同じグループに属し,定理 7.7 (2) の f_1, f_3 は異なるグループに属する. 各 $1 \leq j \leq r$ に対し,$f_{i_j} \in F_j$ となる $1 \leq i_j \leq k$ をとり,$M_j = m_{i_j}$ と定める. i_j の選び方は複数あるかもしれないが,どれを選んでも M_j の値は同じである. 以上の記号のもとで,等式 (*) は以下のようにまとめ直せる:

$$\#X_{\Gamma_0(N)}(\mathbb{F}_p) = p + 1 - (M_1 a_p(F_1) + \cdots + M_r a_p(F_r)). \tag{**}$$

各グループ F_j $(1 \leq j \leq r)$ に対し,$J_{\Gamma_0(N)}$ のうち「F_j に対応する部分」J_{F_j} を定めることができ,$J_{\Gamma_0(N)}$ はおおむね $J_{F_1}^{M_1} \times \cdots \times J_{F_r}^{M_r}$ と一致する(正確には,全射 $J_{\Gamma_0(N)} \to J_{F_1}^{M_1} \times \cdots \times J_{F_r}^{M_r}$ であって,各点の逆像が有限集合であるものが存在する). この事実は,等式 (**) の幾何学的な言い換えと解釈することができる. さて,f を定理 7.10 (1) の通りとすると,$f = f_{i_0}$ かつ $m_{i_0} = 1$ となる $1 \leq i_0 \leq k$ が存在する. 条件 $a_n(f) \in \mathbb{Q}$ $(n \geq 1)$ より,f_{i_0} は単独で 1 つのグループをなす. つまり,$F_{j_0} = \{f_{i_0}\}$ となる $1 \leq j_0 \leq r$ が存在する. この j_0 に対する $J_{F_{j_0}}$ が所望の楕円曲線 E_f(無限遠点を含める)となる. 構成方法から,全射 $J_{\Gamma_0(N)} \to E_f$ が存在することが分かる. また,包含写像 $X_{\Gamma_0(N)} \hookrightarrow J_{\Gamma_0(N)}$ との合成 $X_{\Gamma_0(N)} \to E_f$ も全射となる. 全射 $X_{\Gamma_0(N)} \to E_f$ のことを E_f の**モジュラー一意化**と呼ぶ.

　定理 7.10 (1) の具体例を 1 つ挙げておこう.

例 7.12　定理 7.7 (2) の $f_3(z) = \dfrac{\eta(4z)^4 \eta(12z)^4}{\eta(2z)\eta(6z)\eta(8z)\eta(24z)}$ は重さ 2, レベル $\Gamma_0(48)$ の正規化されたヘッケ固有新形式である. これに対応する楕円曲線 E_{f_3} は $y^2 = x^3 + x^2 + x$ で与えられる.

　定理 7.10 (2) は,**楕円曲線の保型性**あるいは**志村 – 谷山予想**と呼ばれるものであり,テイラー – ワイルズによる研究をうけて,ブルイユ – コンラッド – ダイヤモンド – テイラーによって完全に証明された. 定理 7.10 (2) と注意 7.11 (1) から,

$\mathbb{Q}$ 上の任意の楕円曲線 E（無限遠点を含める）はある整数 $N \geq 1$ に対するモジュラー一意化 $X_{\Gamma_0(N)} \to E$ を持つことも導かれる[*8]．この事実は，第 9 章で紹介する BSD 予想の部分的解決（グロス – ザギエ，コリヴァギンの定理）において重要な役割を果たす（9.4 節を参照）．

■ 定理 7.10 の意義

定理 7.10 は，保型形式と楕円曲線の間に緊密な対応があることを述べている．この定理の素晴らしいところは，保型形式と楕円曲線が両方とも面白く，そして難しいものであるという点にあると思う．これらが結び付くことで，保型形式や楕円曲線それぞれ単独では証明が困難な性質をいくつも導き出すことができるのである．その例を見てみよう．

まず，「楕円曲線で保型形式が分かる」という方向を考える．f を重さ 2，レベル $\Gamma_0(N)$ の正規化されたヘッケ固有新形式で $a_n(f) \in \mathbb{Q}$（$n \geq 1$）を満たすものとし，それに対応する楕円曲線 E_f を注意 7.11 (2) の条件を満たすようにとる．このとき，ハッセの定理（第 9 章，第 10 章でより詳しく扱う）によって，N を割り切らない素数 p に対し，

$$|\#E_f(\mathbb{F}_p) - (1+p)| \leq 2\sqrt{p}$$

となることが知られている．したがって，f の q 展開の係数 $a_p(f)$ に対しても

$$|a_p(f)| \leq 2\sqrt{p}$$

という評価が得られる（この不等式は後でも用いられる）．複素解析を用いて $|a_p(f)|$ を評価することも可能であるが，上記の結果よりはかなり弱い評価しか得られない（注意 8.17 を参照）．

これと類似した，もっと有名な話として，**ラマヌジャン予想**を紹介しよう．$\Delta(z) = \eta(z)^{24} = q \prod_{n=1}^{\infty}(1-q^n)^{24}$ をラマヌジャンのデルタ関数とする（例 4.7 参照）．これは重さ 12，レベル $\mathrm{SL}_2(\mathbb{Z})$ の尖点形式であった（正規化されたヘッケ固有新形式にもなっている）．$\Delta(z) = \sum_{n=1}^{\infty} a_n(\Delta)q^n$ を Δ の q 展開とするとき，素数

[*8] 定理 7.10 (2) によって E に対応する f をとり，そのレベルを $\Gamma_0(N)$ とすると，モジュラー一意化 $X_{\Gamma_0(N)} \to E_f$ がある．一方，注意 7.11 (1) より E_f と E は同種であるから，全射 $E_f \to E$ が存在する．これらを合成すればよい．

p に対し $|a_p(\Delta)| \leq 2p^{\frac{11}{2}}$ であるとラマヌジャンは予想した．この予想も，上に述べた方法と似た方法で証明されている．$\mathbb{F}_p$ 有理点の個数が $a_p(\Delta)$ と関係するような 11 次元代数多様体（久賀 – 佐藤多様体と呼ばれる）がモジュラー曲線を用いて構成でき，その代数多様体に対するヴェイユ予想を使うことで $|a_p(\Delta)| \leq 2p^{\frac{11}{2}}$ を導出できるのである（ドリーニュによる）．ラマヌジャン予想の主張は初等的なものであるが，この証明が現在知られている唯一のものであり，初等的な証明は見つかっていない．

　次に，「保型形式で楕円曲線が分かる」という方向を考える．こちらの方向で最も有名なのが，テイラー – ワイルズによるフェルマー予想の解決であろう．フェルマー予想の主張は，以下のようなものであった：

定理 7.13（フェルマー予想）　整数 $n \geq 3$ および a, b, c に対し，$a^n + b^n = c^n$ となるならば $abc = 0$ である．

n は 4 または奇素数で割り切れるので，$n = 4$ の場合と $n = \ell$ が奇素数である場合を考えればよい．$n = 4$ の場合は個別に示せるので（12, 13 ページ参照），以下では $n = \ell$ が奇素数であるとする．a, b, c は互いに素であり，$a \equiv 3 \pmod 4$ かつ b は偶数であると仮定してよい．このような a, b, c が存在すると仮定し，$E\colon y^2 = x(x - a^\ell)(x + b^\ell)$ という楕円曲線を考える．右辺の判別式 Δ_E は，$16(0 - a^\ell)^2(a^\ell + b^\ell)^2(-b^\ell - 0)^2 = 16(abc)^{2\ell}$ という，非常に特別な形をしていることが鍵である（注意 3.16 を用いた）．さて，定理 7.10 (2) から，重さ 2 の正規化されたヘッケ固有新形式 f であって，ほとんど全ての素数 p に対して $\#E(\mathbb{F}_p) = 1 + p - a_p(f)$ となるようなものが存在することが分かる．さらに，Δ_E が特別な形であることから，重さ 2，レベル $\Gamma_0(2)$ の正規化されたヘッケ固有新形式 g であって，ほとんど全ての素数 p に対し $a_p(f) \equiv a_p(g) \pmod \ell$ を満たすものが存在することが証明できる（リベットのレベル下げ）．しかし，定理 4.23 と定理 2.20 より，重さ 2，レベル $\Gamma_0(2)$ の正規化された尖点形式は存在しないことが分かるので，矛盾が起こり，結局，もとの a, b, c が存在しないことが結論される．ここでのポイントは，不定方程式の整数解，あるいは楕円曲線が存在しないという主張を証明するよりも，保型形式が存在しないという主張を証明する方がはるかに簡単だということである．定理 7.10 を使って楕円曲線と保型形式を結び付けることで，前者の非存在を後者の非存在に帰着することが可能になったというわけである．

同様の方針で証明された定理として，以下を挙げておく．

定理 7.14（ブジョー‐ミニョット‐シクセク） $\{a_n\}$ を $a_1 = a_2 = 1$, $a_{n+2} = a_{n+1} + a_n$ で定まる数列（フィボナッチ数列）とする．このとき，a_n のうち N^m $(N \geq 1, m \geq 2)$ という形のものは $a_1 = a_2 = 1$, $a_6 = 8$, $a_{12} = 144$ のみである．

7.5 ラングランズ予想

定理 7.2 や定理 7.10 は，2 変数方程式の $\mathbb{F}_p$ における解の個数を保型形式によって把握するものであった．より簡単な 1 変数方程式に対しても，類似の結果が成立する．

定理 7.15 $f(z) = \eta(6z)\eta(18z) = q \prod_{n=1}^{\infty} (1 - q^{6n})(1 - q^{18n})$ は重さ 1，レベル $\Gamma_1(108)$ の尖点形式である．さらに，任意の素数 $p \neq 2, 3$ に対し，以下が成り立つ：
$$\#\{x \in \mathbb{F}_p \mid x^3 - 2 = 0\} = 1 + a_p(f).$$

2 次方程式の $\mathbb{F}_p$ 内での解の個数については，ガウスが証明した**平方剰余の相互法則**によって，簡明な記述が与えられている．例えば，定理 1.17 で示したように，素数 $p \neq 2$ に対し
$$\#\{x \in \mathbb{F}_p \mid x^2 - 2 = 0\} = \begin{cases} 2 & (p \equiv 1, 7 \pmod 8) \\ 0 & (p \equiv 3, 5 \pmod 8) \end{cases}$$

が成り立つのであった（もちろん，$p = 2$ の場合は左辺は 1 となる）．平方剰余の相互法則を発展させた**類体論**によって，ある種の 3 次以上の方程式に対しても，その $\mathbb{F}_p$ 内での解の個数が，p をある正整数 N で割った余りによって判別できることが分かる．例えば，素数 $p \neq 3$ に対し
$$\#\{x \in \mathbb{F}_p \mid x^3 - 3x + 1 = 0\} = \begin{cases} 3 & (p \equiv 1, 8 \pmod 9) \\ 0 & (p \equiv 2, 4, 5, 7 \pmod 9) \end{cases}$$

が成り立つ. その一方で, $x^3 - 2 = 0$ の $\mathbb{F}_p$ 内での解の個数は, p を正整数で割った余りによっては決して判別できないことも分かっている. その意味で, 定理 7.15 は, 保型形式を使って類体論を拡張していると見ることができる.

定理 7.15 が本当に成り立っているのか, 具体的な p で確かめてみよう.

例題 7.16　(1) $\mathbb{F}_7$ における $x^3 - 2 = 0$ の解の個数を求めよ.

(2) $q \displaystyle\prod_{n=1}^{\infty} (1 - q^{6n})(1 - q^{18n})$ における q^7 の係数を求めよ.

(3) $x = 4, 7, 20$ が $\mathbb{F}_{31}$ における $x^3 - 2 = 0$ の 3 解となることを確認せよ. 一方, $q \displaystyle\prod_{n=1}^{\infty} (1 - q^{6n})(1 - q^{18n})$ における q^{31} の係数はいくつになるか?

[解答]　(1) $\mathbb{F}_7$ の各元に対し, その 3 乗を計算すると, 以下の表の通りとなる.

x	0	1	2	3	4	5	6
x^3	0	1	1	6	1	6	6

よって, $\mathbb{F}_7$ における $x^3 - 2 = 0$ の解の個数は 0 個である.

(2) $q \displaystyle\prod_{n=1}^{\infty} (1 - q^{6n})(1 - q^{18n}) = q(1 - q^6) + (8 次以上)$ なので, q^7 の係数は -1 である. $1 + a_7(f) = 0$ となるので, 確かに (1) の結果と一致している.

(3) $\mathbb{F}_{31}$ 内で, $4^3 = 64 = 31 \times 2 + 2 = 2$, $7^3 = 343 = 31 \times 11 + 2 = 2$, $20^3 = 8000 = 31 \times 258 + 2 = 2$ となるので, $4, 7, 20 \in \mathbb{F}_{31}$ は確かに $x^3 - 2 = 0$ の 3 解である. 一方,

$$q \prod_{n=1}^{\infty} (1 - q^{6n})(1 - q^{18n})$$

$$= q(1 - q^6)(1 - q^{18})(1 - q^{12})(1 - q^{18})(1 - q^{24})(1 - q^{30}) + (32 次以上)$$

である. $6, 18, 12, 18, 24, 30$ のうちいくつかを選んでその和を 30 にする方法は

$$6 + 24, \quad 18 + 12 \ (2 通り), \quad 30$$

のみであるから, q^{31} の係数は $(-1)^2 + 2 \times (-1)^2 + (-1) = 2$ である. $1 + a_{31}(f) = 3$ より, $x^3 - 2 = 0$ の $\mathbb{F}_{31}$ 内での解の個数が 3 であることと整合的になっている. ∎

定理 7.15 は $x^3 - 2 = 0$ という特別な方程式に対する結果であるが, 一般に, 整数係数 3 次多項式 $h(x)$ に対し, 以下のいずれかが成り立つことが証明できる:

- $\#\{x \in \mathbb{F}_p \mid h(x) = 0\}$ は素数 p をある正整数 N で割った余りのみで決まる.
- 重さ 1, レベル $\Gamma_1(N)$ (N はある正整数) の尖点形式 f であって, N を割り切らない素数 p に対し $\#\{x \in \mathbb{F}_p \mid h(x) = 0\} = 1 + a_p(f)$ となるものが存在する.

より次数の高い方程式や, 多変数の連立方程式で定義される高次元代数多様体に対しても, 類似のことが成立すると期待されており, それらを全て統合したものが**ラングランズ予想**という名で呼ばれている. なお, 一般の方程式の $\mathbb{F}_p$ 内での解の個数を記述するためには, 保型形式ですら不十分であり, 保型形式を大きく一般化した**保型表現**というものを用いて予想を定式化することになる.

ラングランズ予想の研究は, 現在活発に進行しており, 難しいながらも少しずつ様子が見えてきつつある状況にある.

7.6 参考文献ガイド

定理 7.2 の証明は, [57] や [51] などで扱われているが, 理解するにはかなりの知識が必要である. 重さ 2 の尖点形式から楕円曲線を構成する方法 (定理 7.10 (1)) は [57] に記載がある. 志村 – 谷山予想 (定理 7.10 (2)) は [68] および [62] で部分的に解決され, [3] で完全に解決された.

ラマヌジャン予想の証明は [11] に書かれている. フェルマー予想を証明した原論文は [68] と [62] である. フェルマー予想の解説書としては [10] や [51] などがある. より易しい入門書としては, 例えば [27] がある. フィボナッチ数についての定理 7.14 の原論文は [4] である. なお, フィボナッチ数のうち平方数となるものが 1, 144 のみであることは [8] において証明されていた. こちらは初等的な手法によるものである.

ラングランズ予想については, [22] や [27] に簡単な解説がある. [25] も参考になると思われる. やや専門的な解説として, [26] の第 36 章と [39] を挙げておく.

第 **8** 章

保型形式の q 展開と保型 L 関数

定理 7.10 では，$\mathbb{Q}$ 上の楕円曲線 E と，重さ 2 の尖点形式 $f(z) = \sum_{n=1}^{\infty} a_n(f)q^n$ である種の条件を満たすものの間に，

$$\#E(\mathbb{F}_p) = 1 + p - a_p(f)$$

という等式で結ばれた対応があることを見た．f の q 展開の素数番目の係数は，楕円曲線 E によって記述されているということである[*1]．では，素数でない整数 $n \geq 1$ に対し，$a_n(f)$ は E とどのように関係しているのだろうか？ 実は，n を割り切る素数を $p_1, \ldots, p_r$ とおくと，$a_n(f)$ は $a_{p_1}(f), \ldots, a_{p_r}(f)$ を用いて表すことができるのである．これは，もはや楕円曲線とは関係なく，純粋に保型形式のみを用いて証明できる事実である．本章ではこのことについて説明を行う．さらに，この事実を見やすくまとめる方法として，保型 L 関数というものを導入する．次章において，保型 L 関数は楕円曲線の研究において不可欠なものであることが明らかになる．

8.1　ラマヌジャンの発見

まず始めに，ラマヌジャンのデルタ関数 $\Delta(z) = q \prod_{n=1}^{\infty}(1 - q^n)^{24} = \sum_{n=1}^{\infty} a_n(\Delta)q^n$ について上記と類似の問題，すなわち，合成数 n に対する $a_n(\Delta)$ を，n を割り切る素数 $p_1, \ldots, p_r$ に対する $a_{p_1}(\Delta), \ldots, a_{p_r}(\Delta)$ で表すという問題を考えてみよう．以下の定理は，ラマヌジャンによって発見され，モーデルによって証明が与えられ

[*1] 前章で見たように，正確には，有限個の素数を除く必要がある．

たものである.

> **定理 8.1**　(1) 互いに素な正整数 m, n に対し $a_{mn}(\Delta) = a_m(\Delta)a_n(\Delta)$ が成り
> 立つ.
>
> (2) 素数 p および整数 $r \geq 1$ に対し $a_{p^{r+1}}(\Delta) = a_p(\Delta)a_{p^r}(\Delta) - p^{11}a_{p^{r-1}}(\Delta)$ が
> 成り立つ.

例 8.2　$a_2(\Delta) = -24$, $a_3(\Delta) = 252$ である. これを用いて $a_{24}(\Delta)$ を計算してみ
よう. 定理 8.1 (1) より, $a_{24}(\Delta) = a_8(\Delta)a_3(\Delta)$ である. また, 定理 8.1 (2) より,

$$a_4(\Delta) = a_2(\Delta)a_2(\Delta) - 2^{11}a_1(\Delta) = 576 - 2048 = -1472,$$

$$a_8(\Delta) = a_2(\Delta)a_4(\Delta) - 2^{11}a_2(\Delta) = 35328 + 2048 \times 24 = 84480$$

である. よって $a_{24}(\Delta) = 84480 \times 252 = 21288960$ を得る.

　定理 8.1 の証明の鍵は, 命題 4.14 にある. $N = p$ が素数の場合に, この命題を
簡単に思い出してみよう. 素数 p に対し

$$A_p = \left\{ \begin{pmatrix} 1 & 0 \\ 0 & p \end{pmatrix}, \begin{pmatrix} 1 & 1 \\ 0 & p \end{pmatrix}, \dots, \begin{pmatrix} 1 & p-1 \\ 0 & p \end{pmatrix}, \begin{pmatrix} p & 0 \\ 0 & 1 \end{pmatrix} \right\}$$

とおき, j 関数 $j(z)$ に対し $\mathbb{H}$ 上の関数の集合

$$\{j(h \cdot z) \mid h \in A_p\} = \left\{ j\left(\frac{z}{p}\right), j\left(\frac{z+1}{p}\right), \dots, j\left(\frac{z+p-1}{p}\right), j(pz) \right\}$$

を考えると, 任意の $g \in \mathrm{SL}_2(\mathbb{Z})$ に対し, 変数変換 $z \mapsto g \cdot z$ がこの集合の元の並べ
替えを引き起こすという主張であった. 特に, $\sum_{h \in A_p} j(h \cdot z)$ はレベル $\mathrm{SL}_2(\mathbb{Z})$ の保
型関数となる. より一般に, レベル $\mathrm{SL}_2(\mathbb{Z})$ の保型関数 $f(z)$ に対し, 新しい関数を

$$\sum_{h \in A_p} f(h \cdot z) = f\left(\frac{z}{p}\right) + f\left(\frac{z+1}{p}\right) + \cdots + f\left(\frac{z+p-1}{p}\right) + f(pz)$$

で定めると, これもまたレベル $\mathrm{SL}_2(\mathbb{Z})$ の保型関数となる. 以下では, この新しい
関数を作る操作を尖点形式に対して適用することでヘッケ作用素を定義する. さら
に, ヘッケ作用素が尖点形式を尖点形式にうつすこと, 尖点形式 f が特別な条件を
満たすときには f の q 展開の素数次の係数がヘッケ作用素と結び付くことを示し,

それを用いて定理 8.1 を証明する．以下では整数 $k \geq 0$ を固定する．ヘッケ作用素の定義は次の通りである．

定義 8.3 f を重さ k，レベル $\mathrm{SL}_2(\mathbb{Z})$ の尖点形式とする．素数 p に対し，関数 $T_p f \colon \mathbb{H} \to \mathbb{C}$ を

$$(T_p f)(z) = p^{k-1} \sum_{h \in A_p} (h *_k f)(z)$$

$$= p^{-1} f\left(\frac{z}{p}\right) + p^{-1} f\left(\frac{z+1}{p}\right) + \cdots + p^{-1} f\left(\frac{z+p-1}{p}\right) + p^{k-1} f(pz)$$

によって定める（$*_k$ の定義は補題 4.18 を参照）．T_p を**ヘッケ作用素**と呼ぶ．

命題 8.4 f および p を定義 8.3 の通りとするとき，$T_p f$ は重さ k，レベル $\mathrm{SL}_2(\mathbb{Z})$ の尖点形式である．

[証明] まず $T_p f$ の保型性（定義 4.4 参照）を示す．$T = \begin{pmatrix} 1 & 1 \\ 0 & 1 \end{pmatrix}, S = \begin{pmatrix} 0 & -1 \\ 1 & 0 \end{pmatrix}$ とおく．定理 5.11 の証明と同様，定理 2.12 と補題 4.18 より，

$$T *_k (T_p f) = T_p f, \quad S *_k (T_p f) = T_p f$$

の 2 つを示せばよい．まず，$z \in \mathbb{H}$ に対し

$$(T *_k (T_p f))(z) = (T_p f)(z+1)$$

$$= p^{-1} f\left(\frac{z+1}{p}\right) + p^{-1} f\left(\frac{z+2}{p}\right) + \cdots + p^{-1} f\left(\frac{z+p-1}{p}\right) + p^{-1} f\left(\frac{z+p}{p}\right)$$

$$+ p^{k-1} f(p(z+1))$$

である．$f\left(\frac{z+p}{p}\right) = f\left(\frac{z}{p} + 1\right) = f\left(\frac{z}{p}\right)$ および $f(p(z+1)) = f(pz+p) = f(pz)$ が f の保型性から従うので，上式の右辺は

$$p^{-1} f\left(\frac{z+1}{p}\right) + p^{-1} f\left(\frac{z+2}{p}\right) + \cdots + p^{-1} f\left(\frac{z+p-1}{p}\right) + p^{-1} f\left(\frac{z}{p}\right) + p^{k-1} f(pz)$$

$$= (T_p f)(z)$$

となり，$T *_k (T_p f) = T_p f$ が従う．

　次に

$$p^{-k+1}S *_k (T_p f) = S *_k \left(\begin{pmatrix} 1 & 0 \\ 0 & p \end{pmatrix} *_k f \right) + \sum_{b=1}^{p-1} S *_k \left(\begin{pmatrix} 1 & b \\ 0 & p \end{pmatrix} *_k f \right)$$

$$+ S *_k \left(\begin{pmatrix} p & 0 \\ 0 & 1 \end{pmatrix} *_k f \right)$$

が $p^{-k+1}T_p f$ に一致することを示す. まず $\begin{pmatrix} 1 & 0 \\ 0 & p \end{pmatrix} S = S \begin{pmatrix} p & 0 \\ 0 & 1 \end{pmatrix}$ であるから, f の保型性と補題 4.18 より

$$S *_k \left(\begin{pmatrix} 1 & 0 \\ 0 & p \end{pmatrix} *_k f \right) = \left(\begin{pmatrix} 1 & 0 \\ 0 & p \end{pmatrix} S \right) *_k f = \left(S \begin{pmatrix} p & 0 \\ 0 & 1 \end{pmatrix} \right) *_k f$$

$$= \begin{pmatrix} p & 0 \\ 0 & 1 \end{pmatrix} *_k (S *_k f) = \begin{pmatrix} p & 0 \\ 0 & 1 \end{pmatrix} *_k f$$

を得る (f の保型性は最後の等号で用いた). 同様にして

$$S *_k \left(\begin{pmatrix} p & 0 \\ 0 & 1 \end{pmatrix} *_k f \right) = \begin{pmatrix} 1 & 0 \\ 0 & p \end{pmatrix} *_k f$$

も示せる. $1 \le b \le p-1$ に対して $S *_k \left(\begin{pmatrix} 1 & b \\ 0 & p \end{pmatrix} *_k f \right)$ を調べる. 命題 4.14 の証明の通り, $1 \le c \le p-1$ を $\mathbb{F}_p$ 内で $bc = -1$ となるようにとり, さらに $r \in \mathbb{Z}$ を $1+bc = pr$ となるようにとる. このとき $\begin{pmatrix} 1 & b \\ 0 & p \end{pmatrix} S = \begin{pmatrix} b & -1 \\ p & 0 \end{pmatrix} =$ $\begin{pmatrix} b & -r \\ p & -c \end{pmatrix} \begin{pmatrix} 1 & c \\ 0 & p \end{pmatrix}$ であるから, 上と同様に

$$S *_k \left(\begin{pmatrix} 1 & b \\ 0 & p \end{pmatrix} *_k f \right) = \left(\begin{pmatrix} 1 & b \\ 0 & p \end{pmatrix} S \right) *_k f = \left(\begin{pmatrix} b & -r \\ p & -c \end{pmatrix} \begin{pmatrix} 1 & c \\ 0 & p \end{pmatrix} \right) *_k f$$

$$= \begin{pmatrix} 1 & c \\ 0 & p \end{pmatrix} *_k \left(\begin{pmatrix} b & -r \\ p & -c \end{pmatrix} *_k f \right) = \begin{pmatrix} 1 & c \\ 0 & p \end{pmatrix} *_k f$$

を得る（最後の等号では, $\begin{pmatrix} b & -r \\ p & -c \end{pmatrix} \in \mathrm{SL}_2(\mathbb{Z})$ と f の保型性を用いた）. $\mathbb{F}_p$ 内で $bc = -1$ すなわち $c = -b^{-1}$ であるから, b が 1 から $p-1$ まで動くとき, c は 1 から $p-1$ までの全ての整数値を一度ずつとる. よって

$$\sum_{b=1}^{p-1} S *_k \left(\begin{pmatrix} 1 & b \\ 0 & p \end{pmatrix} *_k f \right) = \sum_{c=1}^{p-1} \begin{pmatrix} 1 & c \\ 0 & p \end{pmatrix} *_k f$$

を得る. 以上より,

$$p^{-k+1} S *_k (T_p f) = \begin{pmatrix} p & 0 \\ 0 & 1 \end{pmatrix} *_k f + \sum_{c=1}^{p-1} \begin{pmatrix} 1 & c \\ 0 & p \end{pmatrix} *_k f + \begin{pmatrix} 1 & 0 \\ 0 & p \end{pmatrix} *_k f = p^{-k+1} T_p f$$

となる. これで $T_p f$ の保型性の証明が完了した.

$T_p f$ の q 展開を考える. $q_p = e^{\frac{2\pi i z}{p}}$, $\zeta_p = e^{\frac{2\pi i}{p}}$ とおくと,

$$
\begin{aligned}
(T_p f)(z) &= p^{-1} \sum_{b=0}^{p-1} \sum_{n=1}^{\infty} a_n(f) e^{2\pi i n \frac{z+b}{p}} + p^{k-1} \sum_{n=1}^{\infty} a_n(f) e^{2\pi i n p z} \\
&= p^{-1} \sum_{b=0}^{p-1} \sum_{n=1}^{\infty} a_n(f) q_p^n \zeta_p^{nb} + p^{k-1} \sum_{n=1}^{\infty} a_n(f) q^{pn} \\
&= p^{-1} \sum_{n=1}^{\infty} \left(\sum_{b=0}^{p-1} \zeta_p^{nb} \right) a_n(f) q_p^n + p^{k-1} \sum_{n=1}^{\infty} a_{n/p}(f) q^n
\end{aligned}
$$

である（n が p の倍数でないときには $a_{n/p}(f) = 0$ とおく）.

$$\sum_{b=0}^{p-1} \zeta_p^{nb} = \begin{cases} p & (p \mid n) \\ 0 & (p \nmid n) \end{cases}$$

であるから, $p^{-1} \sum_{n=1}^{\infty} \left(\sum_{b=0}^{p-1} \zeta_p^{nb} \right) a_n(f) q_p^n = \sum_{n=1}^{\infty} a_{np}(f) q_p^{np} = \sum_{n=1}^{\infty} a_{np}(f) q^n$ となる. よって,

$$(T_p f)(z) = \sum_{n=1}^{\infty} a_{np}(f) q^n + p^{k-1} \sum_{n=1}^{\infty} a_{n/p}(f) q^n = \sum_{n=1}^{\infty} (a_{np}(f) + p^{k-1} a_{n/p}(f)) q^n$$

となり，$T_p f$ が定数項 0 の q 展開を持つことが分かる.

以上で $T_p f$ が重さ k，レベル $\mathrm{SL}_2(\mathbb{Z})$ の尖点形式となることが示された. ∎

命題 8.4 の証明において，次も得られている.

命題 8.5 f を重さ k，レベル $\mathrm{SL}_2(\mathbb{Z})$ の尖点形式とするとき，素数 p および整数 $n \geq 1$ に対し

$$a_n(T_p f) = a_{np}(f) + p^{k-1} a_{n/p}(f)$$

が成り立つ. ただし，n が p の倍数でないときには $a_{n/p}(f) = 0$ とおく.

ヘッケ作用素を用いて，ヘッケ固有形式という概念が定義できる. 尖点形式 f が正規化されたヘッケ固有形式であるときには，$T_p f$ と $a_p(f)$ が深く結び付くことが分かり，それが定理 8.1 の証明の鍵となる（後述の定理 8.9 を参照）.

定義 8.6 f を重さ k，レベル $\mathrm{SL}_2(\mathbb{Z})$ の尖点形式とする. f が**ヘッケ固有形式**であるとは，任意の素数 p に対し，$T_p f$ が f の定数倍になることをいう.

例 8.7 注意 5.16 より，重さ 12，レベル $\mathrm{SL}_2(\mathbb{Z})$ の尖点形式は $\Delta(z) = \eta(z)^{24}$ の定数倍に限られる. したがって Δ はヘッケ固有形式である.

命題 8.8 f を重さ k，レベル $\mathrm{SL}_2(\mathbb{Z})$ の尖点形式とする. f がヘッケ固有形式であり，$a_1(f) = 0$ ならば，$f = 0$ である.

[証明] $f \neq 0$ と仮定して矛盾を導く. $a_n(f) \neq 0$ となる最小の整数 $n \geq 1$ をとる. $a_1(f) = 0$ より $n \geq 2$ であるから，n を割り切る素数 p がとれる. f はヘッケ固有形式であるから，$T_p f = cf$ となる $c \in \mathbb{C}$ が存在する. $n = mp$ と書くと，命題 8.5 より $a_m(T_p f) = a_n(f) + p^{k-1} a_{m/p}(f)$ が成り立つ. n の最小性より $a_m(f) = a_{m/p}(f) = 0$ である. これと $T_p f = cf$ より $a_m(T_p f) = a_m(cf) = c \cdot a_m(f) = 0$ となるので $a_n(f) = a_m(T_p f) - p^{k-1} a_{m/p}(f) = 0$ が得られ，矛盾が起こる. ∎

この命題より，0 でないヘッケ固有形式は，定数倍することで，正規化された尖点形式にすることができる. 正規化されたヘッケ固有形式については次が成り立つ.

定理 8.9 f を重さ k，レベル $\mathrm{SL}_2(\mathbb{Z})$ の正規化されたヘッケ固有形式とする. このとき，以下が成立する.

> (1) 素数 p に対し $T_p f = a_p(f) f$.
>
> (2) 素数 p および整数 $r \geq 1$ に対し $a_{p^{r+1}}(f) = a_p(f) a_{p^r}(f) - p^{k-1} a_{p^{r-1}}(f)$.
>
> (3) 互いに素な正整数 m, n に対し $a_{mn}(f) = a_m(f) a_n(f)$.

例 8.7 より Δ は正規化されたヘッケ固有形式であり，これに定理 8.9 (2), (3) を適用するとラマヌジャンの発見した定理 8.1 が得られる．

[証明]   (1) f はヘッケ固有形式なので，$T_p f = cf$ となる $c \in \mathbb{C}$ が存在する．$a_1(T_p f) = a_1(cf) = c \cdot a_1(f) = c$ である．一方，命題 8.5 より $a_1(T_p f) = a_p(f)$ である．よって $c = a_p(f)$ となり，$T_p f = a_p(f) f$ が従う．

(2) 命題 8.5 を $n = p^r$ に適用すると，$a_{p^r}(T_p f) = a_{p^{r+1}}(f) + p^{k-1} a_{p^{r-1}}(f)$ を得る．一方，(1) より $T_p f = a_p(f) f$ であるから，$a_{p^r}(T_p f) = a_{p^r}(a_p(f) f) = a_p(f) a_{p^r}(f)$ である．よって $a_p(f) a_{p^r}(f) = a_{p^{r+1}}(f) + p^{k-1} a_{p^{r-1}}(f)$ すなわち $a_{p^{r+1}}(f) = a_p(f) a_{p^r}(f) - p^{k-1} a_{p^{r-1}}(f)$ が得られる．

(3) 正整数 m に対する命題「m と互いに素な任意の正整数 n に対し $a_{mn}(f) = a_m(f) a_n(f)$」を m に関する帰納法で示す．$m = 1$ のときは明らかである．$m \geq 2$ とし，m より小さい全ての正整数に対する命題の成立を仮定して m に対する命題を示す．$m \geq 2$ より，m を割り切る素数 p が存在する．$m = pm'$（m' は正整数）と書く．n は m と互いに素なので，$p \nmid n$ である．

命題 8.5 より $a_{m'}(T_p f) = a_m(f) + p^{k-1} a_{m'/p}(f)$ が成り立つ．一方 (1) より $a_{m'}(T_p f) = a_{m'}(a_p(f) f) = a_p(f) a_{m'}(f)$ であるから，$a_m(f) = a_p(f) a_{m'}(f) - p^{k-1} a_{m'/p}(f)$ を得る．m' を $m'n$ に置き換えることで，$a_{mn}(f) = a_p(f) a_{m'n}(f) - p^{k-1} a_{m'n/p}(f)$ も得られる．m' と n は互いに素であるから，m' に対する帰納法の仮定より，$a_{m'}(f) a_n(f) = a_{m'n}(f)$ である．また，$a_{m'/p}(f) a_n(f) = a_{m'n/p}(f)$ も成り立つ．実際，$p \mid m'$ ならば m'/p に対する帰納法の仮定より両辺は等しく，$p \nmid m'$ ならば $p \nmid n$ と合わせて $p \nmid m'n$ なので両辺はともに 0 となる．以上より

$$a_m(f) a_n(f) = a_p(f) a_{m'}(f) a_n(f) - p^{k-1} a_{m'/p}(f) a_n(f)$$

$$= a_p(f) a_{m'n}(f) - p^{k-1} a_{m'n/p}(f) = a_{mn}(f)$$

となり，m に対する命題が従う． ∎

$a_{p^r}(f)$ をもう少し具体的に求めることもできる．

系 8.10 f を定理 8.9 の通りとし,素数 p に対し $x^2 - a_p(f)x + p^{k-1} = 0$ の 2 解を α_p, β_p とする.このとき,$a_{p^r}(f) = \alpha_p^r + \alpha_p^{r-1}\beta_p + \cdots + \beta_p^r$ が成り立つ.

[証明] $r \geq 0$ に対し $t_r = a_{p^r}(f)$ とおくと,定理 8.9 (2) より,数列 $\{t_r\}$ は 3 項間漸化式

$$t_{r+2} = a_p(f)t_{r+1} - p^{k-1}t_r = (\alpha_p + \beta_p)t_{r+1} - \alpha_p\beta_p t_r$$

および $t_0 = 1, t_1 = a_p(f) = \alpha_p + \beta_p$ を満たす.これを用いて,例えば帰納法により証明すればよい. ∎

8.2 レベル $\Gamma_0(N)$ の場合

$k \geq 0$, $N \geq 1$ を整数とする.レベル $\Gamma_0(N)$ の尖点形式に対しては,T_p の定義に少し修正が必要である.

定義 8.11 f を重さ k,レベル $\Gamma_0(N)$ の尖点形式とする.素数 p に対し,関数 $T_p f : \mathbb{H} \to \mathbb{C}$ を以下のように定める.

- $p \nmid N$ のときは,$T_p f$ は定義 8.3 と同様とする.

- $p \mid N$ のときは,$(T_p f)(z) = p^{k-1} \displaystyle\sum_{b=0}^{p-1}\left(\begin{pmatrix} 1 & b \\ 0 & p \end{pmatrix} *_k f\right)(z) = \displaystyle\sum_{b=0}^{p-1} p^{-1} f\left(\frac{z+b}{p}\right)$ とする.

命題 8.4 および命題 8.5 と同様,次を証明することができる(詳細は省略).

命題 8.12 f および p を定義 8.11 の通りとするとき,$T_p f$ は重さ k,レベル $\Gamma_0(N)$ の尖点形式である.さらに,次が成り立つ:

$$a_n(T_p f) = \begin{cases} a_{np}(f) + p^{k-1}a_{n/p}(f) & (p \nmid N) \\ a_{np}(f) & (p \mid N). \end{cases}$$

ヘッケ固有形式も同様に定義すると,命題 8.8,定理 8.9,系 8.10 の一般化として,次が得られる.

命題 8.13 f を重さ k, レベル $\Gamma_0(N)$ の尖点形式とする. f がヘッケ固有形式であり, $a_1(f) = 0$ ならば, $f = 0$ である.

定理 8.14 f を重さ k, レベル $\Gamma_0(N)$ の正規化されたヘッケ固有形式とする. このとき, 以下が成立する.

(1) 素数 p に対し $T_p f = a_p(f) f$.

(2) 素数 p および整数 $r \geq 1$ に対し

$$a_{p^{r+1}}(f) = \begin{cases} a_p(f) a_{p^r}(f) - p^{k-1} a_{p^{r-1}}(f) & (p \nmid N) \\ a_p(f) a_{p^r}(f) & (p \mid N). \end{cases}$$

さらに, $p \nmid N$ のときは, $x^2 - a_p(f)x + p^{k-1} = 0$ の 2 解を α_p, β_p とすると,

$$a_{p^r}(f) = \alpha_p^r + \alpha_p^{r-1}\beta_p + \cdots + \beta_p^r$$

である. $p \mid N$ のときは $a_{p^r}(f) = a_p(f)^r$ である.

(3) 互いに素な正整数 m, n に対し $a_{mn}(f) = a_m(f) a_n(f)$.

例 8.15 $f(z) = \eta(z)^2 \eta(11z)^2 = q \prod_{n=1}^{\infty} (1 - q^n)^2 (1 - q^{11n})^2$ とおく. 定理 5.12 より, f は重さ 2, レベル $\Gamma_0(11)$ の尖点形式であり, 重さ 2, レベル $\Gamma_0(11)$ の尖点形式は f の定数倍に限る. よって f は正規化されたヘッケ固有形式である.

前章 (112 ページ) で計算したように, $a_5(f) = 1$ である. よって, α_5, β_5 は $x^2 - x + 5 = 0$ の 2 解, すなわち $\dfrac{1 \pm \sqrt{-19}}{2}$ となる. 定理 8.14 (2) より,

$$a_{125}(f) = \alpha_5^3 + \alpha_5^2\beta_5 + \alpha_5\beta_5^2 + \beta_5^3 = (\alpha_5 + \beta_5)^3 - 2\alpha_5\beta_5(\alpha_5 + \beta_5) = 1 - 2 \times 5 = -9$$

である. また, $a_{11}(f) = 1$ なので, 整数 $r \geq 1$ に対し $a_{11^r}(f) = 1$ である.

8.3 $|a_n(f)|$ の評価

例 8.15 の通り, $f(z) = \eta(z)^2 \eta(11z)^2 = q \prod_{n=1}^{\infty} (1 - q^n)^2 (1 - q^{11n})^2$ とする. 定理 7.2 より, 楕円曲線 $X_{\Gamma_1(11)} : y^2 + y = x^3 - x^2$ および素数 $p \neq 11$ に対して

$$\#X_{\Gamma_1(11)}(\mathbb{F}_p) = 1 + p - a_p(f)$$

が成立していた．さらに，楕円曲線 $X_{\Gamma_1(11)}$ に対するハッセの定理より，

$$|\#X_{\Gamma_1(11)}(\mathbb{F}_p) - (1+p)| \leq 2\sqrt{p}$$

が成り立つので，$|a_p(f)| \leq 2\sqrt{p}$ という評価が得られるのであった（121 ページを参照）．本節では，これと定理 8.14 を組み合わせて，整数 $n \geq 1$ に対する $|a_n(f)|$ の評価を与える．得られる結果は非常に強力であり，次章でも用いられる．

定理 8.16　$n \geq 1$ を整数とし，n の正の約数の個数を $d(n)$ と書くと，

$$|a_n(f)| \leq d(n)\sqrt{n}$$

が成り立つ．特に，$|a_n(f)| \leq 2n$ である．

[証明]　$n = p_1^{r_1} \cdots p_l^{r_l}$（$p_1, \ldots, p_l$ は相異なる素数）と書く．定理 8.14 (3) より $a_n(f) = a_{p_1^{r_1}}(f) \cdots a_{p_l^{r_l}}(f)$ が成り立つ．$d(n) = d(p_1^{r_1}) \cdots d(p_l^{r_l})$ および $\sqrt{n} = \sqrt{p_1^{r_1}} \cdots \sqrt{p_l^{r_l}}$ より，$l = 1$ の場合を考えればよい．p_1, r_1 をそれぞれ p, r と書く．

まず $p \neq 11$ の場合を考える．$x^2 - a_p(f)x + p = 0$ の 2 解を α_p, β_p とおく．$|a_p(f)| \leq 2\sqrt{p}$ より，$x^2 - a_p(f)x + p$ の判別式 $a_p(f)^2 - 4p$ は 0 以下である．判別式が 0 ならば $\alpha_p = \beta_p = \dfrac{a_p(f)}{2}$ であり，判別式が負ならば α_p, β_p は互いに共役な虚数である．どちらの場合も $\beta_p = \overline{\alpha_p}$ なので，$|\alpha_p|^2 = \alpha_p\beta_p = p$ を得る．よって $|\alpha_p| = |\beta_p| = \sqrt{p}$ である．定理 8.14 (2) より

$$|a_{p^r}(f)| = |\alpha_p^r + \alpha_p^{r-1}\beta_p + \cdots + \beta_p^r| \leq (r+1)(\sqrt{p})^r = d(p^r)\sqrt{p^r}$$

であるから，$|a_n(f)| \leq d(n)\sqrt{n}$ が示された．$p = 11$ の場合は $|a_{11^r}(f)| = |a_{11}(f)|^r = 1 \leq d(11^r)\sqrt{11^r}$ なので，この場合も確かに $|a_n(f)| \leq d(n)\sqrt{n}$ が成立している．

n の正の約数の集合を D_n とおき，$m \in D_n$ に $\min\left\{m, \dfrac{n}{m}\right\} \in \mathbb{Z}$ を対応させる写像を考えると，$1 \leq \min\left\{m, \dfrac{n}{m}\right\} \leq \sqrt{n}$ より，像の元の個数は $\sqrt{n}$ 以下であり，また，像の各元の逆像の個数は 2 以下である．このことから，$d(n) = \#D_n \leq 2\sqrt{n}$ が分かるので，$|a_n(f)| \leq d(n)\sqrt{n} \leq 2n$ が従う．■

注意 8.17 複素解析を使うことで，ある実数 $C > 0$ であって，任意の整数 $n \geq 1$ に対して $|a_n(f)| \leq Cn$ となるものが存在することが証明できる（より一般に，重さ k の尖点形式 f に対し，ある実数 $C > 0$ であって，任意の $n \geq 1$ に対して $|a_n(f)| \leq Cn^{\frac{k}{2}}$ となるものが存在する）．定理 8.16 の評価は，C を具体的に与えているという点で，より優れている．また，$d(n)$ をより精密に評価することで，定理 8.16 から次を導くこともできる：任意の実数 $\varepsilon > 0$ に対し，ある実数 $C_\varepsilon > 0$ であって，任意の $n \geq 1$ に対して $|a_n(f)| \leq C_\varepsilon n^{\frac{1}{2}+\varepsilon}$ となるものが存在する．

8.4 保型 L 関数

定理 8.14 の主張を分かりやすく言い換えるために，保型 L 関数を導入する．$k \geq 0,\ N \geq 1$ を整数とする．

定義 8.18 f を重さ k，レベル $\Gamma_0(N)$ の正規化されたヘッケ固有形式とする．$\operatorname{Re} s > 1 + \dfrac{k}{2}$ となる $s \in \mathbb{C}$ に対し，

$$L(s, f) = \sum_{n=1}^{\infty} \frac{a_n(f)}{n^s}$$

と定め，f の **保型 L 関数**，あるいは単に L 関数と呼ぶ．

注意 8.17 で述べたように，ある実数 $C > 0$ に対して $|a_n(f)| \leq Cn^{\frac{k}{2}}$ となる．これと定理 A.4，定理 A.16 を用いると，$\operatorname{Re} s > 1 + \dfrac{k}{2}$ となる $s \in \mathbb{C}$ に対し $\displaystyle\sum_{n=1}^{\infty} \frac{a_n(f)}{n^s}$ が収束すること，この範囲で $L(s, f)$ が正則関数となることが分かる．

定理 8.14 を使って $L(s, f)$ を変形してみよう．まず定理 8.14 (3) より，

$$L(s, f) = \sum_{n=1}^{\infty} \frac{a_n(f)}{n^s}$$

$$= \left(\frac{a_{2^0}(f)}{(2^0)^s} + \frac{a_{2^1}(f)}{(2^1)^s} + \frac{a_{2^2}(f)}{(2^2)^s} + \cdots \right) \left(\frac{a_{3^0}(f)}{(3^0)^s} + \frac{a_{3^1}(f)}{(3^1)^a} + \frac{a_{3^2}(f)}{(3^2)^s} + \cdots \right) \cdots$$

$$= \prod_{p:\text{素数}} \sum_{r=0}^{\infty} \frac{a_{p^r}(f)}{p^{rs}}$$

となる. 素数 p に対し $L_p = \displaystyle\sum_{r=0}^{\infty} \frac{a_{p^r}(f)}{p^{rs}}$ とおき, 定理 8.14 (2) を使って L_p を計算する. $p \nmid N$ のとき,

$$L_p = 1 + \frac{a_p(f)}{p^s} + \sum_{r=0}^{\infty} \frac{a_{p^{r+2}}(f)}{p^{(r+2)s}} = 1 + \frac{a_p(f)}{p^s} + \sum_{r=0}^{\infty} \frac{a_p(f)a_{p^{r+1}}(f) - p^{k-1}a_{p^r}(f)}{p^{(r+2)s}}$$

$$= 1 + a_p(f)p^{-s} + a_p(f)p^{-s} \sum_{r=0}^{\infty} \frac{a_{p^{r+1}}(f)}{p^{(r+1)s}} - p^{k-1-2s} \sum_{r=0}^{\infty} \frac{a_{p^r}(f)}{p^{rs}}$$

$$= 1 + (a_p(f)p^{-s} - p^{k-1-2s})L_p$$

より $L_p = \dfrac{1}{1 - a_p(f)p^{-s} + p^{k-1-2s}}$ となる. また, $p \mid N$ のとき,

$$L_p = 1 + \sum_{r=0}^{\infty} \frac{a_{p^{r+1}}(f)}{p^{(r+1)s}} = 1 + \sum_{r=0}^{\infty} \frac{a_p(f)a_{p^r}(f)}{p^{(r+1)s}} = 1 + a_p(f)p^{-s}L_p$$

より $L_p = \dfrac{1}{1 - a_p(f)p^{-s}}$ となる. 以上で, 次が得られた[*2].

> **定理 8.19**　f を重さ k, レベル $\Gamma_0(N)$ の正規化されたヘッケ固有形式とするとき, $\mathrm{Re}\, s > 1 + \dfrac{k}{2}$ を満たす $s \in \mathbb{C}$ に対し以下の等式が成り立つ:
>
> $$L(s,f) = \prod_{p \nmid N : 素数} \frac{1}{1 - a_p(f)p^{-s} + p^{k-1-2s}} \prod_{p \mid N : 素数} \frac{1}{1 - a_p(f)p^{-s}}.$$
>
> これを $L(s,f)$ の**オイラー積表示**と呼ぶ.

$L(s,f)$ は, **リーマンゼータ関数** $\zeta(s) = \displaystyle\sum_{n=1}^{\infty} \frac{1}{n^s}$ の類似となっている. $\zeta(s)$ は $\mathrm{Re}\, s > 1$ となる $s \in \mathbb{C}$ に対して収束し, 定理 8.19 と似たオイラー積表示 $\zeta(s) = \displaystyle\prod_{p:素数} \frac{1}{1 - p^{-s}}$ を持つ (証明は定理 8.19 よりもはるかに簡単である). さらに, $\zeta(s)$ は以下の 2 つの著しい性質を持っている.

[*2] ここでは収束を無視して形式的な議論を行った. 本当はもう少し慎重な議論が必要であるが, 詳細は省略する.

- $\zeta(s)$ は $\mathbb{C} \smallsetminus \{1\}$ 上の正則関数へと定義域を拡張できる．定理 A.19 より，このような拡張はただ 1 つであり，$\zeta(s)$ の**解析接続**と呼ばれる．

- $\operatorname{Re} s > 0$ となる $s \in \mathbb{C}$ に対し $\Gamma(s) = \displaystyle\int_0^\infty e^{-x} x^{s-1}\,dx$ とおき，**ガンマ関数**と呼ぶ．ガンマ関数は $\Gamma(n) = (n-1)!$（n は正整数）および $\Gamma(s+1) = s\Gamma(s)$ という性質を持ち，2 つ目の性質を繰り返し使うことで $\mathbb{C} \smallsetminus \{0, -1, -2, \dots\}$ 上へと解析接続できる（例えば，$-1 < \operatorname{Re} s \leq 0$ かつ $s \neq 0$ のときには $\Gamma(s) = \dfrac{\Gamma(s+1)}{s}$ とおけばよい）．こうして定めたガンマ関数を用いて $\Lambda(s) = \pi^{-\frac{s}{2}} \Gamma\left(\dfrac{s}{2}\right) \zeta(s)$ とおくと，**関数等式** $\Lambda(s) = \Lambda(1-s)$ が成り立つ．

実は，f が新形式ならば，$L(s, f)$ もこれらとよく似た性質を満たす．後に 9.3 節において，$f(z) = \eta(z)^2 \eta(11z)^2 = q \displaystyle\prod_{n=1}^\infty (1 - q^n)^2 (1 - q^{11n})^2$ の場合にその証明を与える．

8.5　参考文献ガイド

ラマヌジャンの発見については，[34] の第 9 章に記述がある．T_p は，[34] ではモーデル作用素と呼ばれている．ヘッケ作用素については，[14] や [55] など，保型形式に関する教科書の多くで扱われている．

注意 8.17 で触れた $|a_n(f)|$ の複素解析による評価については，[55] に記載がある．

第 **9** 章

楕円曲線に対する大定理・大予想

本章では，楕円曲線に対する大定理・大予想を概観する．9.1 節では，楕円曲線の $\mathbb{F}_p$ 有理点の個数に関する定理を扱う．既に第 7 章や第 8 章でも用いたハッセの定理は，固定した素数 p に対する $\mathbb{F}_p$ 有理点の個数に関するものであった．これに加え，9.1 節では，整数係数の方程式で定まる楕円曲線 E を固定して素数 p を動かしたときに $\#E(\mathbb{F}_p)$ がどのように分布するかを記述する佐藤 – テイト予想（現在は解決済み）を紹介する．9.2 節では，楕円曲線の $\mathbb{Q}$ 有理点に話題を移し，楕円曲線の $\mathbb{Q}$ 有理点がそれほど多くないことを主張するモーデル – ヴェイユの定理や，楕円曲線の $\mathbb{Q}$ 有理点がどのくらいあるかが楕円曲線の L 関数というものを用いて記述できることを予想する BSD 予想などを紹介する．9.3 節では，BSD 予想のうち解決済みの部分（グロス – ザギエ，コリヴァギンの定理）を用いて，楕円曲線 $X_{\Gamma_1(11)}\colon y^2 + y = x^3 - x^2$ の $\mathbb{Q}$ 有理点が有限個であることを示す．これは実質的には，8.4 節で導入した保型 L 関数を調べることによって行われる．9.4 節では，グロス – ザギエ，コリヴァギンの定理の証明の概略を説明する．BSD 予想の研究においても，モジュラー曲線の理論が不可欠であることが理解できるだろう．最後に 9.5 節では，BSD 予想と素朴な整数論の問題が関係する一例として，合同数問題をとりあげる．

本章を通して，整数係数の方程式で定義される楕円曲線 $E\colon y^2 = x^3 + ax + b$ $(a, b \in \mathbb{Z}, -16(4a^3 + 27b^2) \neq 0)$ を考える．

9.1 楕円曲線の $\mathbb{F}_p$ 有理点

$p \nmid -16(4a^3 + 27b^2)$ となる素数 p に対し，$a_p(E) = 1 + p - \#E(\mathbb{F}_p)$ とおく（$E(\mathbb{F}_p)$ には無限遠点も含める）．まず，第 7 章や第 8 章でも既に用いた，ハッセの

定理を紹介しよう.

定理 9.1（ハッセ）　$|a_p(E)| \leq 2\sqrt{p}$ が成り立つ. また, $T^2 - a_p(E)T + p = 0$ の 2 解を α_p, β_p とおくと, $|\alpha_p| = |\beta_p| = \sqrt{p}$ が成り立つ（これが $|a_p(E)| \leq 2\sqrt{p}$ から導かれることについては, 定理 8.16 の証明を参照）.

ハッセの定理の証明は第 10 章で与える. ハッセの定理は, $\mathbb{F}_p$ 上の代数多様体に対する**ヴェイユ予想**へと一般化される. このことについては第 11 章で扱う.

定理 9.1 より, α_p と β_p の絶対値は $\sqrt{p}$ であることが分かるが, α_p と β_p の偏角はどうなるのだろうか？ これにある意味で答えを与えるのが, 佐藤 – テイト予想である. 定理 8.16 の証明の通り $\beta_p = \overline{\alpha_p}$ であるから, 以下では, 必要なら α_p と β_p を取り替えることで, $\mathrm{Im}\,\alpha_p \geq 0$（すなわち $0 \leq \arg \alpha_p \leq \pi$）となるようにしておく.

定理 9.2（佐藤 – テイト予想, クローゼル – ハリス – シェパード＝バロン – テイラー）

E が虚数乗法を持たないとき, $\{\arg \alpha_p \mid p\text{ は素数}, p \nmid -16(4a^3 + 27b^2)\}$ は $f(x) = \dfrac{2}{\pi} \sin^2 x$ の形に分布する. つまり, $0 \leq r < s \leq \pi$ となる任意の実数 r, s に対し,

$$\lim_{N \to \infty} \frac{\#\{p \leq N \mid p \nmid -16(4a^3 + 27b^2), r \leq \arg \alpha_p \leq s\}}{\#\{p \leq N \mid p \nmid -16(4a^3 + 27b^2)\}} = \int_r^s \frac{2}{\pi} \sin^2 x \, dx$$

が成り立つ.

定理中の「E が虚数乗法を持つ」という条件は, 定理 3.28 を用いて E と E_{Λ_τ} が同型となる $\tau \in \mathbb{H}$ をとったときに, τ が $a + b\sqrt{-d}$ $(a, b \in \mathbb{Q}, d \in \mathbb{Z}, b, d > 0)$ という形をしていることを指す. 以下の例が示すように, E が虚数乗法を持つ場合には $\{\arg \alpha_p\}$ の分布はもっと単純になる.

例 9.3　$E: y^2 = x^3 - x$ のとき, $j(E) = 1728 = j(i) = j(E_{\Lambda_i})$（2 つ目の等号については 62 ページを参照）であるから, 定理 3.22 より E と E_{Λ_i} は同型である. よって E は虚数乗法を持つ. この E に対し, 以下が成り立つ.

- $p \equiv 3 \pmod 4$ となる素数 p に対し, $\arg \alpha_p = \dfrac{\pi}{2}$ である.
- $\{\arg \alpha_p \mid p \equiv 1 \pmod 4\}$ は $[0, \pi]$ 上一様に分布する.

一方，$X_{\Gamma_1(11)} : y^2 + y = x^3 - x^2$ は虚数乗法を持たない．

定理 9.2 は，まず佐藤幹夫によって，計算機による実験を経て予想として提起された．その後テイトによって，L 関数による意味付けが与えられた．このテイトの観察について，少し説明を行う．

定義 9.4　$m \geq 1$ を整数とする．$\mathrm{Re}\, s > \dfrac{m}{2} + 1$ となる $s \in \mathbb{C}$ に対し

$$L(s, \mathrm{Sym}^m E) = \prod_{p \nmid -16(4a^3 + 27b^2)} \frac{1}{(1 - \alpha_p^m p^{-s})(1 - \alpha_p^{m-1}\beta_p p^{-s}) \cdots (1 - \beta_p^m p^{-s})}$$

$$\times \prod_{p \mid -16(4a^3 + 27b^2)} \cdots$$

とおく（$p \mid -16(4a^3 + 27b^2)$ の項の定義は省略）．右辺の無限積は収束し，$L(s, \mathrm{Sym}^m E)$ は $\left\{ s \in \mathbb{C} \mid \mathrm{Re}\, s > \dfrac{m}{2} + 1 \right\}$ 上の正則関数となることがハッセの定理（定理 9.1）から分かる．

　$m = 1$ のとき，$L(s, \mathrm{Sym}^1 E)$ を単に $L(s, E)$ と書き，楕円曲線 E の **L 関数** と呼ぶ．一般の整数 $m \geq 1$ に対する $L(s, \mathrm{Sym}^m E)$ は E の **対称積 L 関数** と呼ばれる．

テイトの観察は，次の定理にまとめられる．

定理 9.5（テイトの観察）　任意の $m \geq 1$ に対し，$L(s, \mathrm{Sym}^m E)$ が $\mathrm{Re}\, s \geq \dfrac{m}{2} + 1$ の範囲に解析接続できて，この範囲に零点を持たないならば，佐藤 – テイト予想は正しい．

素数定理（素数が $f(x) = \dfrac{x}{\log x}$ の形に分布するという定理）はリーマンゼータ関数 $\zeta(s)$ が $\mathrm{Re}\, s \geq 1$ の範囲に零点を持たないことを用いて証明されたが，テイトの観察はそのことの類似となっている．

　テイトの観察により，佐藤 – テイト予想を解決するには，$L(s, \mathrm{Sym}^m E)$ を解析接続し，その零点を調べればよいことになったが，この問題を楕円曲線のみを考えて解くのは非常に困難であり，フェルマー予想のときと同様，保型形式と結び付ける考え方が有効である．

　まず，$m = 1$ の場合に考えてみよう．志村 – 谷山予想（定理 7.10 (2)）より，重さ 2 の正規化されたヘッケ固有新形式 f であって，$p \nmid -16(4a^3 + 27b^2)$ となる任

意の素数 p に対し $a_p(f) = a_p(E)$ を満たすものが存在する. このとき, $\operatorname{Re} s > \dfrac{3}{2}$ となる $s \in \mathbb{C}$ に対し

$$
\begin{aligned}
L(s, E) &= \prod_{p \nmid -16(4a^3+27b^2)} \frac{1}{(1 - \alpha_p p^{-s})(1 - \beta_p p^{-s})} \times \prod_{p \mid -16(4a^3+27b^2)} \cdots \\
&= \prod_{p \nmid -16(4a^3+27b^2)} \frac{1}{1 - a_p(E) p^{-s} + p^{1-2s}} \times \prod_{p \mid -16(4a^3+27b^2)} \cdots \\
&= \prod_{p \nmid -16(4a^3+27b^2)} \frac{1}{1 - a_p(f) p^{-s} + p^{1-2s}} \times \prod_{p \mid -16(4a^3+27b^2)} \cdots
\end{aligned}
$$

となる. 右辺は $L(s, f)$ のオイラー積表示 (定理 8.19) とかなり近い形をしている. $L(s, E)$ における $\displaystyle\prod_{p \mid -16(4a^3+27b^2)} \cdots$ の項の定義は与えなかったが, $L(s, f)$ のオイラー積表示と整合的になるように定めるので, 結局, 定理 8.19 より, $\operatorname{Re} s > 2$ となる $s \in \mathbb{C}$ に対し $L(s, E) = L(s, f)$ が成り立つことになる. つまり,

　　　楕円曲線と保型形式が対応するならば, その L 関数は一致する

ということが成立する. したがって, $L(s, E)$ を解析接続するためには $L(s, f)$ を解析接続すれば十分である. 第 8 章の最後に述べたように, これは可能であり, 9.3 節において $f(z) = \eta(z)^2 \eta(11z)^2 = q \displaystyle\prod_{n=1}^{\infty}(1 - q^n)^2(1 - q^{11n})^2$ の場合に証明を与える.

　$m \geq 2$ の場合, $L(s, \operatorname{Sym}^m E)$ を f と結び付けることは困難であるが, ラングランズ予想の一部として, GL_{m+1} の尖点的保型表現 π_m であって $L(s, \pi_m) = L(s, \operatorname{Sym}^m E)$ を満たすものの存在が予見されていた. 保型表現の L 関数に対する一般論から, $L(s, \pi_m)$ の $\mathbb{C}$ 全体への解析接続の存在および $\operatorname{Re} s \geq \dfrac{m}{2} + 1$ において $L(s, \pi_m) \neq 0$ となることが分かっているので, このような π_m が存在するならば, $L(s, \operatorname{Sym}^m E)$ に対する所望の性質も得られることになる. つまり, 「任意の m に対し, GL_{m+1} のラングランズ予想が解決できれば, 佐藤–テイト予想も解ける」ということである. クローゼル–ハリス–シェパード゠バロン–テイラーは, π_m の存在より少し弱い主張 (潜保型性) を証明することで, 佐藤–テイト予想を解決した. その後, ニュートン–ソーンによって, π_m が存在することも証明された.

9.2 楕円曲線の $\mathbb{Q}$ 有理点

次に，$E(\mathbb{Q}) = \{(x, y) \in \mathbb{Q}^2 \mid y^2 = x^3 + ax + b\} \cup \{O\}$ に関する話に移る[*1]．$\mathbb{F}_p$ と異なり $\mathbb{Q}$ は無限体であるから，$E(\mathbb{Q})$ は無限集合になることもあり得る．定義 6.3 および注意 6.5 で述べたように，$P, Q \in E(\mathbb{Q})$ に対し $P + Q, -P \in E(\mathbb{Q})$ が定まっていたことを思い出しておこう．

$E(\mathbb{Q})$ の分析の出発点となるのが，次の定理である．

定理 9.6（モーデル–ヴェイユ） $E(\mathbb{Q})$ は有限生成アーベル群である．つまり，有限個の元 $P_1, \ldots, P_m \in E(\mathbb{Q})$ であって次を満たすものが存在する：$E(\mathbb{Q})$ の任意の元は $n_1 P_1 + \cdots + n_m P_m$ $(n_1, \ldots, n_m \in \mathbb{Z})$ という形に書くことができる．

有限生成アーベル群の構造定理（本書では説明しない）を用いると，$E(\mathbb{Q})$ の様子をもう少し詳しく捉えることができる．

系 9.7 (1) $E(\mathbb{Q})_{\mathrm{tors}} = \{P \in E(\mathbb{Q}) \mid$ ある正整数 n に対して $nP = O\}$ とおくと，$E(\mathbb{Q})_{\mathrm{tors}}$ は有限集合である．

(2) 整数 $r \geq 0$ および $P_1, \ldots, P_r \in E(\mathbb{Q})$ であって次を満たすものが存在する：$E(\mathbb{Q})$ の任意の元は $n_1 P_1 + \cdots + n_r P_r + Q$ $(n_1, \ldots, n_r \in \mathbb{Z}, Q \in E(\mathbb{Q})_{\mathrm{tors}})$ という形にただ一通りに書くことができる．さらに，この性質を満たす r は一意的に定まる．r を E の**階数**といい，$\mathrm{rank}(E)$ と書く．

注意 9.8 $\mathrm{rank}(E) = 0$ であることと $E(\mathbb{Q})$ が有限集合であることは同値である．実際，$\mathrm{rank}(E) = 0$ ならば $E(\mathbb{Q}) = E(\mathbb{Q})_{\mathrm{tors}}$ なので，系 9.7 (1) より $E(\mathbb{Q})$ は有限集合である．また，$\mathrm{rank}(E) \geq 1$ ならば，$r = \mathrm{rank}(E)$ とおき，$P_1, \ldots, P_r \in E(\mathbb{Q})$ を系 9.7 (2) の通りにとると，$P_1, 2P_1, 3P_1, \ldots$ は全て異なるので，$E(\mathbb{Q})$ は無限集合である．すなわち，$E(\mathbb{Q})$ が有限集合ならば $\mathrm{rank}(E) = 0$ である．

系 9.7 より，$E(\mathbb{Q})$ を理解するためには，$E(\mathbb{Q})_{\mathrm{tors}}$ と $\mathrm{rank}(E)$ を調べればよい．このうち $E(\mathbb{Q})_{\mathrm{tors}}$ は，次の定理を用いて比較的簡単に調べることができる．

[*1] 本章では，$E(\mathbb{F}_p)$ と同様，$E(\mathbb{Q})$ にも無限遠点を含めるものとする．これは第 1 章や第 6 章の記号法と異なるので，注意されたい．

定理 9.9 (ルッツ – ナゲル) $P = (x_0, y_0) \in E(\mathbb{Q})_{\mathrm{tors}} \setminus \{O\}$ ならば, $x_0, y_0 \in \mathbb{Z}$ である. さらに $2P \neq O$ (すなわち $y_0 \neq 0$) ならば, $y_0^2 \mid 4a^3 + 27b^2$ である.

例題 9.10 楕円曲線 $E : y^2 = x^3 + 8$ を考える.

(1) ルッツ – ナゲルの定理を用いて, $E(\mathbb{Q})_{\mathrm{tors}}$ の元の候補を探せ.

(2) (1) で求めた点 P に対し $2P$ を計算することで, 実際に $E(\mathbb{Q})_{\mathrm{tors}}$ に属する有理点を決定せよ.

[解答] (1) まず, $P = (x_0, y_0) \in E(\mathbb{Q})_{\mathrm{tors}} \setminus \{O\}$ が $2P = O$ を満たすならば, $y_0 = 0$ かつ $x_0^3 + 8 = 0$ となる. よって $(x_0, y_0) = (-2, 0)$ である. 次に, $2P \neq O$ の場合を考える. このとき, y_0^2 は $4a^3 + 27b^2 = 2^6 \times 3^3$ を割り切るので, y_0 としてあり得るのは $\pm 1, \pm 2, \pm 4, \pm 8, \pm 3, \pm 6, \pm 12, \pm 24$ のいずれかである. このうち, $x_0^3 = y_0^2 - 8$ が立方数となるものは $y_0 = \pm 4, \pm 3$ のみであり, 対応する x_0 はそれぞれ $2, 1$ である. 以上より, $O, (-2, 0), (2, \pm 4), (1, \pm 3)$ が $E(\mathbb{Q})_{\mathrm{tors}}$ の元の候補である.

(2) O および $(-2, 0)$ は $E(\mathbb{Q})_{\mathrm{tors}}$ の元である ($P = (-2, 0)$ は $2P = O$ を満たすことに注意). $P = (2, 4)$ に対し $2P$ を計算しよう. $(2, 4)$ における $y^2 = x^3 + 8$ の接線は $y = \dfrac{3}{2} x + 1$ であり, これと $y^2 = x^3 + 8$ の交点のうち P でないもの $P * P$ の x 座標は $-\dfrac{7}{4}$ であるから, $2P$ の x 座標も $-\dfrac{7}{4}$ である. これは整数ではないので, 定理 9.9 より $2P \notin E(\mathbb{Q})_{\mathrm{tors}}$ を得る. よって $P \notin E(\mathbb{Q})_{\mathrm{tors}}$ である (もし $P \in E(\mathbb{Q})_{\mathrm{tors}}$ なら, $nP = O$ となる正整数 n が存在するので, $n(2P) = O$ となり, $2P \in E(\mathbb{Q})_{\mathrm{tors}}$ となってしまう). 同様に $(2, -4) \notin E(\mathbb{Q})_{\mathrm{tors}}$ である.

$Q = (1, \pm 3)$ に対しても, $2Q$ の x 座標が $-\dfrac{7}{4}$ となるので, $Q \notin E(\mathbb{Q})_{\mathrm{tors}}$ が分かる. 以上より, $E(\mathbb{Q})_{\mathrm{tors}} = \{O, (-2, 0)\}$ である. ∎

例 9.11 (1) $X_{\Gamma_1(11)} : y^2 + y = x^3 - x^2$ を変数変換したもの $y^2 = x^3 - 432x + 8208$ ($a = -432$, $b = 8208$ のとき $4a^3 + 27b^2 = 2^8 \times 3^{12} \times 11$) に定理 9.9 を適用すると, $X_{\Gamma_1(11)}(\mathbb{Q})_{\mathrm{tors}} = \{(0, 0), (1, 0), (0, -1), (1, -1), O\}$ が分かる.

(2) $X_{\Gamma_0(27)} : y^2 + y = x^3 - 7$ (定理 7.5 参照) を変数変換したもの $y^2 = x^3 - 432$ ($a = 0$, $b = -432$ のとき $4a^3 + 27b^2 = 2^8 \times 3^9$) に定理 9.9 を適用すると, $X_{\Gamma_0(27)}(\mathbb{Q})_{\mathrm{tors}} = \{(3, 4), (3, -5), O\}$ が分かる.

階数 $\mathrm{rank}(E)$ を求めるのは難しい問題だと思われているが，$\mathrm{rank}(E)$ を E の L 関数 $L(s, E)$ と関係づける予想がある．

予想 9.12（バーチ‐スウィンナートン＝ダイアー予想（**BSD 予想**））　等式

$$\mathrm{rank}(E) = \mathrm{ord}_{s=1} L(s, E)$$

が成り立つ．ここで，$\mathrm{ord}_{s=1} L(s, E)$ は $s = 1$ における $L(s, E)$ の零点の位数，すなわち，$L(1, E) = L'(1, E) = \cdots = L^{(m-1)}(1, E) = 0$ かつ $L^{(m)}(1, E) \neq 0$ となる唯一の整数 $m \geq 0$ を表す（$L(1, E) \neq 0$ ならば $\mathrm{ord}_{s=1} L(s, E) = 0$ である）．

定義 9.4 では，$L(s, E)$ を無限積

$$\prod_{p \nmid 16(4a^3 + 27b^2)} \frac{1}{1 - a_p(E)p^{-s} + p^{1-2s}} \times \prod_{p \mid 16(4a^3 + 27b^2)} \cdots$$

によって定義したが，この無限積の収束は $\mathrm{Re}\, s > \dfrac{3}{2}$ の範囲でしか分からないため，$\mathrm{ord}_{s=1} L(s, E)$ を考えるには，まず $L(s, E)$ を $s = 1$ を含む範囲に解析接続する必要がある．141, 142 ページでも述べたように，この解析接続は，志村‐谷山予想（定理 7.10 (2)）を用いて E に対応する正規化されたヘッケ固有新形式 f をとり，$L(s, E)$ の代わりに $L(s, f)$ を解析接続することによって行われる．

BSD 予想は現在においても完全解決からはほど遠い状況にあるが，部分的な結果として，以下が知られている．

定理 9.13（グロス‐ザギエ，コリヴァギン）　$L(1, E) \neq 0$ または $L'(1, E) \neq 0$ ならば，BSD 予想は正しい．特に，$L(1, E) \neq 0$ ならば $\mathrm{rank}(E) = 0$ となり，したがって $E(\mathbb{Q})$ は有限集合である（注意 9.8 参照）．

注意 9.14　E が虚数乗法を持ち，$L(1, E) \neq 0$ を満たす場合の定理 9.13 は，グロス‐ザギエ，コリヴァギンに先んじて，コーツ‐ワイルズによって証明されていた．

定理 9.13 の証明の概要については，9.4 節で解説を行う．また，9.3 節では，楕円曲線 $X_{\Gamma_1(11)} : y^2 + y = x^3 - x^2$ に対して $L(1, X_{\Gamma_1(11)})$ を計算し，それが 0 でないことを証明する（定理 9.18）．このことと定理 9.13，例 9.11 (1) を合わせると，

$$X_{\Gamma_1(11)}(\mathbb{Q}) = X_{\Gamma_1(11)}(\mathbb{Q})_{\mathrm{tors}} = \{(0,0), (1,0), (0,-1), (1,-1), O\}$$

すなわち $X_{\Gamma_1(11)}(\mathbb{Q}) \smallsetminus \{(0,0), (1,0), (0,-1), (1,-1), O\} = \varnothing$ が従う．一方，定理 6.15 とその脚注で見たように，$X_{\Gamma_1(11)}(\mathbb{Q}) \smallsetminus \{(0,0), (1,0), (0,-1), (1,-1), O\}$ の元は

- $\mathbb{Q}$ 上の楕円曲線 E，および
- E の $\mathbb{Q}$ 有理点 $P \in E(\mathbb{Q})$ で 11 等分点であるもの[*2]

の組 (E, P)（同型なものは同一視）と一対一に対応しているのであった．よって次の定理が得られる．

定理 9.15　E を $\mathbb{Q}$ 上の楕円曲線とするとき，$P \in E(\mathbb{Q})$ で 11 等分点であるものは存在しない．

$E(\mathbb{Q})_{\mathrm{tors}}$ の構造については，より詳しく，以下の定理が知られている．

定理 9.16（メイザー）　E を $\mathbb{Q}$ 上の楕円曲線とし，$n = \#E(\mathbb{Q})_{\mathrm{tors}}$ とおく．このとき，以下のいずれかが成り立つ．

- $1 \leq n \leq 10$ または $n = 12$ であり，次の条件を満たす $P \in E(\mathbb{Q})_{\mathrm{tors}}$ が存在する：$nP = O$ かつ $E(\mathbb{Q})_{\mathrm{tors}} = \{iP \mid 0 \leq i \leq n-1\}$．
- 整数 $1 \leq m \leq 4$ を用いて $n = 4m$ と表すことができ，次の条件を満たす $P, Q \in E(\mathbb{Q})_{\mathrm{tors}}$ が存在する：$2mP = 2Q = O$ かつ $E(\mathbb{Q})_{\mathrm{tors}} = \{iP + jQ \mid 0 \leq i \leq 2m-1, 0 \leq j \leq 1\}$．

この定理も，モジュラー曲線や保型形式を使って証明された．この定理は，テイラー – ワイルズによるフェルマー予想の証明とも深い関わりがある．

9.3　楕円曲線 $y^2 + y = x^3 - x^2$ の L 関数

本節では，楕円曲線 $X_{\Gamma_1(11)}: y^2 + y = x^3 - x^2$ の L 関数 $L(s, X_{\Gamma_1(11)})$ を $\mathbb{C}$ 全体に解析接続し，$L(1, X_{\Gamma_1(11)})$ を求める．既に 9.1 節でも述べたように，$L(s, X_{\Gamma_1(11)})$ を直接扱うのは困難であるため，実際には，$X_{\Gamma_1(11)}$ に対応する尖点形式の保型 L

[*2]　O は 11 等分点に含めていなかったことを再度思い出しておく．

関数を考える.

楕円曲線 $X_{\Gamma_1(11)}$ に対応する重さ 2, レベル $\Gamma_0(11)$ の尖点形式

$$f(z) = \eta(z)^2 \eta(11z)^2 = q \prod_{n=1}^{\infty}(1-q^n)^2(1-q^{11n})^2 = \sum_{n=1}^{\infty} a_n(f)q^n$$

を考える (定理 7.2 参照). このとき, 9.1 節で既に見たように, $\mathrm{Re}\, s > 2$ となる $s \in \mathbb{C}$ に対し $L(s, X_{\Gamma_1(11)}) = L(s, f)$ が成り立つ (142 ページ参照). したがって, $L(s, X_{\Gamma_1(11)})$ を解析接続するためには, 次を証明すれば十分である.

定理 9.17 $L(s, f)$ は $\mathbb{C}$ 全体に解析接続可能であり, $\Lambda(s, f) = \left(\dfrac{2\pi}{\sqrt{11}}\right)^{-s} \Gamma(s) L(s, f)$ とおくと, 関数等式

$$\Lambda(s, f) = \Lambda(2 - s, f)$$

が成り立つ ($\Gamma(s)$ については 138 ページを参照).

[証明] 命題 5.15 より, $z \in \mathbb{H}$ に対し, $(w *_2 f)(z) = -f(z)$ すなわち

$$\frac{1}{11z^2} f\left(-\frac{1}{11z}\right) = -f(z)$$

が成り立つ. この等式で $z = \dfrac{ix}{\sqrt{11}}$ $(x \in \mathbb{R}, x > 0)$ とおくと, $-\dfrac{1}{x^2} f\left(-\dfrac{\sqrt{11}}{11ix}\right) = -f\left(\dfrac{ix}{\sqrt{11}}\right)$ すなわち $f\left(\dfrac{i}{\sqrt{11}x}\right) = x^2 f\left(\dfrac{ix}{\sqrt{11}}\right)$ を得る. $\mathrm{Re}\, s > 2$ を満たす $s \in \mathbb{C}$ に対し

$$\Lambda(s, f) = \left(\frac{2\pi}{\sqrt{11}}\right)^{-s} \Gamma(s) L(s, f) = \left(\frac{2\pi}{\sqrt{11}}\right)^{-s} \int_0^{\infty} e^{-x} x^{s-1} dx \sum_{n=1}^{\infty} \frac{a_n(f)}{n^s}$$

$$= \int_0^{\infty} \sum_{n=1}^{\infty} a_n(f) e^{-x} \left(\frac{\sqrt{11}x}{2n\pi}\right)^s \frac{dx}{x} \overset{(1)}{=} \int_0^{\infty} \sum_{n=1}^{\infty} a_n(f) e^{-\frac{2n\pi}{\sqrt{11}}x} x^s \frac{dx}{x}$$

$$\overset{(2)}{=} \int_0^{\infty} f\left(\frac{ix}{\sqrt{11}}\right) x^s \frac{dx}{x} = \int_0^1 f\left(\frac{ix}{\sqrt{11}}\right) x^s \frac{dx}{x} + \int_1^{\infty} f\left(\frac{ix}{\sqrt{11}}\right) x^s \frac{dx}{x}$$

$$\overset{(3)}{=} \int_1^{\infty} f\left(\frac{i}{\sqrt{11}x}\right) x^{-s} \frac{dx}{x} + \int_1^{\infty} f\left(\frac{ix}{\sqrt{11}}\right) x^s \frac{dx}{x}$$

$$\overset{(4)}{=} \int_1^{\infty} f\left(\frac{ix}{\sqrt{11}}\right) x^{2-s} \frac{dx}{x} + \int_1^{\infty} f\left(\frac{ix}{\sqrt{11}}\right) x^s \frac{dx}{x}$$

が成り立つ. ここで, (1) では $\dfrac{\sqrt{11}x}{2n\pi}$ を x と置き直した. (2) では $f(z) = \displaystyle\sum_{n=1}^{\infty} a_n(f)e^{2\pi inz}$ を用いた. (3) では, 第 1 項のみ $\dfrac{1}{x}$ を x と置き直した. (4) では, 最初に述べた等式を用いた.

さて, $\mathrm{Re}\,s > 2$ とは限らない $s \in \mathbb{C}$ に対し, $\displaystyle\int_1^{\infty} f\Big(\dfrac{ix}{\sqrt{11}}\Big)x^s\dfrac{dx}{x}$ の収束について考える. 定理 8.16 より

$$\left| f\Big(\dfrac{ix}{\sqrt{11}}\Big) \right| = \left| \sum_{n=1}^{\infty} a_n(f)e^{-\frac{2\pi nx}{\sqrt{11}}} \right| \le \sum_{n=1}^{\infty} 2ne^{-\frac{2\pi nx}{\sqrt{11}}} = \Big(\sum_{n=1}^{\infty} 2ne^{-\frac{2\pi(n-1)x}{\sqrt{11}}}\Big)e^{-\frac{2\pi x}{\sqrt{11}}}$$

となる. $x \ge 1$ のとき, $0 \le \displaystyle\sum_{n=1}^{\infty} 2ne^{-\frac{2\pi(n-1)x}{\sqrt{11}}} \le \sum_{n=1}^{\infty} 2ne^{-\frac{2\pi(n-1)}{\sqrt{11}}}$ であり, 右辺は収束するから, $C = \displaystyle\sum_{n=1}^{\infty} 2ne^{-\frac{2\pi(n-1)}{\sqrt{11}}}$ とおくと, $\left| f\Big(\dfrac{ix}{\sqrt{11}}\Big) \right| \le Ce^{-\frac{2\pi x}{\sqrt{11}}}$ が成り立つ. よって, $s \in \mathbb{C}, x \ge 1$ に対し

$$\left| f\Big(\dfrac{ix}{\sqrt{11}}\Big)x^{s-1} \right| \le Ce^{-\frac{2\pi x}{\sqrt{11}}}x^{\mathrm{Re}\,s-1}$$

が成り立つ. 広義積分 $\displaystyle\int_1^{\infty} Ce^{-\frac{2\pi x}{\sqrt{11}}}x^{\mathrm{Re}\,s-1}dx$ は収束するので, 広義積分の収束についての一般論により*3, 広義積分 $\displaystyle\int_1^{\infty} f\Big(\dfrac{ix}{\sqrt{11}}\Big)x^s\dfrac{dx}{x}$ も収束することが分かる.

これより, $s \in \mathbb{C}$ に対し

$$\widetilde{\Lambda}(s,f) = \int_1^{\infty} f\Big(\dfrac{ix}{\sqrt{11}}\Big)x^{2-s}\dfrac{dx}{x} + \int_1^{\infty} f\Big(\dfrac{ix}{\sqrt{11}}\Big)x^s\dfrac{dx}{x}$$

によって $\widetilde{\Lambda}(s,f)$ を定めることができる. $\widetilde{\Lambda}(s,f)$ は正則関数となることが証明できる（定義に従えばそれほど難しくはないが, ここでは省略する）. 証明冒頭の計算より, $\mathrm{Re}\,s > 2$ のときには $\widetilde{\Lambda}(s,f) = \Lambda(s,f)$ が成り立つから, $\widetilde{\Lambda}(s,f)$ は $\Lambda(s,f)$ の

---

*3 $x \ge 1$ 上の複素数値連続関数 $f(x), g(x)$ が $|f(x)| \le |g(x)|$ を満たし, $\displaystyle\int_1^{\infty} |g(x)|\,dx$ が収束するならば. $\displaystyle\int_1^{\infty} f(x)\,dx$ も収束する.

解析接続を与える．$\Lambda(s, f) = \left(\dfrac{2\pi}{\sqrt{11}}\right)^{-s} \Gamma(s) L(s, f)$ より，$\left(\dfrac{2\pi}{\sqrt{11}}\right)^{s} \Gamma(s)^{-1} \widetilde{\Lambda}(s, f)$ は $L(s, f)$ の解析接続を与えることも分かる（実は任意の $s \in \mathbb{C}$ に対し $\Gamma(s) \neq 0$ なので，$L(s, f)$ は $\mathbb{C}$ 全体の上での正則関数となる）．

　以下では，$\widetilde{\Lambda}(s, f)$ のことを単に $\Lambda(s, f)$ と書く．等式

$$\Lambda(s, f) = \int_1^\infty f\left(\frac{ix}{\sqrt{11}}\right) x^{2-s} \frac{dx}{x} + \int_1^\infty f\left(\frac{ix}{\sqrt{11}}\right) x^s \frac{dx}{x}$$

において s を $2 - s$ に置き換えると右辺の 2 項が入れ替わるので，関数等式 $\Lambda(s, f) = \Lambda(2 - s, f)$ が得られる．以上で定理の主張が示された．　∎

　この証明を用いて，$L(1, f)$ を計算してみよう．解析接続の構成より，

$$\Lambda(1, f) = 2 \int_1^\infty f\left(\frac{ix}{\sqrt{11}}\right) dx$$

となる．$f(z) = \displaystyle\sum_{n=1}^\infty a_n(f) e^{2\pi i n z}$ を用いて右辺を計算すると

$$\Lambda(1, f) = 2 \int_1^\infty \sum_{n=1}^\infty a_n(f) e^{-\frac{2n\pi}{\sqrt{11}} x} dx = 2 \sum_{n=1}^\infty a_n(f) \int_1^\infty e^{-\frac{2n\pi}{\sqrt{11}} x} dx$$

$$= 2 \sum_{n=1}^\infty a_n(f) \frac{\sqrt{11}}{2n\pi} e^{-\frac{2n\pi}{\sqrt{11}}}$$

が得られ，したがって

$$L(1, f) = \frac{2\pi}{\sqrt{11}} \Gamma(1)^{-1} \Lambda(1, f) = 2 \sum_{n=1}^\infty \frac{a_n(f)}{n} e^{-\frac{2n\pi}{\sqrt{11}}}$$

が得られる．特に $\Lambda(1, f)$ および $L(1, f)$ は実数となる．$\alpha = e^{-\frac{2\pi}{\sqrt{11}}} = 0.1504\cdots$ とおき定理 8.16 を用いると，$|L(1, f) - 2\alpha| = \left| 2 \displaystyle\sum_{n=2}^\infty \frac{a_n(f)}{n} \alpha^n \right| \leq 4 \displaystyle\sum_{n=2}^\infty \alpha^n = \frac{4\alpha^2}{1 - \alpha}$ なので，

$$L(1, f) \geq 2\alpha - \frac{4\alpha^2}{1 - \alpha} = \frac{2\alpha(1 - 3\alpha)}{1 - \alpha} > 0$$

となる（最後の不等号では，$0 < \alpha < 1$ および $1 - 3\alpha > 1 - 3 \times 0.16 > 0$ を用いた）．以上の議論により，次の定理が得られた．

定理 9.18　$L(1, f) \neq 0$ である．したがって $L(1, X_{\Gamma_1(11)}) \neq 0$ である．

このことと BSD 予想の特別な場合である定理 9.13 を合わせると，$X_{\Gamma_1(11)}(\mathbb{Q}) = X_{\Gamma_1(11)}(\mathbb{Q})_{\mathrm{tors}} = \{(0, 0), (1, 0), (0, -1), (1, -1), O\}$ であり，したがって「$\mathbb{Q}$ 上の任意の楕円曲線は 11 等分点である $\mathbb{Q}$ 有理点を持たない」という事実（定理 9.15）が導かれることを，もう一度思い出しておく．楕円曲線と保型形式の対応，および BSD 予想によって，楕円曲線の有理点を求める問題が，本節で行ったような積分の計算に帰着されてしまうのである．

■ $x^3 + y^3 = 1$ の有理点

1.3 節で述べたように，定理 9.13 から定理 1.19，すなわち $\{(x, y) \in \mathbb{Q}^2 \mid x^3 + y^3 = 1\} = \{(1, 0), (0, 1)\}$ を導くことができる．これについて簡単に説明しよう．命題 1.20 より，楕円曲線 $D : y^2 = x^3 - 432$ に対して $D(\mathbb{Q}) = \{(12, 36), (12, -36), O\}$ を示せばよい．例 9.11 (2) で述べたように，D は変数変換によって $X_{\Gamma_0(27)} : y^2 + y = x^3 - 7$ にうつすことができるので，$X_{\Gamma_0(27)}(\mathbb{Q}) = \{(3, 4), (3, -5), O\}$ を示せば十分である．

$$f_{27}(z) = \eta(3z)^2 \eta(9z)^2 = q \prod_{n=1}^{\infty} (1 - q^{3n})^2 (1 - q^{9n})^2$$ を注意 5.17 の通りとする．定理 9.17, 定理 9.18 と全く同様の方法で，$L(s, f_{27})$ は $\mathbb{C}$ 全体に解析接続可能であり，$L(1, f_{27}) \neq 0$ を満たすことが示せる．定理 7.5 と定理 8.19 より，$\mathrm{Re}\, s > 2$ となる $s \in \mathbb{C}$ に対し $L(s, X_{\Gamma_0(27)}) = L(s, f_{27})$ が成り立つので，$L(s, f_{27})$ は $L(s, X_{\Gamma_0(27)})$ の解析接続にもなっており，$L(1, X_{\Gamma_0(27)}) = L(1, f_{27}) \neq 0$ である．よって定理 9.13 と例 9.11 (2) より $X_{\Gamma_0(27)}(\mathbb{Q}) = X_{\Gamma_0(27)}(\mathbb{Q})_{\mathrm{tors}} = \{(3, 4), (3, -5), O\}$ を得る．

9.4　ヒーグナー点

本節では，定理 9.13 の証明のあらすじを，E が $X_{\Gamma_1(11)} : y^2 + y = x^3 - x^2$ である場合に限って紹介する．鍵となるのは，モジュラー曲線を用いて定義される，ヒーグナー点という概念である．

まず始めに，次の定理を証明すれば十分であることを説明する．

定理 9.19　$X_{\Gamma_0(11)}: y^2 + y = x^3 - x^2 - 10x - 20$ に対し，$X_{\Gamma_0(11)}(\mathbb{Q})$ は有限集合である．

注意 7.11 (1) の通り，全射 $\phi: X_{\Gamma_1(11)} \to X_{\Gamma_0(11)}$ が

$$(x, y) \mapsto \left(x + \frac{1}{x^2} + \frac{2}{x-1} + \frac{1}{(x-1)^2}, y - (2y+1)\left(\frac{1}{x^3} + \frac{1}{(x-1)^3} + \frac{1}{(x-1)^2}\right)\right)$$

で定まり，ϕ によって $X_{\Gamma_1(11)}(\mathbb{Q})$ の元は $X_{\Gamma_0(11)}(\mathbb{Q})$ の元にうつされる．つまり，$X_{\Gamma_1(11)}(\mathbb{Q}) \subset \phi^{-1}(X_{\Gamma_0(11)}(\mathbb{Q}))$ である．一方，任意の $P \in X_{\Gamma_0(11)}(\mathbb{Q})$ に対し $\phi^{-1}(P)$ は有限集合となることが，ϕ の定義から容易に分かる．よって，定理 9.19 が成り立つならば $\phi^{-1}(X_{\Gamma_0(11)}(\mathbb{Q}))$ は有限集合であり，したがって $X_{\Gamma_1(11)}(\mathbb{Q})$ も有限集合である．注意 9.8 と定理 9.18 から $\mathrm{rank}(X_{\Gamma_1(11)}) = 0 = \mathrm{ord}_{s=1} L(s, X_{\Gamma_1(11)})$ となるので，$X_{\Gamma_1(11)}$ に対する定理 9.13 が結論される．

定理 9.19 の証明の方針を述べる前に，必要な記号の導入を行う．以下では，$d \geq 1$ を平方因数を持たない整数とし，α_d を定理 4.16 の通りとする．また，$f(z) = \eta(z)^2 \eta(11z)^2$ を 9.3 節と同じ尖点形式とする．

定義 9.20　(1) $\mathbb{Q}(\sqrt{-d}) = \{a + b\sqrt{-d} \mid a, b \in \mathbb{Q}\}$ とおく．$\mathbb{Q}(\sqrt{-d})$ は四則演算で閉じている．つまり，$x, y \in \mathbb{Q}(\sqrt{-d})$ に対し $x+y, x-y, xy \in \mathbb{Q}(\sqrt{-d})$ であり，さらに $y \neq 0$ ならば $\dfrac{x}{y} \in \mathbb{Q}(\sqrt{-d})$ である．また，$\alpha_d \in \mathbb{Q}(\sqrt{-d})$ である．

(2) $X_{\Gamma_0(11)}(\mathbb{Q}(\sqrt{-d})) = \{(x, y) \in \mathbb{Q}(\sqrt{-d})^2 \mid y^2 + y = x^3 - x^2 - 10x - 20\} \cup \{O\}$ とおく．$\mathbb{Q}(\sqrt{-d})$ が四則演算で閉じていることから，$P, Q \in X_{\Gamma_0(11)}(\mathbb{Q}(\sqrt{-d}))$ ならば $P + Q, -P \in X_{\Gamma_0(11)}(\mathbb{Q}(\sqrt{-d}))$ であることが分かる．

(3) $X_{\Gamma_0(11)}: y^2 + y = x^3 - x^2 - 10x - 20$ は変数変換によって $y^2 = x^3 - 4x^2 - 160x - 1264$ にうつる．楕円曲線 $-dy^2 = x^3 - 4x^2 - 160x - 1264$ に対応する重さ 2 の正規化されたヘッケ固有新形式を f_{-d} と書き，f の $\mathbb{Q}(\sqrt{-d})$ に関する**2 次捻り**(ひね)と呼ぶ．楕円曲線を持ち出さず，f の q 展開を用いて f_{-d} を定めることも可能であるが，本書では省略する．

それでは，定理 9.19 の証明の方針を述べよう．平方因数を持たない整数 $d \geq 1$ を以下の条件を満たすようにとる：

(A) $\mathbb{Z} + \mathbb{Z}\alpha_d$ において素因数分解の一意性が成り立つ.

(B) $d \neq 11$ であり, $m, n \in \mathbb{Z}$ であって $|m + n\alpha_d|^2 = 11$ を満たすものが存在する.

(C) $\mathrm{ord}_{s=1} L(s, f_{-d}) = 1$.

ヒーグナー – スタークの定理 (71 ページ参照) より, 条件 (A) は $d \in \{1, 2, 3, 7, 11, 19, 43, 67, 163\}$ と同値なのであった. このうち条件 (B) を満たすものは $d = 2, 7, 19, 43$ であり, 実はこれら全てが条件 (C) を満たす. このような d を用いて, 以下の手順で定理 9.19 を証明する.

ステップ 1　条件 (A), (B) と定理 6.8 を用いて $H_d \in X_{\Gamma_0(11)}(\mathbb{Q}(\sqrt{-d}))$ (ヒーグナー点) を構成する.

ステップ 2　条件 (C) を用いて, $nH_d = O$ となる整数 $n \geq 1$ が存在しないことを示す (グロス – ザギエの定理).

ステップ 3　ステップ 2 の内容を用いて, 任意の $P \in X_{\Gamma_0(11)}(\mathbb{Q}(\sqrt{-d}))$ に対し, $mP = nH_d$ となる整数 $m \geq 1$, n が存在することを示す (コリヴァギンの定理).

ステップ 4　ステップ 3 の内容を用いて $X_{\Gamma_0(11)}(\mathbb{Q}) = X_{\Gamma_0(11)}(\mathbb{Q})_{\mathrm{tors}}$ を示す.

各ステップをもう少し詳しく見ていこう.

■ ステップ 1：ヒーグナー点の構成

定義 9.21　d が条件 (A), (B) を満たすとし, $|m + n\alpha_d|^2 = 11$ となる $m, n \in \mathbb{Z}$ をとる. このとき, $(m + n\alpha_d)^{-1}$ は $\mathbb{C}/\Lambda_{\alpha_d}$ の 11 等分点である (証明は後述). よって定理 6.8 より, $(\mathbb{C}/\Lambda_{\alpha_d}, (m + n\alpha_d)^{-1})$ は $M_{\Gamma_1(11)}$ の点 H'_d を与える. 自然な全射 $M_{\Gamma_1(11)} \to M_{\Gamma_0(11)}$ (2.2 節の最後を参照) による H'_d の像を H_d と書き, **ヒーグナー点**と呼ぶ. 定理 5.23 の同一視のもとで, H_d は $X_{\Gamma_0(11)}(\mathbb{Q}(\sqrt{-d}))$ の元を与えることが証明できる. このことは定理 4.10 の類似と解釈できる.

[$(m + n\alpha_d)^{-1}$ が $\mathbb{C}/\Lambda_{\alpha_d}$ の 11 等分点であることの証明]　$(m + n\alpha_d)^{-1} \notin \Lambda_{\alpha_d}$ と $11(m + n\alpha_d)^{-1} \in \Lambda_{\alpha_d}$ を示せばよい. まず, 任意の $a + b\alpha_d \in \Lambda_{\alpha_d}$ $(a, b \in \mathbb{Z})$ に対し $|a + b\alpha_d|^2 \in \mathbb{Z}$ が成り立つことに注意する. 実際, $d \equiv 1, 2 \pmod 4$ ならば $|a + b\alpha_d|^2 = a^2 + b^2 d$ であり, $d \equiv 3 \pmod 4$ ならば $|a + b\alpha_d|^2 = a^2 + ab + \dfrac{1 + d}{4} b^2$

である. 一方, $|(m+n\alpha_d)^{-1}|^2 = 11^{-1} \notin \mathbb{Z}$ であるから, $(m+n\alpha_d)^{-1} \notin \Lambda_{\alpha_d}$ が従う. また, $11(m+n\alpha_d)^{-1} = \dfrac{11(m+n\overline{\alpha_d})}{|m+n\alpha_d|^2} = m+n\overline{\alpha_d}$ より $11(m+n\alpha_d)^{-1} \in \Lambda_{\alpha_d}$ も従う. ∎

注意 9.22 定理 9.19 の後に出てきた全射 $\phi\colon X_{\Gamma_1(11)} \to X_{\Gamma_0(11)}$ と自然な全射 $M_{\Gamma_1(11)} \to M_{\Gamma_0(11)}$ の関係は, 以下の図式の可換性としてまとめられる.

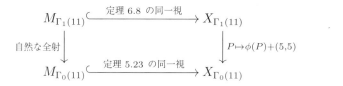

つまり, $M_{\Gamma_1(11)}$ の点 P を自然な全射によって $M_{\Gamma_0(11)}$ にうつし, それを $X_{\Gamma_0(11)}$ の点と見たものは, P を $X_{\Gamma_1(11)}$ の点と見て ϕ でうつし, さらに $(5,5)$ を ($X_{\Gamma_0(11)}$ の加法によって) 加えたものと一致する.

後に例 9.26 において, $d = 7$ の場合にヒーグナー点を具体的に求める.

■ ステップ 2：グロス‐ザギエの定理

グロス‐ザギエは, H_d の複雑さを測る基準であるネロン‐テイト高さと, L 関数の積 $L(s,f)L(s,f_{-d})$ の $s = 1$ での微分係数の関係を調べ, 次の定理を証明した[*4].

定理 9.23（グロス‐ザギエ） d が条件 (A), (B) を満たすとする. 条件 (C) が成り立つことは, $nH_d = O$ となる整数 $n \geq 1$ が存在しないことと同値である.

今考えている場合には, 条件 (A), (B) のもとで条件 (C) は自動的に成り立つので, 単に「$nH_d = O$ となる整数 $n \geq 1$ は存在しない」と言っても同じことであるが, より一般的な場合を意識して, 上記のような述べ方をした.

グロス‐ザギエの定理は, 楕円曲線に対する最も偉大な定理の 1 つであるが, 証明は非常に難しい. もとの証明は, ネロン‐テイト高さと L 関数の微分係数を別々に計算すると関係が分かるという類のものであるため, 証明を読んでも, それらが

[*4] 後でも少し触れるが, グロス‐ザギエの定理は $\mathbb{Q}$ 上の一般の楕円曲線に対して成立するものであり, 定理 9.23 は, それを $X_{\Gamma_0(11)}$ という特別な場合に適用したものにすぎない. これは引き続き述べるコリヴァギンの定理についても同様である.

関係する根源的な理由が分かりづらい状況にあった．近年，グロス‐ザギエの定理を様々な場合に一般化しようとする試みが盛んに行われており，それを通して，グロス‐ザギエの定理自体の理解も徐々に深まってきつつあるように見える．

■ ステップ 3：コリヴァギンの定理

定理 9.23 を用いて，コリヴァギンは次の定理を証明した．

定理 9.24（コリヴァギン） d が条件 (A), (B), (C) を満たすとき，任意の $P \in X_{\Gamma_0(11)}(\mathbb{Q}(\sqrt{-d}))$ に対し，整数 $m \geq 1, n$ であって $mP = nH_d$ を満たすものが存在する．

定理 9.24 は，H_d から始まる $X_{\Gamma_0(11)}$ の点の列 $H_d = H_{d,0}, H_{d,1}, H_{d,2}, \ldots$ を構成し（この構成も定理 6.8 を用いて行う），それらの点の間の相互関係を調べることで証明された．コリヴァギンによってオイラー系と名付けられたこの技法は，現代の岩澤理論の研究において必要不可欠なものとなっている．

■ ステップ 4：$X_{\Gamma_0(11)}(\mathbb{Q}) = X_{\Gamma_0(11)}(\mathbb{Q})_{\mathrm{tors}}$ の証明

このステップは，定理 9.24 と次の命題から容易に従う．

命題 9.25 d が条件 (A), (B) を満たすと仮定する．$P \in X_{\Gamma_0(11)}(\mathbb{Q}(\sqrt{-d}))$ に対し，その複素共役 $\overline{P} \in X_{\Gamma_0(11)}(\mathbb{Q}(\sqrt{-d}))$ を以下で定める：$P = (x, y)$ $(x, y \in \mathbb{Q}(\sqrt{-d}))$ のとき $\overline{P} = (\overline{x}, \overline{y})$，$P = O$ のとき $\overline{P} = O$．このとき $\overline{H_d} = -H_d$ が成り立つ．

例 9.26 において，$d = 7$ の場合にこの命題が成立していることを確認する．

[定理 9.19 の証明] 系 9.7 (1) より，$X_{\Gamma_0(11)}(\mathbb{Q}) = X_{\Gamma_0(11)}(\mathbb{Q})_{\mathrm{tors}}$ を示せばよい．$P \in X_{\Gamma_0(11)}(\mathbb{Q})$ を任意にとると，定理 9.24 より，整数 $m \geq 1, n$ であって $mP = nH_d$ を満たすものが存在する．このとき，$\overline{mP} = \overline{nH_d}$ も成り立つ．$X_{\Gamma_0(11)}$ を定める方程式が整数係数であることから，任意の $Q, R \in X_{\Gamma_0(11)}(\mathbb{Q}(\sqrt{-d}))$ に対し $\overline{Q + R} = \overline{Q} + \overline{R}$ が成り立つことに注意すると，$\overline{mP} = m\overline{P} = mP$ および $\overline{nH_d} = n\overline{H_d} = -nH_d$ が成り立つ（後半では命題 9.25 を用いた）．よって $mP = nH_d = -mP$ すなわち $2mP = O$ が得られ，$P \in X_{\Gamma_0(11)}(\mathbb{Q})_{\mathrm{tors}}$ が従う．∎

$d = 7$ の場合のヒーグナー点 H_7 を具体的に求めてみよう.

例 9.26 $d = 7$ のとき $\alpha_7 = \dfrac{1 + \sqrt{-7}}{2}$ であり,$1 + 2\alpha_7 = 2 + \sqrt{-7} \in \mathbb{Z} + \mathbb{Z}\alpha_7$ は $|1 + 2\alpha_7|^2 = 11$ を満たす.よって,組 $(\mathbb{C}/\Lambda_{\alpha_7}, (1 + 2\alpha_7)^{-1})$ から定理 6.8 によって $M_{\Gamma_1(11)}$ の点 H_7' が定まる.命題 6.2 の証明を参考にして,$(\mathbb{C}/\Lambda_{\alpha_7}, (1 + 2\alpha_7)^{-1})$ と $(\mathbb{C}/\Lambda_{z_7}, 11^{-1})$ が同型になるような $z_7 \in \mathbb{H}$ を見つける.$(1 + 2\alpha_7)^{-1} = \dfrac{1}{2 + \sqrt{-7}} = \dfrac{2 - \sqrt{-7}}{11} = \dfrac{-2\alpha_7 + 3}{11}$ である.つまり,命題 6.2 の証明において $\tau = \alpha_7$, $c' = -2$, $d' = 3$, $N = 1$ であるから,$z_7 = \begin{pmatrix} 1 & -1 \\ -2 & 3 \end{pmatrix} \cdot \alpha_7 = \dfrac{\alpha_7 - 1}{-2\alpha_7 + 3} = \dfrac{-9 + \sqrt{-7}}{22}$ とすると,$\mathbb{C}/\Lambda_{z_7} \xrightarrow{\times(-2\alpha_7 + 3)} \mathbb{C}/\Lambda_{\alpha_7}$ は同型であり,11^{-1} を $(1 + 2\alpha_7)^{-1}$ にうつす.このことから,$z_7 \in \mathbb{H}$ の定める $M_{\Gamma_1(11)}$ の点が H_7' であることが分かる.自然な全射 $M_{\Gamma_1(11)} \to M_{\Gamma_0(11)}$ による H_7' の像がヒーグナー点 H_7 であるから,$z_7 \in \mathbb{H}$ の定める $M_{\Gamma_0(11)}$ の点が H_7 であることが結論される.

$\phi_1, \phi_2 \colon \mathbb{H} \to \mathbb{C}$ を定義 5.18 の通りとする.定理 5.23 より,$H_7 \in M_{\Gamma_0(11)}$ を $X_{\Gamma_0(11)} \colon y^2 + y = x^3 - x^2 - 10x - 20$ の点と見たものは $\left(-\dfrac{11}{\phi_1(z_7)} + 5, \dfrac{11\phi_2(z_7)}{2\phi_1(z_7)^2} - \dfrac{1}{2} \right)$ で与えられる.計算機で近似計算を行うと,$\phi_1(z_7) = 1$, $\phi_2(z_7) = \sqrt{-7}$, $H_7 = \left(-6, \dfrac{-1 + 11\sqrt{-7}}{2} \right)$ が得られる.$\overline{H_7} = \left(-6, \dfrac{-1 - 11\sqrt{-7}}{2} \right) = -H_7$ であるから,命題 9.25 は確かに成立している.

■ 一般の楕円曲線の場合

本節では楕円曲線が $X_{\Gamma_0(11)}$ の場合に限ってヒーグナー点の定義を行ったが,7.4 節で説明したモジュラー一意化を用いることで,$\mathbb{Q}$ 上の一般の楕円曲線 E に対してもヒーグナー点 $H_d \in E(\mathbb{Q}(\sqrt{-d}))$ を定義することが可能である(d に対する条件 (A), (B) も,もう少し弱めることができる).E に対応する重さ 2 の正規化されたヘッケ固有新形式を f と書くと,定理 9.23 と同様

$$\operatorname{ord}_{s=1} L(s, f) L(s, f_{-d}) = 1 \iff nH_d = O \text{ となる整数 } n \geq 1 \text{ は存在しない}$$

が成り立つ.これから定理 9.13 を以下のようにして導くことができる.まず,定理

9.13 の仮定「$L(1, E) \neq 0$ または $L'(1, E) \neq 0$」のもとで, $\mathrm{ord}_{s=1} L(s, f)L(s, f_{-d}) = 1$ となるように d を選ぶことができ, このとき H_d は定理 9.24 と同様の性質を満たす. 一方, 命題 9.25 の一般化として, $L(1, E) \neq 0$ のときは $n_0 \overline{H_d} = -n_0 H_d$ となる整数 $n_0 \geq 1$ が存在し, $L(1, E) = 0$ (したがって $L'(1, E) \neq 0$) のときは $n_0 \overline{H_d} = n_0 H_d$ となる整数 $n_0 \geq 1$ が存在する. よって, $L(1, E) \neq 0$ のときは $X_{\Gamma_0(11)}$ の場合と同様にして $E(\mathbb{Q}) = E(\mathbb{Q})_{\mathrm{tors}}$ すなわち $\mathrm{rank}(E) = 0$ が得られる. また, $L(1, E) = 0$ のときは $n_0 \overline{H_d} = n_0 H_d$ より $n_0 H_d \in E(\mathbb{Q})$ であるから, $nH_d = O$ となる整数 $n \geq 1$ が存在しないことと合わせて $n_0 H_d \in E(\mathbb{Q}) \setminus E(\mathbb{Q})_{\mathrm{tors}}$ を得る. 特に $\mathrm{rank}(E) \geq 1$ である. 背理法で $\mathrm{rank}(E) = 1$ を示す. $\mathrm{rank}(E) \geq 2$ と仮定し, $r = \mathrm{rank}(E)$ とおき, $P_1, \ldots, P_r \in E(\mathbb{Q})$ を系 9.7 (2) の通りにとる. このとき, 任意の整数の組 $(a, b) \neq (0, 0)$ に対し $aP_1 + bP_2 \neq O$ となる. E に対する定理 9.24 より, 整数 $m_1 \geq 1, m_2 \geq 1, n_1, n_2$ であって $m_1 P_1 = n_1 H_d, m_2 P_2 = n_2 H_d$ を満たすものが存在する. $m_1 n_2 P_1 - m_2 n_1 P_2 = n_2(n_1 H_d) - n_1(n_2 H_d) = O$ であるから, $m_1 n_2 = m_2 n_1 = 0$ すなわち $n_1 = n_2 = 0$ でなくてはならない. $m_1 P_1 = n_1 H_d = O$ より $m_1 = 0$ を得るが, $m_1 \geq 1$ なので矛盾が起こる. 以上で $\mathrm{rank}(E) = 1$ が示せた.

9.5 合同数問題

本節では, 定理 9.15, 定理 1.19 以外の BSD 予想の応用として, 合同数問題に関するタネルの結果を概説する.

定義 9.27 整数 $n \geq 1$ が**合同数**であるとは, n が 3 辺の長さが全て有理数である直角三角形の面積となること, すなわち, $n = \frac{1}{2}ab, a^2 + b^2 = c^2$ となる有理数 a, b, c が存在することをいう.

例 9.28 (1) 1 は合同数でない (これは非自明な事実である).

(2) 7 は合同数である. 実際, $7 = \frac{1}{2} \cdot \frac{35}{12} \cdot \frac{24}{5}, \left(\frac{35}{12}\right)^2 + \left(\frac{24}{5}\right)^2 = \left(\frac{337}{60}\right)^2$ となる.

(3) 157 は合同数である. $157 = \frac{1}{2}ab, a^2 + b^2 = c^2$ となる有理数 a, b, c はザギエによって求められたが, 以下のように, 非常に複雑なものとなっている:

$$a = \frac{411340519227716149383203}{21666555693714761309610}, \quad b = \frac{6803298487826435051217540}{411340519227716149383203},$$

$$c = \frac{2244035177043369699245575130906748631609484720 41}{8912332268928859588025535178967163570016480830}.$$

この例から分かるように，具体的な整数が合同数であることを定義に従って示すのは必ずしも容易ではない．

次の命題の通り，整数 $n \geq 1$ が合同数であるという条件は，楕円曲線 $E_n : y^2 = x^3 - n^2 x$ の階数を用いて言い換えることができる．

命題 9.29　整数 $n \geq 1$ が合同数であることは，楕円曲線 $E_n : y^2 = x^3 - n^2 x$ に対し $\mathrm{rank}(E_n) \geq 1$ が成り立つことと同値である．

[証明]　$E_n(\mathbb{Q})_{\mathrm{tors}} = \{(0,0), (\pm n, 0), O\}$ が成り立つ（n が素数の場合には例題 9.30 を参照．一般の場合は省略）．これを用いて命題の主張を示す．まず，n が合同数であると仮定する．このとき $n = \frac{1}{2}ab, a^2 + b^2 = c^2$ となる有理数 a, b, c がとれる．$x_0 = \left(\dfrac{c}{2}\right)^2, y_0 = \dfrac{c(b^2 - a^2)}{8}$ と定めると，

$$\begin{aligned}
x_0^3 - n^2 x_0 &= \frac{c^6}{64} - \frac{1}{4}a^2 b^2 \cdot \frac{c^2}{4} = \frac{c^6 - 4a^2 b^2 c^2}{64} = \frac{c^2(c^4 - 4a^2 b^2)}{64} \\
&= \frac{c^2(a^4 - 2a^2 b^2 + b^4)}{64} = y_0^2
\end{aligned}$$

より $(x_0, y_0) \in E_n(\mathbb{Q}) \smallsetminus \{O\}$ である．$y_0 = 0$ ならば $a = b = c = 0, n = 0$ となり仮定に反するので，$y_0 \neq 0$ であり，したがって $(x_0, y_0) \in E_n(\mathbb{Q}) \smallsetminus E_n(\mathbb{Q})_{\mathrm{tors}}$ である．$\mathrm{rank}(E_n) = 0$ ならば $E_n(\mathbb{Q}) = E_n(\mathbb{Q})_{\mathrm{tors}}$ となり不合理であるから，$\mathrm{rank}(E_n) \geq 1$ が示された．

次に $\mathrm{rank}(E_n) \geq 1$ と仮定する．このとき $E_n(\mathbb{Q}) \neq E_n(\mathbb{Q})_{\mathrm{tors}}$ であるから，$(x_0, y_0) \in E_n(\mathbb{Q}) \smallsetminus E_n(\mathbb{Q})_{\mathrm{tors}}$ がとれる．$y_0 \neq 0$ に注意して $a = \dfrac{x_0^2 - n^2}{y_0}$，$b = \dfrac{2nx_0}{y_0}, c = \dfrac{x_0^2 + n^2}{y_0}$ とおけば $n = \dfrac{1}{2}ab, a^2 + b^2 = c^2$ が成り立つので，n は合同数であることが示された． ∎

例題 9.30　p を素数とし，楕円曲線 $E_p : y^2 = x^3 - p^2 x$ の $\mathbb{Q}$ 有理点 $P = (x, y) \in E_p(\mathbb{Q}) \smallsetminus \{O\}$ を考える．$2P \neq O$ すなわち $x \neq 0, \pm p$ と仮定

し，$2P = (X, Y)$ とおく．例題 6.4 と同様の計算により $X = \dfrac{(x^2 + p^2)^2}{4x(x^2 - p^2)}$ と求まる．以下の手順に沿って，$x \in \mathbb{Z}$ ならば $X \notin \mathbb{Z}$ であることを示せ．このことと定理 9.9 から，$P \notin E(\mathbb{Q})_{\mathrm{tors}}$ であることが分かる．

(1) $x, X \in \mathbb{Z}$ ならば $x \mid p^4$ であることを示せ．

(2) $x = \pm 1$ ならば $X \notin \mathbb{Z}$ であることを示せ（ヒント：X の分母が $p^2 - 1$ で割り切れることに注目）．

(3) $x \in \mathbb{Z}$ かつ $x \neq \pm 1$ ならば $X \notin \mathbb{Z}$ であることを示せ（ヒント：(1) より x は $\pm p^{m+1}$ $(m = 1, 2, 3)$ の形である）．

[解答]　(1) $X \in \mathbb{Z}$ ならば $x \mid (x^2 + p^2)^2$ であり，$(x^2 + p^2)^2 \equiv p^4 \pmod{x}$ なので，$x \mid p^4$ である．

(2) $x = \pm 1$ のとき，$X = \pm \dfrac{(1 + p^2)^2}{4(1 - p^2)}$ である．$X \in \mathbb{Z}$ ならば $p^2 - 1 \mid (p^2 + 1)^2$ である．$p^2 \equiv 1 \pmod{p^2 - 1}$ より $(p^2 + 1)^2 \equiv 4 \pmod{p^2 - 1}$ であるから，$p^2 - 1 \mid 4$ とならねばならない．これを満たす p は存在しないので，$X \notin \mathbb{Z}$ が示された．

(3) $x \neq \pm 1, \pm p$ と (1) より，$x = \pm p^{m+1}$ $(m = 1, 2, 3)$ と書ける．このとき $X = \pm \dfrac{(p^{2m} + 1)^2}{4p^{m-1}(p^{2m} - 1)}$ である．$X \in \mathbb{Z}$ と仮定して矛盾を導く．(2) と同様に，分母が $p^{2m} - 1$ で割り切れることと $(p^{2m} + 1)^2 \equiv 4 \pmod{p^{2m} - 1}$ に注目すると，$p^{2m} - 1 \mid 4$ が分かる．これを満たす p, m は存在しないので，$X \notin \mathbb{Z}$ が示された．∎

さらに，BSD 予想および，その部分的解決である定理 9.13 を用いることで，条件「$\mathrm{rank}(E_n) \geq 1$」を言い換えることができる．

系 9.31　$n \geq 1$ を整数とする．n が合同数ならば $L(1, E_n) = 0$ である．また，楕円曲線 E_n に対して BSD 予想が正しければ，逆に $L(1, E_n) = 0$ ならば n は合同数である．

[証明]　対偶を示す．定理 9.13 より，$L(1, E_n) \neq 0$ ならば $\mathrm{rank}(E_n) = 0$ であり，したがって命題 9.29 より n は合同数でない．逆に n が合同数でないとすると，命題 9.29 より $\mathrm{rank}(E_n) = 0$ であり，E_n に対する BSD 予想のもとで，これ

は $L(1, E_n) \neq 0$ と同値である. ∎

実は，$L(1, E_n)$ を異なる $n \geq 1$ に対して一気に計算することができる．その方法を与えるのが以下の定理である.

> **定理 9.32** (ワルズプルジェ，タネル) $g(z) = \eta(8z)\eta(16z) = q \prod_{n=1}^{\infty} (1 - q^{8n})(1 - q^{16n})$, $\theta_2(z) = \sum_{n \in \mathbb{Z}} q^{2n^2}$ $(q = e^{2\pi i z})$ とおき，$g(z)\theta_2(z) = \sum_{n=1}^{\infty} a_n q^n$ と書く．このとき，平方因数を持たない奇数 $n \geq 1$ に対し，以下が成り立つ：
>
> $$L(1, E_n) = \int_1^{\infty} \frac{1}{\sqrt{x^3 - x}}\, dx \times \frac{a_n^2}{4\sqrt{n}}.$$
>
> 特に，$L(1, E_n) = 0$ であることと $a_n = 0$ であることは同値である.

$g(z)$ は重さ 1 の尖点形式になる．$\theta_2(z)$ は以前定義した意味での保型形式にはならないが，重さ $\frac{1}{2}$ の保型形式というものになっている．それらの積 $g(z)\theta_2(z)$ は，重さ $\frac{3}{2}$ の保型形式になる.

一般に，奇数 $k \geq 3$ に対し，重さ $\frac{k}{2}$ の保型形式に重さ $k-1$ の保型形式を対応させる，志村対応と呼ばれる写像が構成できる．この場合 $(k = 3)$ には，$g(z)\theta_2(z)$ は重さ 2，レベル $\Gamma_0(32)$ の尖点形式 $f(z) = \eta(4z)^2\eta(8z)^2 = q \prod_{n=1}^{\infty}(1 - q^{4n})^2(1 - q^{8n})^2$ に対応する．さらに，尖点形式と楕円曲線の対応（定理 7.10）によって，f は楕円曲線 $E_1 : y^2 = x^3 - x$ に対応する．図にまとめると，以下のようになる.

$$g(z)\theta_2(z) \xrightarrow{\text{志村対応}} f(z) \xleftarrow{\text{定理 7.10}} E_1$$

定義 9.20 (3) と同様に，整数 $n \geq 1$ に対し，尖点形式 f の 2 次捻り f_n を定めることができる．f_n は楕円曲線 $ny^2 = x^3 - x$ に対応する尖点形式であるが，x, y を $n^{-1}x$, $n^{-2}y$ に置き換えると楕円曲線 E_n の方程式が出てくるので，E_n に対応する尖点形式にもなっている．特に $L(1, E_n) = L(1, f_n)$ が成り立つので，$L(1, f_n)$ を調べればよい．ワルズプルジェは，重さ $k - 1$ の保型形式 h に対する $L(1, h_n)$ の値を，h に志村対応で対応する重さ $\frac{k}{2}$ の保型形式（一般には複数個存在する）の q

展開の係数を用いて記述する一般的な公式を発見した. タネルは, $h = f$ という特別な場合にワルズプルジェの公式がどのような形になるかを詳しく調べ, 定理 9.32 に到達した.

a_n をヤコビ三重積公式等を用いて具体的に計算すると, $n \geq 1$ が奇数のとき,

$$a_n = \#\{(x,y,z) \in \mathbb{Z}^3 \mid 2x^2 + y^2 + 32z^2 = n\}$$
$$- \frac{1}{2}\#\{(x,y,z) \in \mathbb{Z}^3 \mid 2x^2 + y^2 + 8z^2 = n\}$$

となる (一方, n が偶数のときは $a_n = 0$ となる). よって, 次の定理が得られた.

> **定理 9.33（タネルの判定法）**　$n \geq 1$ を平方因数を持たない奇数とする. このとき, n が合同数ならば
>
> $$\#\{(x,y,z) \in \mathbb{Z}^3 \mid 2x^2 + y^2 + 32z^2 = n\} = \frac{1}{2}\#\{(x,y,z) \in \mathbb{Z}^3 \mid 2x^2 + y^2 + 8z^2 = n\}$$
>
> が成り立つ. さらに, E_n に対する BSD 予想が正しければ, 逆も成立する.

n が平方因数を持たない偶数の場合にも類似の結果が知られているが, ここでは省略する. 等式

$$\#\{(x,y,z) \in \mathbb{Z}^3 \mid 2x^2 + y^2 + 32z^2 = n\} = \frac{1}{2}\#\{(x,y,z) \in \mathbb{Z}^3 \mid 2x^2 + y^2 + 8z^2 = n\}$$

が成立するかどうかは, n が与えられると有限回の手続きによって判定することができるので, 定理 9.33 は, BSD 予想のもとで, 与えられた整数が合同数であるかどうかを判定するアルゴリズムを与えていると解釈することができる.

> **例題 9.34**　(1) タネルの判定法を用いて, 11 が合同数でないことを示せ.
> (2) タネルの判定法を用いて, 21 が合同数であることを示せ（BSD 予想を仮定してよい). また, 3 辺が有理数で, 面積が 21 である直角三角形を見つけよ.

[解答]　(1) $2x^2 + y^2 + 32z^2 = 11$ となる (x,y,z) の組は $(\pm 1, \pm 3, 0)$（複号任意）の 4 個である. $2x^2 + y^2 + 8z^2 = 11$ となる (x,y,z) の組は $(\pm 1, \pm 3, 0), (\pm 1, \pm 1, \pm 1)$（複号任意）の 12 個である. $4 \neq \frac{1}{2} \cdot 12$ であるから, 11 は合同数ではない.

　(2) $2x^2 + y^2 + 32z^2 = 21$ となる (x,y,z) の組は存在しない. $2x^2 + y^2 + 8z^2 = 21$ となる (x,y,z) の組も存在しない. $0 = \frac{1}{2} \cdot 0$ であるから, 21 は合同数である（E_{21}

に対する BSD 予想を用いた). $21 = \dfrac{1}{2} \cdot \dfrac{7}{2} \cdot 12$, $\left(\dfrac{7}{2}\right)^2 + 12^2 = \left(\dfrac{25}{2}\right)^2$ なので, 確かに 21 は合同数の定義を満たしている. ∎

9.6 参考文献ガイド

ハッセの定理に関する参考文献は次章で紹介する.

佐藤 – テイト予想を証明した原論文は [19], [6], [61] である. 歴史や証明の方針についての詳しい解説が [25] にある. [27] にも少し解説がある. これらの文献においては, 楕円曲線の j 不変量が整数でないという条件がついているが, その後のラングランズ予想の研究の進展によって, この仮定は不要になった. 対称積 L 関数の性質から佐藤 – テイト予想を導く議論は [54] を参照されたい. GL_{m+1} の尖点的保型表現 π_m であって $L(s, \pi_m) = L(s, \mathrm{Sym}^m E)$ を満たすものが存在することを証明したニュートン – ソーンの論文は [45], [46] である. これは, 本書執筆時点で得られているラングランズ予想に関する成果のうち最高峰のものの 1 つである.

モーデル – ヴェイユの定理の証明は [58], [59] に載っている. 特に, [59] の証明は (状況に制限はあるものの) 初等的で分かりやすいので, 一読を勧める. ルッツ – ナゲルの定理についても [58], [59] に記載がある.

グロス – ザギエ, コリヴァギンの定理の原論文は [18], [33] である.

タネルによる合同数判定法の原論文は [64] である. ヤコビ三重積公式を用いた無限積の計算は [42] に載っている. タネルの判定法の解説書としては [32] がある.

第 10 章

ハッセの定理の証明

本章では，ハッセの定理（定理 9.1）の証明を行う．証明の方法はいくつかあるが，ここでは，マニンによる初等的な証明を紹介する．証明が主題であるという性質上，本章の内容は他の章に比べてやや技術的であるため，難しく感じた場合は本章を飛ばして次章に進んでもよい．

本章を通して p を素数とする．

10.1 証明の準備

t を変数とする $\mathbb{F}_p$ 係数多項式全体を $\mathbb{F}_p[t]$ と書く．また，t を変数とする $\mathbb{F}_p$ 係数有理式（分数式）全体を $\mathbb{F}_p(t)$ と書く．$\mathbb{F}_p(t)$ は体である．マニンの証明のアイデアは，$\mathbb{F}_p$ 上の楕円曲線 $y^2 = x^3 + ax + b$ $(a, b \in \mathbb{F}_p)$ に対するハッセの定理を，$\mathbb{F}_p(t)$ 上の楕円曲線 $(t^3 + at + b)y^2 = x^3 + ax + b$ を考えることで証明しようというものである．本節では，そのために必要となる，$\mathbb{F}_p[t]$, $\mathbb{F}_p(t)$ の基本性質を紹介する．

■ 次数の性質

$f \in \mathbb{F}_p[t] \setminus \{0\}$ に対し，f の次数を $\deg f$ と書く．また，$\deg 0 = -\infty$ とおく．ここで $-\infty$ は仮想的な記号であり，任意の整数 m に対し $m > -\infty$, $m + (-\infty) = (-\infty) + m = -\infty$, $(-\infty) + (-\infty) = -\infty$ を満たすと約束する．

次の命題は明らかであろう．

命題 10.1 $f, g \in \mathbb{F}_p[t]$ に対し次が成り立つ．

(1) $\deg(f+g) \le \max\{\deg f, \deg g\}$.

(2) $\deg f \ne \deg g$ ならば $\deg(f+g) = \max\{\deg f, \deg g\}$.

(3) $\deg(fg) = \deg f + \deg g$.

有理式に対しても次数を定義できる.

定義 10.2 $f \in \mathbb{F}_p(t)$ を $f = \dfrac{g}{h}$ $(g \in \mathbb{F}_p[t], h \in \mathbb{F}_p[t] \smallsetminus \{0\})$ と表し, $\deg f = \deg g - \deg h \in \mathbb{Z} \cup \{-\infty\}$ と定める. この値は $f = \dfrac{g}{h}$ という表し方によらない. 実際, $f = \dfrac{g_1}{h_1}$ を別の表し方とすると, $gh_1 = g_1 h$ であるから, 命題 10.1 (3) より $\deg g + \deg h_1 = \deg gh_1 = \deg g_1 h = \deg g_1 + \deg h$ となって $\deg g - \deg h = \deg g_1 - \deg h_1$ を得る.

有理式の次数についても命題 10.1 と同様の性質が成り立つが, 本章では用いないので省略する.

■ 互いに素な多項式の性質

次の補題は, 整数に対しては, よく知られているものである.

補題 10.3 $f, g \in \mathbb{F}_p[t]$ とし, f, g が互いに素である (すなわち, f, g をともに割り切る 1 次以上の多項式は存在しない) と仮定する. このとき, $a, b \in \mathbb{F}_p[t]$ であって $af + bg = 1$ を満たすものが存在する.

[**証明**] $I = \{af + bg \mid a, b \in \mathbb{F}_p[t]\}$ とおく. $f = g = 0$ ならば f, g は任意の多項式で割り切れるので, f, g が互いに素であるという仮定に反する. よって, f, g の少なくとも一方は 0 ではない. $f, g \in I$ より, $I \ne \{0\}$ が分かる. $I \smallsetminus \{0\}$ の元のうち次数が最小のもの $d = a_0 f + b_0 g$ $(a_0, b_0 \in \mathbb{F}_p[t])$ を 1 つ選ぶ. このとき, f は d で割り切れる. 実際, そうでないとすると, $f = dq + r$ $(q \in \mathbb{F}_p[t], r \in \mathbb{F}_p[t] \smallsetminus \{0\}, \deg r < \deg d)$ と書けるが, $r = f - dq = f - (a_0 f + b_0 g)q = (1 - a_0 q)f - b_0 qg \in I \smallsetminus \{0\}$ となって $\deg d$ の最小性に矛盾するからである. 同様に, g も d で割り切れることが分かる. f, g は互いに素であったから, d は 0 次式, すなわち $\mathbb{F}_p \smallsetminus \{0\}$ の元である. よって $1 = d^{-1} a_0 f + d^{-1} b_0 g$ となり, 主張が従う. ■

　この補題を用いて，$\mathbb{F}_p$ 係数多項式が整数と類似した性質を満たすことを示す．整数のときと同様，$f \in \mathbb{F}_p[t] \setminus \{0\}$ および $g \in \mathbb{F}_p[t]$ に対し，g が f で割り切れることを $f \mid g$ と書き，そうでないことを $f \nmid g$ と書く．$f \in \mathbb{F}_p[t] \setminus \mathbb{F}_p$ が既約多項式であるとは，f を割り切る多項式が定数または f の定数倍のみであることをいう．

命題 10.4　$P \in \mathbb{F}_p[t] \setminus \mathbb{F}_p$ を既約多項式とし，$m \geq 1$ を整数とする．$f, g \in \mathbb{F}_p[t]$ に対し，$P^m \mid fg$ かつ $P \nmid g$ ならば $P^m \mid f$ が成り立つ．

[証明]　P の既約性より，g と P は互いに素である．よって補題 10.3 より，$aP + bg = 1$ となる $a, b \in \mathbb{F}_p[t]$ が存在する．両辺を m 乗して f をかけることで
$$\sum_{i=0}^{m} {}_m\mathrm{C}_i a^i b^{m-i} P^i f g^{m-i} = f$$
を得る（二項定理を用いた）．$0 \leq i \leq m-1$ ならば $P^i f g^{m-i}$ は fg で割り切れるので P^m でも割り切れる．また，$i = m$ ならば $P^i f g^{m-i}$ は明らかに P^m で割り切れる．したがって上の等式の左辺は P^m で割り切れるので，$P^m \mid f$ が従う．　∎

命題 10.5　$f_1, \ldots, f_r \in \mathbb{F}_p[t] \setminus \mathbb{F}_p$ を互いに定数倍でない既約多項式とし，$g \in \mathbb{F}_p[t]$ とする．整数 $m_1, \ldots, m_r \geq 1$ に対し $f_i^{m_i} \mid g$ $(1 \leq i \leq r)$ ならば $\prod_{i=1}^{r} f_i^{m_i} \mid g$ である．

[証明]　r についての帰納法で示す．$r = 1$ の場合は明らかである．$r \geq 1$ に対する主張の成立を仮定し，$r+1$ の場合を示す．$f_{r+1}^{m_{r+1}} \mid g$ より，$g = f_{r+1}^{m_{r+1}} h$ となる $h \in \mathbb{F}_p[t]$ が存在する．整数 $1 \leq i \leq r$ に対し $f_i \nmid f_{r+1}$ であるから，命題 10.4 より $f_i \nmid f_{r+1}^{m_{r+1}}$ となる．$f_i^{m_i} \mid g$ すなわち $f_i^{m_i} \mid f_{r+1}^{m_{r+1}} h$ であるから，再び命題 10.4 より $f_i^{m_i} \mid h$ を得る．よって帰納法の仮定より $\prod_{i=1}^{r} f_i^{m_i} \mid h$ であり，$\prod_{i=1}^{r+1} f_i^{m_i} \mid f_{r+1}^{m_{r+1}} h$ すなわち $\prod_{i=1}^{r+1} f_i^{m_i} \mid g$ が従う．　∎

■ p 乗の性質

　最後に，$\mathbb{F}_p(t)$ における p 乗の性質を述べる．これは $\mathbb{F}_p$ 係数の場合に特有の性質であり，例えば複素数係数の場合には成り立たない．

命題 10.6　$f, g \in \mathbb{F}_p(t)$ に対し，$(f+g)^p = f^p + g^p$ が成り立つ.

[証明]　二項定理より $(f+g)^p = f^p + \sum_{i=1}^{p-1} {}_p\mathrm{C}_i f^{p-i} g^i + g^p$ が成り立つ. $1 \le i \le p-1$ に対し ${}_p\mathrm{C}_i$ は p の倍数であり，$\mathbb{F}_p(t)$ において $p = 0$ であるから，$\mathbb{F}_p(t)$ において ${}_p\mathrm{C}_i = 0$ である. よって $(f+g)^p = f^p + g^p$ が従う. ∎

10.2　ハッセの定理の証明

　ハッセの定理の証明の方針を述べる前に，まず記号の導入を行う. 以下では，$E : y^2 = x^3 + ax + b$ $(a, b \in \mathbb{F}_p, -16(4a^3 + 27b^2) \ne 0)$ を $\mathbb{F}_p$ 上の楕円曲線とする. 特に $16 \ne 0$ なので $p \ne 2$ である. $E(\mathbb{F}_p) = \{(x, y) \in \mathbb{F}_p^2 \mid y^2 = x^3 + ax + b\} \cup \{O\}$ とおく. $\lambda = t^3 + at + b \in \mathbb{F}_p[t]$ とおき，$\mathbb{F}_p(t)$ 上の楕円曲線 $E_\lambda : \lambda y^2 = x^3 + ax + b$ を考える. $E_\lambda(\mathbb{F}_p(t)) = \{(x, y) \in \mathbb{F}_p(t)^2 \mid \lambda y^2 = x^3 + ax + b\} \cup \{O\}$ とおく. 定義 6.3 と同様にして，$E_\lambda(\mathbb{F}_p(t))$ 上の加法が定まる. 加法の結合法則が成り立つことも証明できるが，定理 6.7 (2) の証明とは異なる方法をとる必要があるため，ここでは省略する. $P = (t^p, \lambda^{\frac{p-1}{2}})$, $Q = (t, -1)$ とおく.

補題 10.7　$P, Q \in E_\lambda(\mathbb{F}_p(t))$ が成り立つ.

[証明]　$\lambda \cdot (\lambda^{\frac{p-1}{2}})^2 = \lambda^p = (t^3 + at + b)^p \overset{(1)}{=} (t^3)^p + (at)^p + b^p \overset{(2)}{=} (t^p)^3 + at^p + b$ より $P \in E_\lambda(\mathbb{F}_p(t))$ が従う. ここで，(1) については命題 10.6 を，(2) については命題 1.12 を用いた. $Q \in E_\lambda(\mathbb{F}_p(t))$ は定義から明らかである. ∎

定義 10.8　整数 n に対し，$P_n = P + nQ \in E_\lambda(\mathbb{F}_p(t))$ とおく. さらに，$P_n \ne O$ のときは $P_n = (x_n, y_n)$ $(x_n, y_n \in \mathbb{F}_p(t))$ と書く.

　ハッセの定理の証明の方針は以下の通りである.

- $P_n \ne O$ となる整数 n に対し，x_n を既約分数で表したときの分母，分子の次数の大きい方 d_n に注目する（$P_n = O$ のときは $d_n = 0$ とおく）.
- $d_1 = \#E(\mathbb{F}_p)(= \#\{(x, y) \in \mathbb{F}_p^2 \mid y^2 = x^3 + ax + b\} + 1)$ となることを示す.
- $\{d_n\}$ が 3 項間漸化式 $d_{n-1} + d_{n+1} = 2d_n + 2$ を満たすことを示し，これと $d_1 = \#E(\mathbb{F}_p)$ を用いてハッセの定理を導く.

■ 数列 $\{d_n\}$

まず, d_n の導入を行い, その性質について述べる.

定義 10.9　整数 n に対し, 0 以上の整数 d_n を以下で定める.

- $P_n \neq O$ のとき, $x_n = \dfrac{f_n}{g_n}$ ($f_n \in \mathbb{F}_p[t]$, $g_n \in \mathbb{F}_p[t] \smallsetminus \{0\}$ は互いに素な多項式) と表し, $d_n = \max\{\deg f_n, \deg g_n\}$ とする.
- $P_n = O$ のとき, $d_n = 0$ とする.

$P_0 = P = (t^p, \lambda^{\frac{p-1}{2}})$ であったから, $d_0 = \max\{\deg t^p, \deg 1\} = p$ である. 次の命題によって, d_1 がハッセの定理と関連する.

命題 10.10　$d_1 = \#E(\mathbb{F}_p)$ が成り立つ.

この命題の証明には, 次の補題を用いる.

補題 10.11（オイラーの判定法）　p を奇素数とするとき, $c \in \mathbb{F}_p \smallsetminus \{0\}$ に対し, $c^{\frac{p-1}{2}}$ は 1 と -1 のどちらかである. さらに, $c^{\frac{p-1}{2}} = 1$ であることは c が平方元であること (すなわち, $x^2 = c$ となる $x \in \mathbb{F}_p$ が存在すること) と同値である.

[証明]　命題 1.12 より $(c^{\frac{p-1}{2}})^2 = c^{p-1} = 1$ すなわち $(c^{\frac{p-1}{2}} - 1)(c^{\frac{p-1}{2}} + 1) = 0$ が成り立つので, $c^{\frac{p-1}{2}}$ は 1 または -1 である. c が平方元ならば, $x^2 = c$ となる $x \in \mathbb{F}_p$ をとると, $x \neq 0$ であり, 命題 1.12 より $c^{\frac{p-1}{2}} = (x^2)^{\frac{p-1}{2}} = x^{p-1} = 1$ を得る. 逆に $c^{\frac{p-1}{2}} = 1$ のときに c が平方元になることを示す. $\mathbb{F}_p$ 係数多項式 $t^{p-1} - 1 = (t^2)^{\frac{p-1}{2}} - c^{\frac{p-1}{2}}$ は $t^2 - c$ で割り切れるので, $p-3$ 次多項式 $f(t) \in \mathbb{F}_p[t]$ であって $t^{p-1} - 1 = (t^2 - c)f(t)$ を満たすものが存在する. 方程式 $f(t) = 0$ の解は $p-3$ 個以下であるから, $x \in \mathbb{F}_p \smallsetminus \{0\}$ であって $f(x) \neq 0$ を満たすものがとれる. 命題 1.12 より $(x^2 - c)f(x) = x^{p-1} - 1 = 0$ であるから, $x^2 - c = 0$ となって, c は平方元であることが従う. ∎

[命題 10.10 の証明]　$t^p \neq t$ より $P \neq -Q$ であるから, $P_1 = P + Q \neq O$ である. さらに, 例題 6.4 と同様の計算により

$$x_1 = \lambda\left(\frac{\lambda^{\frac{p-1}{2}} + 1}{t^p - t}\right)^2 - t^p - t = \frac{\lambda(\lambda^{\frac{p-1}{2}} + 1)^2}{(t^p - t)^2} - t^p - t$$

である. 補題 10.7 の証明で見たように $\lambda^p = t^{3p} + at^p + b$ であるから,

$$
\begin{aligned}
(t^p - t)^2 x_1 &= \lambda(\lambda^{\frac{p-1}{2}} + 1)^2 - (t^p + t)(t^p - t)^2 \\
&= \lambda^p + 2\lambda^{\frac{p+1}{2}} + \lambda - (t^{3p} - t^{2p+1} - t^{p+2} + t^3) \\
&= (t^{3p} + at^p + b) + 2\lambda^{\frac{p+1}{2}} + \lambda - (t^{3p} - t^{2p+1} - t^{p+2} + t^3) \\
&= t^{2p+1} + (2p\,\text{次以下の多項式})
\end{aligned}
$$

となる. よって $\deg x_1 = (2p+1) - 2p = 1$ すなわち $\deg f_1 - \deg g_1 = 1$ であるから, $d_1 = \max\{\deg f_1, \deg g_1\} = \deg f_1$ を得る.

$\deg f_1$ を求めるため, $\dfrac{\lambda(\lambda^{\frac{p-1}{2}} + 1)^2}{(t^p - t)^2}$ で約分ができる回数を調べよう. 命題 1.12 と因数定理より, $t^p - t = \displaystyle\prod_{\xi \in \mathbb{F}_p}(t - \xi)$ と因数分解できることが分かる. $\mathbb{F}_p$ の部分集合 A, B を, $A = \{\xi \in \mathbb{F}_p \mid \xi^3 + a\xi + b = 0\}$, $B = \{\xi \in \mathbb{F}_p \mid (\xi^3 + a\xi + b)^{\frac{p-1}{2}} + 1 = 0\}$ で定めると, $\xi \in \mathbb{F}_p$ に対し次が成り立つ.

- $t - \xi$ が $\lambda = t^3 + at + b$ を割り切ることは $\xi \in A$ と同値である. また, このとき λ は $t - \xi$ でちょうど 1 回割れる(注意 3.16 より $t^3 + at + b = 0$ は重解を持たないことに注意).
- $t - \xi$ が $\lambda^{\frac{p-1}{2}} + 1 = (t^3 + at + b)^{\frac{p-1}{2}} + 1$ を割り切ることは $\xi \in B$ と同値である. さらにこのとき, $(\lambda^{\frac{p-1}{2}} + 1)^2$ は $(t - \xi)^2$ で割り切れる.

$A \cap B = \varnothing$ にも注意すると, 約分ができる回数は $\#A + 2\#B$ であることが分かる. 一方, 補題 10.11 より $B = \{\xi \in \mathbb{F}_p \mid \xi^3 + a\xi + b$ は非平方元 $\}$ であるから,

$$
\begin{aligned}
\#B &= p - \#\{\xi \in \mathbb{F}_p \mid \xi^3 + a\xi + b \text{ は平方元}\} \\
&= p - \frac{1}{2}\#\{(\xi, \eta) \in \mathbb{F}_p^2 \mid \eta^2 = \xi^3 + a\xi + b\} - \frac{1}{2}\#A \\
&= p - \frac{1}{2}(\#E(\mathbb{F}_p) - 1) - \frac{1}{2}\#A
\end{aligned}
$$

すなわち $\#A + 2\#B = 2p + 1 - \#E(\mathbb{F}_p)$ が得られる. つまり, $\dfrac{\lambda(\lambda^{\frac{p-1}{2}} + 1)^2}{(t^p - t)^2}$ の既約分数表示を $\dfrac{f}{g}$ とすると, $\deg g = 2p - (\#A + 2\#B) = \#E(\mathbb{F}_p) - 1$ が成り立つ.

$x_1 = \dfrac{f}{g} - t^p - t = \dfrac{f - (t^p + t)g}{g}$ であり，f と g は互いに素なので $f - (t^p + t)g$

と g も互いに素であるから，$\dfrac{f - (t^p + t)g}{g}$ は x_1 の既約分数表示である．よって，

f_1, g_1 はそれぞれ $f - (t^p + t)g, g$ の定数倍となる．このことから

$$d_1 = \deg f_1 = \deg(f - (t^p + t)g) = \deg x_1 + \deg g = 1 + (\#E(\mathbb{F}_p) - 1) = \#E(\mathbb{F}_p)$$

が結論される． ∎

　次がハッセの定理の証明の鍵となる．

| **定理 10.12**　整数 n に対し，$d_{n-1} + d_{n+1} = 2d_n + 2$ が成り立つ．

■ ハッセの定理の導出

　定理 10.12 の証明は後回しとし，まず，定理 10.12 からハッセの定理を導こう．

[定理 9.1 の証明]　$a_p(E) = 1 + p - \#E(\mathbb{F}_p)$ に対し $|a_p(E)| \leq 2\sqrt{p}$ を示せばよい．$f(x) = x^2 - a_p(E)x + p$ とおく．定理 10.12 と帰納法により，任意の整数 n に対し

$$d_n = n^2 + (d_1 - d_0 - 1)n + d_0$$

が成り立つことが示せる．$d_0 = p$ と命題 10.10 より，

$$d_n = n^2 + (\#E(\mathbb{F}_p) - p - 1)n + p = f(n)$$

である．特に，任意の整数 n に対し $f(n) \geq 0$ である．

　2 次方程式 $f(x) = 0$ が実数解 α, β（$\alpha \leq \beta$ とし，$\alpha = \beta$ のときは重解と解釈する）を持つとする．任意の整数 n に対し $f(n) \geq 0$ であることから，$0 \leq \beta - \alpha \leq 1$ でなくてはならない．一方，$(\beta - \alpha)^2 = (\alpha + \beta)^2 - 4\alpha\beta = a_p(E)^2 - 4p$ は整数であるから，$\beta - \alpha$ は 0 または 1 である．$\beta - \alpha = 0$ の場合は $a_p(E)^2 - 4p = 0$ より $|a_p(E)| = 2\sqrt{p}$ を得る．$\beta - \alpha = 1$ の場合は $a_p(E)^2 - 4p = 1$ すなわち $4p = a_p(E)^2 - 1$ であるから，$a_p(E)$ は奇数であり，$m = \dfrac{a_p(E) - 1}{2}$ とおくと $p = m(m+1)$ となって p が奇素数であることに反する．よって $\beta - \alpha = 1$ とはなり得ない．

　次に，$f(x) = 0$ が実数解を持たないとする．このとき，$a_p(E)^2 - 4p < 0$ より

$|a_p(E)| < 2\sqrt{p}$ が得られる.

いずれの場合も $|a_p(E)| \leq 2\sqrt{p}$ となるので主張が示された. ∎

■ 定理 10.12 の証明

残された定理 10.12 の証明を与えよう. 定理 10.12 は, 次の命題と同時に証明される.

命題 10.13 整数 n に対し, $P_n \neq O$ ならば $\deg x_n > 0$ である.

注意 10.14 $x_0 = t^p$ より $\deg x_0 = p$ である. また, 命題 10.10 の証明において $\deg x_1 = 1$ を示した. これらのことから, P_0, P_1 に対し命題 10.13 が成立することが分かる.

定理 10.12 と命題 10.13 を n に関する数学的帰納法で示したい. 帰納法のステップを取り出したものが以下の補題である.

補題 10.15 n を整数とする.

(1) P_{n-1}, P_n に対し命題 10.13 が成り立つならば, P_{n+1} に対しても命題 10.13 が成り立ち, さらに $d_{n-1} + d_{n+1} = 2d_n + 2$ である.

(2) P_{n+1}, P_n に対し命題 10.13 が成り立つならば, P_{n-1} に対しても命題 10.13 が成り立ち, さらに $d_{n-1} + d_{n+1} = 2d_n + 2$ である.

まず, この補題から定理 10.12 と命題 10.13 を導いておこう. 注意 10.14 と補題 10.15 より, 命題 10.13 が成立することが分かる. さらにもう一度補題 10.15 を用いることで, 定理 10.12 が従う.

以下では整数 n を固定し, n に対し補題 10.15 を示す. 始めに, P_{n-1}, P_n, P_{n+1} のうちいずれか 1 つが O であるという例外的な場合を扱っておく.

補題 10.16 P_{n-1}, P_n, P_{n+1} のうちどれか 1 つが O ならば補題 10.15 が成り立つ.

[証明] $P_n = O$ のとき, $P_{n-1} = -Q = (t, 1)$, $P_{n+1} = Q = (t, -1)$ である. よって $\deg x_{n-1} = \deg x_{n+1} = 1 > 0$ であるから, P_{n-1}, P_n, P_{n+1} は命題 10.13 を満たす. また, $d_n = 0, d_{n-1} = d_{n+1} = 1$ なので $d_{n-1} + d_{n+1} = 2d_n + 2$ も成り立つ.

$P_{n-1} = O$ のとき, $P_n = Q = (t, -1)$, $P_{n+1} = 2Q$, $x_n = t$, $x_{n+1} = \dfrac{t^4 - 2at^2 - 8bt + a^2}{4(t^3 + at + b)}$ である（例題 6.4 と同様の計算を行った）. $\deg x_n = \deg x_{n+1} = 1 > 0$ であるから P_{n-1}, P_n, P_{n+1} は命題 10.13 を満たす. $A(t) = 3t^2 + 4a$, $B(t) = -3t^3 + 5at + 27b$ とおくと

$$A(t)(t^4 - 2at^2 - 8bt + a^2) + B(t)(t^3 + at + b) = 4a^3 + 27b^2 \in \mathbb{F}_p \smallsetminus \{0\}$$

であるから, $t^4 - 2at^2 - 8bt + a^2$ と $t^3 + at + b$ は互いに素である（$A(t)$ と $B(t)$ はユークリッドの互除法で求まる）. よって

$$d_{n+1} = \max\{\deg(t^4 - 2at^2 - 8bt + a^2), \deg(t^3 + at + b)\} = 4$$

である. $d_{n-1} = 0$, $d_n = 1$ であるから $d_{n-1} + d_{n+1} = 2d_n + 2$ が成り立つ.

$P_{n+1} = O$ のときも同様に $\deg x_{n-1} = \deg x_n = 1 > 0$, $d_{n-1} = 4$, $d_n = 1$, $d_{n+1} = 0$ が示せるのでよい. ∎

以下では $P_{n-1}, P_n, P_{n+1} \neq O$ の場合を考える. まず, $x_{n-1}x_{n+1} = \dfrac{f_{n-1}f_{n+1}}{g_{n-1}g_{n+1}}$ と $x_{n-1} + x_{n+1} = \dfrac{f_{n-1}g_{n+1} + f_{n+1}g_{n-1}}{g_{n-1}g_{n+1}}$ を f_n, g_n で表す.

補題 10.17　以下が成り立つ：

(1) $\dfrac{f_{n-1}f_{n+1}}{g_{n-1}g_{n+1}} = \dfrac{t^2 f_n^2 - 2(at + 2b)f_n g_n + (a^2 - 4bt)g_n^2}{(f_n - tg_n)^2}$.

(2) $\dfrac{f_{n-1}g_{n+1} + f_{n+1}g_{n-1}}{g_{n-1}g_{n+1}} = \dfrac{2(f_n + tg_n)(tf_n + ag_n) + 4bg_n^2}{(f_n - tg_n)^2}$.

[証明]　$P_{n-1}, P_n, P_{n+1} \neq O$ より $P_n \neq Q, -Q$ である. これと $P_{n\pm1} = P_n \pm Q$ より

$$x_{n\pm1} = \lambda\left(\frac{y_n \pm 1}{x_n - t}\right)^2 - x_n - t = \frac{\lambda(y_n \pm 1)^2 - (x_n + t)(x_n - t)^2}{(x_n - t)^2}$$

$$= \frac{\lambda y_n^2 \pm 2\lambda y_n + \lambda - x_n^3 + tx_n^2 + t^2 x_n - t^3}{(x_n - t)^2}$$

$$= \frac{(x_n^3 + ax_n + b) \pm 2\lambda y_n + (t^3 + at + b) - x_n^3 + tx_n^2 + t^2 x_n - t^3}{(x_n - t)^2}$$

$$= \frac{(x_n + t)(tx_n + a) + 2b \pm 2\lambda y_n}{(x_n - t)^2}$$

である（複号同順）．よって

$$(x_n - t)^4 x_{n-1} x_{n+1} = ((x_n + t)(tx_n + a) + 2b)^2 - 4\lambda^2 y_n^2$$

$$= ((x_n - t)(tx_n + 2t^2 + a) + 2\lambda)^2 - 4\lambda(x_n^3 + ax_n + b)$$

$$= (x_n - t)^2 (tx_n + 2t^2 + a)^2 + 4\lambda(x_n - t)(tx_n + 2t^2 + a)$$
$$\quad + 4\lambda^2 - 4\lambda(x_n^3 + ax_n + b)$$

$$= (x_n - t)^2 (tx_n + 2t^2 + a)^2 + 4\lambda(x_n - t)(tx_n + 2t^2 + a)$$
$$\quad - 4\lambda(x_n - t)(x_n^2 + tx_n + t^2 + a)$$

$$= (x_n - t)^2 (tx_n + 2t^2 + a)^2 - 4\lambda(x_n - t)(x_n^2 - t^2)$$

$$= (x_n - t)^2 ((tx_n + 2t^2 + a)^2 - 4\lambda(x_n + t))$$

$$= (x_n - t)^2 (t^2 x_n^2 - 2(at + 2b)x_n + a^2 - 4bt)$$

すなわち $x_{n-1} x_{n+1} = \dfrac{t^2 x_n^2 - 2(at + 2b)x_n + a^2 - 4bt}{(x_n - t)^2}$ が成り立つ．また，

$x_{n-1} + x_{n+1} = \dfrac{2(x_n + t)(tx_n + a) + 4b}{(x_n - t)^2}$ も成り立つ．これらに $x_{n-1} = \dfrac{f_{n-1}}{g_{n-1}}$,

$x_n = \dfrac{f_n}{g_n}$, $x_{n+1} = \dfrac{f_{n+1}}{g_{n+1}}$ を代入することで所望の等式が得られる． ∎

以下ではしばらく，$g_{n-1} g_{n+1}$ が $(f_n - tg_n)^2$ の定数倍になることの証明を目指す．まず，補題 10.17 の右辺の分子に注目することで，次の補題を示す．

補題 10.18 $g_{n-1} g_{n+1}$ は $(f_n - tg_n)^2$ で割り切れる．

[証明]　$f_n - tg_n = d \displaystyle\prod_{i=1}^{r} \phi_i^{m_i}$ $(d \in \mathbb{F}_p \setminus \{0\}, \phi_1, \ldots, \phi_r \in \mathbb{F}_p[t]$ は互いに定数倍でない既約多項式，$m_1, \ldots, m_r \geq 1)$ と因数分解する．$1 \leq i \leq r$ となる整数 i を固定し，ϕ_i が

$$C(t) = t^2 f_n^2 - 2(at + 2b)f_n g_n + (a^2 - 4bt)g_n^2, \quad D(t) = 2(f_n + tg_n)(tf_n + ag_n) + 4bg_n^2$$

をともに割り切ると仮定して矛盾を導く．整数の合同式と同様，$F, G \in \mathbb{F}_p[t]$ に対し，$F - G$ が ϕ_i で割り切れることを $F \equiv G$ と書く．$f_n \equiv tg_n$ であるから，

$$C(t) \equiv t^4 g_n^2 - 2(at + 2b)tg_n^2 + (a^2 - 4bt)g_n^2 = g_n^2(t^4 - 2at^2 - 8bt + a^2),$$

$$D(t) \equiv 4tg_n(t^2 g_n + ag_n) + 4bg_n^2 = 4g_n^2(t^3 + at + b)$$

が成り立つ．したがって，$\phi_i \mid g_n^2(t^4 - 2at^2 - 8bt + a^2)$ かつ $\phi_i \mid 4g_n^2(t^3 + at + b)$ である．$\phi_i \mid g_n$ ならば $f_n \equiv tg_n$ より $\phi_i \mid f_n$ であり，f_n と g_n が互いに素であることに反するので，$\phi_i \nmid g_n$ である．よって命題 10.4 より，$\phi_i \mid t^4 - 2at^2 - 8bt + a^2$ かつ $\phi_i \mid t^3 + at + b$ を得る．補題 10.16 の証明より $t^4 - 2at^2 - 8bt + a^2$ と $t^3 + at + b$ は互いに素であるから，これは矛盾である．以上で，$\phi_i \nmid C(t)$ または $\phi_i \nmid D(t)$ となることが示せた．$\phi_i \nmid C(t)$ とすると，補題 10.17 (1) より $g_{n-1}g_{n+1}C(t) = f_{n-1}f_{n+1}(f_n - tg_n)^2$ であり，右辺は $\phi_i^{2m_i}$ で割り切れるから，命題 10.4 より $\phi_i^{2m_i} \mid g_{n-1}g_{n+1}$ である．$\phi_i \nmid D(t)$ の場合にも，補題 10.17 (2) を用いて同様の議論を行うことで $\phi_i^{2m_i} \mid g_{n-1}g_{n+1}$ が分かる．よって命題 10.5 より，$g_{n-1}g_{n+1}$ は $(f_n - tg_n)^2 = d^2 \prod_{i=1}^{r} \phi_i^{2m_i}$ で割り切れることが示された．∎

この補題を用いて，$g_{n-1}g_{n+1}$ が $(f_n - tg_n)^2$ の定数倍であることを示そう．

補題 10.19 $g_{n-1}g_{n+1} = c(f_n - tg_n)^2$ となる $c \in \mathbb{F}_p \smallsetminus \{0\}$ が存在する．

[証明] $g_{n-1}g_{n+1} \neq 0$ であるから，補題 10.18 より，$g_{n-1}g_{n+1} = h(f_n - tg_n)^2$ を満たす $h \in \mathbb{F}_p[t] \smallsetminus \{0\}$ が存在する．$h \notin \mathbb{F}_p \smallsetminus \{0\}$ と仮定して矛盾を導く．仮定より，h を割り切る既約多項式 ψ をとることができる．$\psi \mid g_{n-1}g_{n+1}$ と命題 10.4 より，$\psi \mid g_{n-1}$ または $\psi \mid g_{n+1}$ の少なくとも一方が成り立つ．まず $\psi \mid g_{n-1}$ の場合を考える．f_{n-1} と g_{n-1} は互いに素であるから，$\psi \nmid f_{n-1}$ である．一方，補題 10.17 (1) より $f_{n-1}f_{n+1} = h(t^2 f_n^2 - 2(at + 2b)f_n g_n + (a^2 - 4bt)g_n^2)$ であるから，$\psi \mid f_{n-1}f_{n+1}$ である．よって命題 10.4 より $\psi \mid f_{n+1}$ が従う．さらに補題 10.17 (2) より $f_{n-1}g_{n+1} + f_{n+1}g_{n-1} = h(2(f_n + tg_n)(tf_n + ag_n) + 4bg_n^2)$ であるから，$\psi \mid f_{n-1}g_{n+1} + f_{n+1}g_{n-1}$ を得る．$\psi \mid f_{n+1}$ と合わせて $\psi \mid f_{n-1}g_{n+1}$ が分かり，さらに $\psi \nmid f_{n-1}$ および命題 10.4 より $\psi \mid g_{n+1}$ が従う．よって $\psi \mid f_{n+1}$ かつ $\psi \mid g_{n+1}$ となり，f_{n+1}, g_{n+1} が互いに素であることに反する．$\psi \mid g_{n+1}$ の場合も同様に矛盾が導かれるのでよい．∎

補題 10.19 から次を導くことができる.

補題 10.20 $\deg f_n > \deg g_n$ ならば $\deg f_{n-1} + \deg f_{n+1} = 2\deg f_n + 2$ が成り立つ.

[**証明**] 補題 10.17 (1) と補題 10.19 より

$$f_{n-1}f_{n+1} = c(t^2 f_n^2 - 2(at + 2b)f_n g_n + (a^2 - 4bt)g_n^2)$$

であるから, $\deg f_{n-1} + \deg f_{n+1} = \deg(t^2 f_n^2 - 2(at + 2b)f_n g_n + (a^2 - 4bt)g_n^2)$ が成り立つ. 仮定より $\deg f_n > \deg g_n$ であるから,

$$\deg t^2 f_n^2 = 2\deg f_n + 2$$
$$> \deg f_n + \deg g_n + \deg(at + 2b) = \deg(-2(at + 2b)f_n g_n),$$
$$\deg t^2 f_n^2 = 2\deg f_n + 2$$
$$> 2\deg g_n + \deg(a^2 - 4bt) = \deg(a^2 - 4bt)g_n^2$$

を得る. よって命題 10.1 (1) より $\deg t^2 f_n^2 > \deg(-2(at+2b)f_n g_n + (a^2 - 4bt)g_n^2)$ となるから, 命題 10.1 (2) より $\deg f_{n-1} + \deg f_{n+1} = 2\deg f_n + 2$ が従う. ∎

最後に, 補題 10.17, 補題 10.19, 補題 10.20 から補題 10.15 を導く.

[**補題 10.15 の証明**] (1) $\deg x_{n-1} > 0$, $\deg x_n > 0$ と仮定する. まず, $\deg x_{n+1} \leq 0$ と仮定して矛盾を導く. 仮定より $\deg f_{n-1} > \deg g_{n-1}$, $\deg f_{n+1} \leq \deg g_{n+1}$ であるから, $g_{n+1} \neq 0$ にも注意すると, $\deg f_{n-1}g_{n+1} > \deg f_{n+1}g_{n-1}$ が得られる. よって命題 10.1 (2) より $\deg(f_{n-1}g_{n+1}+f_{n+1}g_{n-1}) = \deg f_{n-1}g_{n+1} = \deg f_{n-1} + \deg g_{n+1}$ である. 一方, 補題 10.17 (2) と補題 10.19 より

$$f_{n-1}g_{n+1} + f_{n+1}g_{n-1} = 2c(tf_n^2 + af_n g_n + t^2 f_n g_n + atg_n^2 + 2bg_n^2)$$

であるから, $\deg f_{n-1} + \deg g_{n+1} = \deg(tf_n^2 + af_n g_n + t^2 f_n g_n + atg_n^2 + 2bg_n^2)$ が成り立つ. 仮定より $\deg f_n > \deg g_n$ であるから, $\deg tf_n^2$, $\deg af_n g_n$, $\deg t^2 f_n g_n$, $\deg atg_n^2$, $\deg 2bg_n^2$ は全て $2\deg f_n + 1$ 以下である. よって命題 10.1 (1) より

$$\deg f_{n-1} + \deg g_{n+1} = \deg(tf_n^2 + af_n g_n + t^2 f_n g_n + atg_n^2 + 2bg_n^2) \leq 2\deg f_n + 1$$

が従う. 仮定および補題 10.20 より $\deg f_{n-1}+\deg f_{n+1} = 2\deg f_n+2$ であるから,

$\deg f_{n+1} - \deg g_{n+1} \geq 1$ となって $\deg x_{n+1} \leq 0$ に反する．以上で $\deg x_{n+1} > 0$ が示せた．$\deg x_{n-1} > 0$, $\deg x_n > 0$, $\deg x_{n+1} > 0$ より $d_{n-1} = \deg f_{n-1}$, $d_n = \deg f_n$, $d_{n+1} = \deg f_{n+1}$ なので，補題 10.20 より $d_{n-1} + d_{n+1} = 2d_n + 2$ が従う．

(2) の証明も (1) と同様である． ∎

10.3　参考文献ガイド

本章の証明は，マニンの論文 [36] と，それを解説した論文 [5]，書籍 [31] を参考にした．楕円曲線上の $\mathbb{F}_p(t)$ 有理点の x 座標の既約分数表示に注目する証明法は，モーデル-ヴェイユの定理（定理 9.6）の証明にも通じるものがある．[59] の第 3 章や，[58] の第 8 章を参照されたい．

ハッセの定理（定理 9.1）の原論文は [21] である．この論文では，虚数乗法論を用いてこの定理を証明している．また，[58] の第 5 章では，テイト加群というものを用いた証明が与えられている．こちらの方が，知識は必要であるものの見通しのよい証明となっているので，興味のある読者は挑戦していただきたい．

第 **11** 章

ヴェイユ予想

最終章である本章では，有限体上の数論幾何における金字塔であるヴェイユ予想を紹介する．ヴェイユ予想とは，大雑把に言えば，$\mathbb{F}_p$ 係数（p は素数）の代数方程式で定まる代数多様体 X に対し，その $\mathbb{F}_{p^n}$ 有理点の個数を各整数 $n \geq 1$ ごとに数えるだけで，X の「かたち」が分かってしまうことを主張するものである．ここで，$\mathbb{F}_{p^n}$ は p^n 個の元からなる有限体であり，11.1 節で導入される．「予想」という名前がついてはいるが，現在では解決済みの定理である．ヴェイユ予想は，数論と幾何の間の架け橋となる魅力的な定理であり，7.4 節で述べたラマヌジャン予想を始めとする多数の応用を持つ．また，現代の数論幾何の研究の礎となっているスキームやエタールコホモロジーの理論は，ヴェイユ予想の解決を主要な動機として構築されたものである．その意味で，ヴェイユ予想は初期の数論幾何学の発展の原動力となったものでもある．

ヴェイユ予想を述べるためには，必然的に高次元の代数多様体を扱うことになる．そのため，特に 11.3 節では，本書の他の部分に比べて多くの予備知識が必要となる．全てが理解できなくてもヴェイユ予想の魅力は感じられるはずなので，未知の用語が出てきた場合は，おおらかな気持ちで読み飛ばしていただければと思う．

本章を通して，p を素数とする．

11.1　有限体 $\mathbb{F}_{p^n}$

$\mathbb{F}_p = \mathbb{Z}/p\mathbb{Z}$ は p 個の元からなる体であった．ヴェイユ予想を説明するためには，より一般に，p^n 個（$n \geq 1$）の元からなる体を導入する必要がある．

有理数全体のなす体 $\mathbb{Q}$ は複素数全体のなす体 $\mathbb{C}$ に含まれている．$\mathbb{C}$ においては任意の代数方程式が解を持つこと（代数学の基本定理）を思い出そう．このことを，

「$\mathbb{C}$ は**代数閉体である**」という. これと同様に, $\mathbb{F}_p$ を含む代数閉体 Ω が存在することが知られている. このような Ω は一通りではないので, 1 つ選んで固定する. このとき, $1 \in \mathbb{F}_p \subset \Omega$ なので, Ω において $p = \underbrace{1 + \cdots + 1}_{p\ 個} = 0$ が成り立つ. このことから, 次が分かる.

命題 11.1　$x, y \in \Omega$ に対し, $(x+y)^p = x^p + y^p$ が成り立つ.

[証明]　命題 10.6 の証明と同様, 二項定理を用いればよい.　∎

命題 11.2　$\Omega_n = \{x \in \Omega \mid x^{p^n} = x\}$ とおくと, 次が成り立つ.

(1) $\#\Omega_n = p^n$ である.

(2) $\mathbb{F}_p = \Omega_1 \subset \Omega_n$ である.

(3) $x, y \in \Omega_n$ に対し, $x+y, xy, -x \in \Omega_n$ である. また, $x \neq 0$ ならば $x^{-1} \in \Omega_n$ である.

[証明]　(1) Ω が代数閉体であることから, $x^{p^n} - x = 0$ は Ω 内に重複度を込めて p^n 個の解を持つので, $x^{p^n} - x = 0$ が重解を持たないことを示せばよい. $x^{p^n} - x = x(x^{p^n-1} - 1)$ より, $x = 0$ が重解でないことは明らかである. $\alpha \in \Omega \setminus \{0\}$ を $x^{p^n} - x = 0$ の解とすると, $\alpha^{p^n-1} = 1$ なので, $x^{p^n} - 1 = x(x^{p^n-1} - \alpha^{p^n-1}) = x(x-\alpha)(x^{p^n-2} + \alpha x^{p^n-3} + \cdots + \alpha^{p^n-2})$ を得る. $x^{p^n-2} + \alpha x^{p^n-3} + \cdots + \alpha^{p^n-2}$ に $x = \alpha$ を代入すると $(p^n-1)\alpha^{p^n-2} = -\alpha^{p^n-2} \neq 0$ となるので, $x = \alpha$ は重解でない.

(2) 命題 1.12 より $\mathbb{F}_p \subset \Omega_1$ である. (1) より $\#\Omega_1 = p = \#\mathbb{F}_p$ なので, $\mathbb{F}_p = \Omega_1$ を得る. $\Omega_1 \subset \Omega_n$ は明らかである.

(3) $x, y \in \Omega_n$ とする. 命題 11.1 より $(x + y)^{p^n} = (x^p + y^p)^{p^{n-1}} = \cdots = x^{p^n} + y^{p^n} = x + y$ であるから, $x + y \in \Omega_n$ である. また, $(xy)^{p^n} = x^{p^n} y^{p^n} = xy$ であるから, $xy \in \Omega_n$ である. $y = -1 \in \mathbb{F}_p \subset \Omega_n$ とすると, $-x \in \Omega_n$ も分かる. $x \neq 0$ のとき, $(x^{-1})^{p^n} = (x^{p^n})^{-1} = x^{-1}$ より $x^{-1} \in \Omega_n$ を得る.　∎

この命題より, Ω_n は $\mathbb{F}_p$ を含む, p^n 個の元からなる体であることが分かる. 実は, この Ω_n は Ω のとり方によらないことが証明できる. そのため, 以下では Ω_n のことを $\mathbb{F}_{p^n}$ と書くことにする.

注意 11.3 Ω_n の定義より，$x \in \mathbb{F}_{p^n}$ に対して $x^{p^n} = x$ が成り立つ．したがって，$x \in \mathbb{F}_{p^n} \setminus \{0\}$ に対して $x^{p^n-1} = 1$ が成り立つ．これはフェルマーの小定理（定理 1.12）の $\mathbb{F}_{p^n}$ に対する類似である．

例 11.4 $p = 3$ とし，$\mathbb{F}_9$ を考えよう．

2 次方程式 $x^2 + 1 = 0$ は $\mathbb{F}_3$ では解を持たない（実際，$0^2 = 0$, $1^2 = 2^2 = 1$ である）．一方，Ω では解を持つので，その 1 つを λ と書く．このとき，$\lambda \in \mathbb{F}_9 \setminus \mathbb{F}_3$ である．なぜなら，$\lambda^8 = (\lambda^2)^4 = (-1)^4 = 1$ より $\lambda^9 = \lambda$ となるからである．さらに，$\mathbb{F}_3 \subset \mathbb{F}_9$ より，$\{a + b\lambda \mid a, b \in \mathbb{F}_3\} \subset \mathbb{F}_9$ である．ここで，$(a,b), (a',b') \in \mathbb{F}_3^2$ が相異なるとき，$a + b\lambda \neq a' + b'\lambda$ である．なぜなら，$a + b\lambda = a' + b'\lambda$ と仮定すると $a - a' = (b' - b)\lambda$ となるので，$b \neq b'$ ならば $\lambda = \dfrac{a - a'}{b' - b} \in \mathbb{F}_3$ となって $\lambda \notin \mathbb{F}_3$ に反し，$b = b'$ ならば $a - a' = (b' - b)\lambda = 0$ となり $(a,b) \neq (a',b')$ に反するからである．よって $\{a + b\lambda \mid a, b \in \mathbb{F}_3\}$ は 9 元からなるので，$\mathbb{F}_9 = \{a + b\lambda \mid a, b \in \mathbb{F}_3\}$ が得られる．$\mathbb{F}_9$ における計算は，$\mathbb{C} = \{a + bi \mid a, b \in \mathbb{R}\}$ の計算と同様に，λ の多項式と思って計算を進め，λ^2 が出てきたら -1 に置き換えればよい．

一般に，$\mathbb{F}_{p^n}$ は以下のような記述を持つ．$f(x)$ を $\mathbb{F}_p$ 係数の n 次既約多項式とし（このような $f(x)$ は必ず存在する），$f(x) = 0$ の Ω における解 λ を 1 つとると，

$$\mathbb{F}_{p^n} = \{a_0 + a_1\lambda + \cdots + a_{n-1}\lambda^{n-1} \mid a_0, \ldots, a_{n-1} \in \mathbb{F}_p\}$$

である．

例題 11.5 $\lambda \in \mathbb{F}_9$ を例 11.4 の通り，$\lambda^2 = -1$ を満たす元とする．

(1) $(1 + \lambda)^{-1}$ を計算せよ（ヒント：複素数での $(1 + i)^{-1}$ の計算を真似る）．
(2) $(1 + \lambda)^4$ を計算せよ．

[解答] (1) $(1 + \lambda)^{-1} = \dfrac{1}{1 + \lambda} = \dfrac{1 - \lambda}{(1 + \lambda)(1 - \lambda)} = \dfrac{1 - \lambda}{1 - \lambda^2} = \dfrac{1 - \lambda}{2} = \dfrac{1 - \lambda}{-1} = -1 + \lambda = 2 + \lambda$.

(2) $(1 + \lambda)^4 = (1 + 2\lambda + \lambda^2)^2 = (2\lambda)^2 = 4\lambda^2 = -4 = 2$.

11.2 $\mathbb{F}_p$ 上の楕円曲線の合同ゼータ関数

■ $\mathbb{F}_p$ 上の楕円曲線の $\mathbb{F}_{p^n}$ 有理点の個数

E を $\mathbb{F}_p$ 上の楕円曲線とする. これまではしばしば $\mathbb{F}_p$ 有理点（無限遠点を含める）の個数 $\#E(\mathbb{F}_p)$ を考えてきたが, $\#E(\mathbb{F}_{p^n})$ はどうなるだろうか？ 実は, 次の定理の通り, $\#E(\mathbb{F}_p)$ が求まると, $\#E(\mathbb{F}_{p^n})$ も自動的に分かってしまうのである.

定理 11.6 2 次方程式 $x^2 - (1 + p - \#E(\mathbb{F}_p))x + p = 0$ の 2 解を α, β とおくと,

$$\#E(\mathbb{F}_{p^n}) = 1 + p^n - (\alpha^n + \beta^n)$$

が成り立つ.

例 11.7 $\mathbb{F}_3$ 上の楕円曲線 $E: y^2 + y = x^3 - x^2$ を考える. 例題 7.1 より $\#E(\mathbb{F}_3) = 5$ であった. $x^2 + x + 3 = 0$ の 2 解は $x = \dfrac{-1 \pm \sqrt{-11}}{2}$ なので,

$$\#E(\mathbb{F}_{3^n}) = 1 + 3^n - \left(\left(\frac{-1 + \sqrt{-11}}{2} \right)^n + \left(\frac{-1 - \sqrt{-11}}{2} \right)^n \right)$$

である. $n = 2$ だと,

$$\#E(\mathbb{F}_9) = 1 + 9 - \left(\frac{-10 - 2\sqrt{-11}}{4} + \frac{-10 + 2\sqrt{-11}}{4} \right) = 1 + 9 + 5 = 15$$

となる.

■ 形式的冪級数

定理 11.6 をより分かりやすい形で書くため, 少し準備を行う.

定義 11.8 形式的な無限和 $f(T) = \displaystyle\sum_{n=0}^{\infty} a_n T^n \ (a_n \in \mathbb{C})$ のことを**形式的冪級数**と呼ぶ. これを与えることは, 複素数列 $\{a_n\}_{n \geq 0}$ を与えることと同じである.
形式的冪級数 $f(T) = \displaystyle\sum_{n=0}^{\infty} a_n T^n$ に対し, $f(0) = a_0$ とおく.

形式的冪級数 $f(T), g(T)$ に対し, 形式的冪級数 $f(T) + g(T), f(T)g(T)$ が自然に定まる. $g(0) = 0$ ならば, 形式的冪級数 $f(g(T))$ も自然に定まる.

例 11.9　$A(T) = \displaystyle\sum_{n=0}^{\infty} T^n = 1 + T + T^2 + \cdots$, $B(T) = 1 - T$ は形式的冪級数であり, $A(T)B(T) = 1$ を満たす.

命題 11.10　形式的冪級数 $f(T)$ が $f(0) \neq 0$ を満たすならば, 形式的冪級数 $g(T)$ であって $f(T)g(T) = 1$ を満たすものが唯一存在する. $g(T)$ のことを $f(T)^{-1}$ または $\dfrac{1}{f(T)}$ と書く.

[証明]　$f(T) = \displaystyle\sum_{n=0}^{\infty} a_n T^n$ と書く. 仮定より $a_0 = f(0) \neq 0$ である. $\phi(T) = -a_0^{-1} \displaystyle\sum_{n=1}^{\infty} a_n T^n$ とおくと, $\phi(0) = 0$ かつ $f(T) = a_0(1 - \phi(T))$ である. $A(T)$ を例 11.9 の通りとし, $g(T) = a_0^{-1} A(\phi(T))$ とおくと, 例 11.9 より $f(T)g(T) = 1$ が成り立つ. これで $g(T)$ の存在が示せた. 形式的冪級数 $h(T)$ が $f(T)h(T) = 1$ を満たすならば, $g(T) = g(T)f(T)h(T) = h(T)$ なので $g(T) = h(T)$ が成り立つ. すなわち $g(T)$ は唯一である. ■

定義 11.11　形式的冪級数 $\exp T$, $\log(1 - T)$ を以下で定める:

$$\exp T = \sum_{n=0}^{\infty} \frac{T^n}{n!}, \quad \log(1 - T) = -\sum_{n=1}^{\infty} \frac{T^n}{n}.$$

命題 11.12　以下が成り立つ:

(1) $\exp(\log(1 - T)) = 1 - T$.

(2) 形式的冪級数 $f(T)$, $g(T)$ が $f(0) = g(0) = 0$ を満たすならば,

$$\log\big((1 - f(T))(1 - g(T))\big) = \log(1 - f(T)) + \log(1 - g(T)),$$

$$\log \frac{1}{1 - f(T)} = -\log(1 - f(T)).$$

$\exp$, $\log$ のテイラー展開をご存じの方は, この命題が成り立つことが納得できるだろう. 証明には次の補題を用いる.

補題 11.13　形式的冪級数 $f(T) = \sum_{n=0}^{\infty} a_n T^n$ に対し，その微分 $f'(T)$ を

$f'(T) = \sum_{n=1}^{\infty} n a_n T^{n-1}$ で定める．このとき，形式的冪級数 $f(T)$, $g(T)$ に対

し次が成り立つ：

(1) $(f(T) + g(T))' = f'(T) + g'(T)$, $c \in \mathbb{C}$ に対し $(cf(T))' = cf'(T)$.

(2) $(f(T)g(T))' = f'(T)g(T) + f(T)g'(T)$.

(3) $g(0) = 0$ ならば $f(g(T))' = f'(g(T))g'(T)$.

[証明]　(1) 明らかである．(2) $f(T) = \sum_{n=0}^{\infty} a_n T^n$, $g(T) = \sum_{n=0}^{\infty} b_n T^n$ とお

き，整数 $m \geq 1$ を固定すると，$f(T)g(T)$ の m 次の係数は $\sum_{i,j \geq 0, i+j=m} a_i b_j$

である．よって $(f(T)g(T))'$ の $m-1$ 次の係数は $\sum_{i,j \geq 0, i+j=m} m a_i b_j$ であ

る．一方，$f'(T)g(T) + f(T)g'(T)$ の $m-1$ 次の係数は $\sum_{\substack{i \geq 1, j \geq 0 \\ (i-1)+j=m-1}} i a_i b_j +$

$\sum_{\substack{i \geq 0, j \geq 1 \\ i+(j-1)=m-1}} j a_i b_j = \sum_{i,j \geq 0, i+j=m} (i+j) a_i b_j = \sum_{i,j \geq 0, i+j=m} m a_i b_j$ となるので，

これらは一致する．

(3) $f(T) = T^n$ のときは (2) より $f(g(T))' = (g(T)^n)' = n g(T)^{n-1} g'(T) = f'(g(T))g'(T)$ となるので主張が成立する．よって (1) より，$f(T)$ が多項式である場合にも主張が成立する．一般の場合は，整数 $m \geq 1$ を固定し，$f(T) = \sum_{n=0}^{\infty} a_n T^n$ に

対し $f_m(T) = \sum_{n=0}^{m} a_n T^n$ とおくと，$f_m(g(T))' = f_m'(g(T))g'(T)$ であり，$f(g(T))'$

と $f_m(g(T))'$, $f'(g(T))g'(T)$ と $f_m'(g(T))g'(T)$ の $m-1$ 次の係数はそれぞれ等しいので，$f(g(T))'$ と $f'(g(T))g'(T)$ の $m-1$ 次の係数も一致する．∎

[命題 11.12 の証明]　(1) 定義と例 11.9 より，$(\exp T)' - \exp T$, $(\log(1-T))' = -\sum_{n=1}^{\infty} T^{n-1} = -(1-T)^{-1}$ が成り立つ．また，$(1-T)(1-T)^{-1} = 1$ の両辺を微分す

ることで $-(1-T)^{-1}+(1-T)((1-T)^{-1})'=0$ すなわち $((1-T)^{-1})'=(1-T)^{-2}$ が分かる（補題 11.13 (2) を用いた）．よって，$f(T)=\exp(\log(1-T))(1-T)^{-1}$ とおくと，補題 11.13 (2), (3) より

$$f'(T)=-\exp(\log(1-T))(1-T)^{-2}+\exp(\log(1-T))(1-T)^{-2}=0$$

となる．$f(0)=1$ と合わせて $f(T)=1$ すなわち $\exp(\log(1-T))=1-T$ が従う．

(2) (1) と同様に，両辺の微分を比べればよい．∎

■ 定理 11.6 の言い換え

形式的冪級数 $\displaystyle\sum_{n=1}^{\infty}\frac{\#E(\mathbb{F}_{p^n})}{n}T^n$ を考えることで，定理 11.6 を見やすい形に書き換えることができる．実際，定理 11.6 と命題 11.12 (2) より

$$\sum_{n=1}^{\infty}\frac{\#E(\mathbb{F}_{p^n})}{n}T^n=\sum_{n=1}^{\infty}\Big(\frac{T^n}{n}+\frac{(pT)^n}{n}-\frac{(\alpha T)^n}{n}-\frac{(\beta T)^n}{n}\Big)$$

$$=-\log(1-T)-\log(1-pT)+\log(1-\alpha T)+\log(1-\beta T)$$

$$=\log\frac{(1-\alpha T)(1-\beta T)}{(1-T)(1-pT)}=\log\frac{1-(1+p-\#E(\mathbb{F}_p))T+pT^2}{(1-T)(1-pT)}$$

となるので，命題 11.12 (1) と合わせて次が分かる．

> **定理 11.14** $\displaystyle Z(E,T)=\exp\Big(\sum_{n=1}^{\infty}\frac{\#E(\mathbb{F}_{p^n})}{n}T^n\Big)$ とおくと，
>
> $$Z(E,T)=\frac{1-(1+p-\#E(\mathbb{F}_p))T+pT^2}{(1-T)(1-pT)}$$
>
> が成り立つ．$Z(E,T)$ を楕円曲線 E の**合同ゼータ関数**と呼ぶ．

ヴェイユ予想は，定理 11.14 およびハッセの定理 $|\alpha|=|\beta|=\sqrt{p}$（定理 9.1）を，$\mathbb{F}_p$ 上の代数多様体へと一般化したものである．

11.3　ヴェイユ予想

■ $\mathbb{F}_p$ 上の射影代数多様体の合同ゼータ関数

ヴェイユ予想の主張を述べるため，まず $\mathbb{F}_p$ 上の射影代数多様体に対して合同ゼータ関数を定義する．射影代数多様体については，詳しくは付録 B を見ていただくことにして，ここでは概略のみを紹介する．整数 $d \geq 1$ に対し，

$$\mathbb{P}^d(\Omega) = \{[X_0 : \cdots : X_d] \mid (X_0, \ldots, X_d) \in \Omega^{d+1} \smallsetminus \{(0, \ldots, 0)\}\}$$

とおき，d 次元射影空間と呼ぶ（$[X_0 : \cdots : X_d]$ は $X_0, \ldots, X_d$ の比を表す）．整数 $n \geq 1$ に対し $\mathbb{P}^d(\mathbb{F}_{p^n})$ も同様に定める．$\mathbb{F}_p$ 係数斉次多項式[*1] $f_i(X_0, \ldots, X_d)$ $(1 \leq i \leq m)$ を用いて

$$V = \{[X_0 : \cdots : X_d] \in \mathbb{P}^d(\Omega) \mid f_i(X_0, \ldots, X_d) = 0 \ (1 \leq i \leq m)\}$$

と表せる $\mathbb{P}^d(\Omega)$ の部分集合を $\mathbb{F}_p$ 上の射影代数多様体という．整数 $n \geq 1$ に対し，$V(\mathbb{F}_{p^n}) = V \cap \mathbb{P}^d(\mathbb{F}_{p^n})$ とおき，その元を V の $\mathbb{F}_{p^n}$ 有理点と呼ぶ．

$\mathbb{F}_p$ 上の射影代数多様体に対し，その次元や特異点を定義することができる．特異点を持たない射影代数多様体を非特異射影代数多様体という．

> **定義 11.15**　$\mathbb{F}_p$ 上の射影代数多様体 V に対し
>
> $$Z(V, T) = \exp\Big(\sum_{n=1}^{\infty} \frac{\#V(\mathbb{F}_{p^n})}{n} T^n\Big)$$
>
> とおき，V の**合同ゼータ関数**という．

例 11.16　$d \geq 1$ とし，$V = \mathbb{P}^d = \mathbb{P}^d(\Omega)$（0 個の斉次多項式で定まる射影代数多様体）の場合を考える．

$$\#\mathbb{P}^d(\mathbb{F}_{p^n}) = \frac{\#(\mathbb{F}_{p^n}^{d+1} \smallsetminus \{(0, \ldots, 0)\})}{\#(\mathbb{F}_{p^n} \smallsetminus \{0\})} = \frac{(p^n)^{d+1} - 1}{p^n - 1} = 1 + p^n + \cdots + p^{nd}$$

なので，

$$\sum_{n=1}^{\infty} \frac{\#\mathbb{P}^d(\mathbb{F}_{p^n})}{n} T^n = \sum_{n=1}^{\infty} \Big(\frac{T^n}{n} + \frac{(pT)^n}{n} + \cdots + \frac{(p^d T)^n}{n}\Big)$$

[*1] 斉次多項式とは，同じ次数の単項式の和で書ける多項式のことをいう．

$$= -\log(1 - T) - \log(1 - pT) - \cdots - \log(1 - p^d T)$$

$$= \log \frac{1}{(1 - T)(1 - pT) \cdots (1 - p^d T)}$$

となり，$Z(\mathbb{P}^d, T) = \dfrac{1}{(1 - T)(1 - pT) \cdots (1 - p^d T)}$ を得る.

■ ヴェイユ予想の主張

ヴェイユ予想の主張は以下の通りである.

定理 11.17（ヴェイユ予想） V を $\mathbb{F}_p$ 上の d 次元非特異射影代数多様体とする.

(1)（有理性）$Z(V, T)$ は整数係数の有理式である.

(2)（純性）$Z(V, T)$ は以下のような形の既約分数表示を持つ：

$$Z(V, T) = \frac{P_1(T) \cdots P_{2d-1}(T)}{P_0(T) P_2(T) \cdots P_{2d}(T)}.$$

ここで，$P_i(T)$ は整数係数多項式で，$\displaystyle\prod_j (1 - \alpha_{i,j} T)$ $(\alpha_{i,j} \in \mathbb{C}, |\alpha_{i,j}| = (\sqrt{p})^i)$ という形をしている.

(3)（関数等式）$\chi(V) = -\deg Z(V, T) = \displaystyle\sum_{i=0}^{2d} (-1)^i \deg P_i$ とすると，

$$Z(V, T) = \pm p^{-\frac{d \cdot \chi(V)}{2}} T^{-\chi(V)} Z(V, p^{-d} T^{-1})$$

が成り立つ.

(4)（$\mathbb{C}$ との比較）以下を満たす整数 $N \geq d$ と整数係数斉次多項式 $f_i(X_0, \ldots, X_N)$ $(1 \leq i \leq N - d)$ が存在すると仮定する：

- $f_i(X_0, \ldots, X_N)$ を $\mathbb{F}_p$ 係数斉次多項式と見たものを $f_{i, \mathbb{F}_p}(X_0, \ldots, X_N)$ と書くと，$f_{i, \mathbb{F}_p}(X_0, \ldots, X_N)$ $(1 \leq i \leq N - d)$ によって定まる $\mathbb{F}_p$ 上の射影代数多様体は V に一致する.
- 任意の $[a_0 : \cdots : a_N] \in V$ に対し，$(N - d) \times (N + 1)$ 行列

$$\left(\frac{\partial f_{i, \mathbb{F}_p}}{\partial X_j}(a_0, \ldots, a_N) \right)_{1 \leq i \leq N-d, 0 \leq j \leq N}$$

の階数は $N-d$ である[*2].

斉次多項式 $f_i(X_0,\dots,X_N)$ $(1 \leq i \leq N-d)$ によって定まる $\mathbb{Q}$ 上の射影代数多様体を $\widetilde{V} \subset \mathbb{P}^N(\mathbb{C})$ とする. 命題 B.16 より, $\widetilde{V}$ は d 次元非特異射影代数多様体となる. このとき, 各整数 $i \geq 0$ に対し, $\widetilde{V}$ の i 次ベッチ数は $\deg P_i$ に等しい. ここで, i 次ベッチ数とは, i 次特異コホモロジー $H^i(\widetilde{V}, \mathbb{Q})$ の次元として定義される 0 以上の整数であり, 「i 次元の穴の個数」を測るものである. 特に, (3) の $\chi(V)$ は $\widetilde{V}$ のオイラー数になる.

不正確さを排するために, (4) の主張がやや複雑になっているが, 大雑把には, $\mathbb{Q}$ 上の射影代数多様体 $\widetilde{V}$ の $\bmod p$ をとると V になる状況を考えている. (2) と (4) を合わせると, $\widetilde{V}$ の「かたち」(i 次ベッチ数) が V の $\mathbb{F}_{p^n}$ 有理点の個数を数えるだけで分かってしまう. 言い換えると, $\widetilde{V}$ の幾何学的性質を調べる問題が, $\#V(\mathbb{F}_{p^n})$ を求めるという数論的な問題に帰着されている. このように, ヴェイユ予想はまさに数論と幾何学を繋ぐ架け橋となっているのである.

例 11.18　定理 11.17 (4) の設定において, $N = d$ である場合を考える. このとき $V = \mathbb{P}^d = \mathbb{P}^d(\Omega)$, $\widetilde{V} = \mathbb{P}^d(\mathbb{C})$ である.

例 11.16 と定理 11.17 (2) より, $P_i(T)$ $(0 \leq i \leq 2d)$ は以下で与えられる:

$$P_i(T) = \begin{cases} 1 - p^{\frac{i}{2}}T & (i \text{ が偶数のとき}) \\ 1 & (i \text{ が奇数のとき}) \end{cases}$$

特に, $\chi(\mathbb{P}^d) = d+1$ である. $\mathbb{P}^1(\mathbb{C})$ は $\mathbb{C} = \{[x:1] \mid x \in \mathbb{C}\}$ に 1 点 $[1:0]$ を付け加えてできる球面なので, そのオイラー数は 2 となり, 確かに $\chi(\mathbb{P}^1)$ と一致している.

例 11.19　C が $\mathbb{F}_p$ 上の非特異射影代数曲線であり, $C(\mathbb{F}_p) \neq \varnothing$ を満たすとき[*3],

$$Z(C,T) = \frac{\prod_{i=1}^{2g}(1 - \alpha_i T)}{(1-T)(1-pT)}$$

[*2] 階数の定義は線型代数の教科書を参照. $N - d = 1$ の場合, この条件は $\dfrac{\partial f_{1,\mathbb{F}_p}}{\partial X_j}(a_0,\dots,a_N)$ $(0 \leq j \leq N)$ のいずれかが 0 でないことと同値である.

[*3] 正確には, C が連結であるという仮定も必要である.

という形になる.ここで g は C の種数[*4]であり,α_i は $|\alpha_i| = \sqrt{p}$ を満たす複素数である.特に,$\#C(\mathbb{F}_{p^n})$ を全て求めれば C の種数 g が分かる.また,関数等式(定理 11.17 (3))より,$p\alpha_1^{-1}, \ldots, p\alpha_{2g}^{-1}$ は $\alpha_1, \ldots, \alpha_{2g}$ の並べ替えとなる.

上の等式は,任意の整数 $n \geq 1$ に対して $\#C(\mathbb{F}_{p^n}) = 1 + p^n - \sum_{i=1}^{2g} \alpha_i^n$ が成り立つことと同値である.$|\alpha_i| = \sqrt{p}$ と合わせると,

$$|1 + p^n - \#C(\mathbb{F}_{p^n})| \leq 2g\sqrt{p^n}$$

が分かる.この不等式は**ヴェイユ評価**と呼ばれ,符号理論などの応用数学においても利用されている.

■ ヴェイユ予想の歴史

ヴェイユは論文 [67] において,方程式 $a_0 x_0^n + a_1 x_1^n + \cdots + a_r x_r^n = 0$($r, n$ は正整数,$a_0, \ldots, a_r$ は整数)で定まる代数多様体の合同ゼータ関数を計算し,それをもとにヴェイユ予想を提案した.さらにヴェイユは有限体上の代数幾何を扱う枠組みを構築し,それを用いて,代数曲線の場合のヴェイユ予想を解決した.

高次元の場合のヴェイユ予想に最も大きな進展を与えたのはグロタンディークであろう.グロタンディークは,アルティンを始めとする協力者とともにエタールコホモロジーの理論を構築し,それを用いてヴェイユ予想の純性以外の部分(定理 11.17 (1), (3), (4))を解決した[*5].そのあらすじを説明しよう.本節の残りの部分では,線型代数の用語を自由に用いる.エタールコホモロジーは

- 整数 $i \geq 0$ および $\mathbb{F}_p$ 上の代数多様体 V に対し,有限次元ベクトル空間 $H^i(V)$ を対応させ,
- $\mathbb{F}_p$ 上の代数多様体の間の射(= 多項式で書ける写像)$f : V \to W$ に対し,線型写像 $f^* : H^i(W) \to H^i(V)$ を対応させる

規則になっており,$i > 2 \dim V$ ならば $H^i(V) = 0$ を満たす($\dim V$ は V の

[*4] $\mathbb{C}$ 上の非特異射影代数曲線は向き付け可能な閉曲面となるので,2.3 節で述べた意味での種数を考えることができる.$\mathbb{F}_p$ 上の場合に同様の定義はできないが,種数の定義をうまく言い換えることによって,$\mathbb{F}_p$ 上の非特異射影代数曲線に対してもその種数を定めることができる.例えば,m 次非特異射影平面曲線の種数は $\dfrac{(m-1)(m-2)}{2}$ であることが知られている.

[*5] 有理性(定理 11.17 (1))については,グロタンディークよりも前に,ドゥオークによって別の方法で解決されていた.

次元を表す). 特に, $V \subset \mathbb{P}^d(\Omega)$ が射影代数多様体であるとき, 座標を p 乗する写像[*6] Frob: $V \to V$; $[X_0 : \cdots : X_d] \mapsto [X_0^p : \cdots : X_d^p]$ から線型写像 Frob*: $H^i(V) \to H^i(V)$ が定まる. 実は, これの n 乗のトレースの交代和

$$\sum_{i=0}^{2\dim V} (-1)^i \operatorname{tr}((\operatorname{Frob}^*)^n; H^i(V))$$ が V の $\mathbb{F}_{p^n}$ 有理点の個数 $\#V(\mathbb{F}_{p^n})$ に等しいことが証明できる. $\mathbb{F}_{p^n} = \{x \in \Omega \mid x^{p^n} = x\}$ だったので, $V(\mathbb{F}_{p^n}) = \{x \in V \mid \operatorname{Frob}^n(x) = x\}$ となることに注意すると, この等式は, 「$\operatorname{Frob}^n : V \to V$ の固定点の個数が, $(\operatorname{Frob}^n)^* = (\operatorname{Frob}^*)^n : H^i(V) \to H^i(V)$ のトレースの交代和と等しい」という意味になる. このことは位相幾何学における**レフシェッツ跡公式**の類似となっている.

Frob*: $H^i(V) \to H^i(V)$ の固有値を $\alpha_{i,1}, \ldots, \alpha_{i,m_i}$ とおくと,

$$\#V(\mathbb{F}_{p^n}) = \sum_{i=0}^{2\dim V} (-1)^i \operatorname{tr}((\operatorname{Frob}^*)^n; H^i(V)) = \sum_{i=0}^{2\dim V} (-1)^i (\alpha_{i,1}^n + \cdots + \alpha_{i,m_i}^n)$$

なので, 例 11.16 と同様の計算により $Z(V,T) = \prod_{i=0}^{2\dim V} \prod_{j=1}^{m_i} (1 - \alpha_{i,j}T)^{(-1)^{i+1}}$ が得られる. すなわち, $P_i(T) = \prod_{j=1}^{m_i} (1 - \alpha_{i,j}T) = \det(1 - T \cdot \operatorname{Frob}^*; H^i(V))$ とおけば, $Z(V,T) = \dfrac{P_1(T) \cdots P_{2\dim V-1}(T)}{P_0(T)P_2(T) \cdots P_{2\dim V}(T)}$ が成り立つ. こうして有理性 (定理 11.17 (1)) が証明された. 関数等式 (定理 11.17 (3)) は, $H^i(V)$ と $H^{2\dim V-i}(V)$ を結び付ける**ポアンカレ双対定理** (これも位相幾何学の定理の類似である) の帰結であり, $\mathbb{C}$ との比較 (定理 11.17 (4)) は $H^i(V)$ と特異コホモロジー $H^i(\tilde{V}, \mathbb{Q})$ を比べること (**比較定理**) によって証明された. グロタンディークは純性 (定理 11.17 (2)) に関しても, 「標準予想」という予想を設定し, それが解ければ純性も導かれるという形で解決への道筋を提示したが, 純性を証明するには至らなかった. その後, グロタンディークの弟子であったドリーニュは, エタールコホモロジーの理論に保型形式や表現論に由来するアイデアを加えることで, グロタンディークが

[*6] 座標を p 乗する写像 $\mathbb{P}^d(\Omega) \to \mathbb{P}^d(\Omega)$; $[X_0 : \cdots : X_d] \mapsto [X_0^p : \cdots : X_d^p]$ が V から V への写像を与えることは以下のようにして分かる. V を定める $\mathbb{F}_p$ 係数斉次多項式を $f_i(X_0, \ldots, X_d)$ $(1 \le i \le m)$ とすると, 命題 11.1 と命題 1.12 より $f_i(X_0, \ldots, X_d)^p = f_i(X_0^p, \ldots, X_d^p)$ が成り立つ. よって $[X_0 : \cdots : X_d] \in V$ に対し $f_i(X_0^p, \ldots, X_d^p) = f_i(X_0, \ldots, X_d)^p = 0$ となるので, $[X_0^p : \cdots : X_d^p] \in V$ が従う.

提示した方法とは異なる方法で純性を証明し，ヴェイユ予想を完全に解決した．グロタンディークの「標準予想」は現在も未解決であり，極めて難しい問題だと思われている．

　このようにエタールコホモロジーはヴェイユ予想を解決するために構築されたものであるが，現在ではそれ以外にも膨大な数の応用が見つかっており，現代の数論になくてはならない道具立てとなっている．

11.4　ハッセ‐ヴェイユゼータ関数

　合同ゼータ関数を用いると，楕円曲線の L 関数 $L(s, E)$ をより一般の代数多様体へと拡張することができる．$V \subset \mathbb{P}^d(\mathbb{C})$ を $\mathbb{Q}$ 上の射影代数多様体とし，V を定める有理数係数斉次多項式を $f_i(X_0, \ldots, X_d)$ $(1 \leq i \leq m)$ とする．任意の $[a_0 : \cdots : a_d] \in V$ に対し $m \times (d+1)$ 行列 $\left(\dfrac{\partial f_i}{\partial X_j}(a_0, \ldots, a_d) \right)_{1 \leq i \leq m, 0 \leq j \leq d}$ の階数が m であると仮定する．命題 B.16 より，このとき V は非特異である．

　分母を払うことで，$f_i(X_0, \ldots, X_d)$ は整数係数であるとしてよい．各素数 p に対し，$f_i(X_0, \ldots, X_d)$ を $\mathbb{F}_p$ 係数斉次多項式と見たものを $f_{i, \mathbb{F}_p}(X_0, \ldots, X_d)$ と書き，$f_{i, \mathbb{F}_p}(X_0, \ldots, X_d)$ $(1 \leq i \leq m)$ で定まる $\mathbb{F}_p$ 上の射影代数多様体 $V_{\mathbb{F}_p}$ を考える．上記の仮定より，有限個の例外を除いた全ての素数 p に対し次が成り立つ：任意の $[a_0 : \cdots : a_d] \in V_{\mathbb{F}_p}$ に対し，$m \times (d+1)$ 行列 $\left(\dfrac{\partial f_{i, \mathbb{F}_p}}{\partial X_j}(a_0, \ldots, a_d) \right)_{1 \leq i \leq m, 0 \leq j \leq d}$ の階数は m となる．これが成立しない，例外的な素数の集合を S とおく．$\mathbb{F}_p$ 上の射影代数多様体に対する命題 B.16 より，$p \notin S$ ならば $V_{\mathbb{F}_p}$ は非特異である．

　$V_{\mathbb{F}_p}$ $(p \notin S)$ の合同ゼータ関数を使って，$s \in \mathbb{C}$ に対し $\zeta(s, V)$ を以下のように定める（収束性については後述）：

$$\zeta(s, V) = \prod_{p \notin S} Z(V_{\mathbb{F}_p}, p^{-s}) \times \prod_{p \in S} (p \text{ における項}).$$

楕円曲線の L 関数のときと同様，$p \in S$ における項の定義は本書では省略する．$\zeta(s, V)$ を V の**ハッセ‐ヴェイユゼータ関数**と呼ぶ．

例 11.20　(1) $V = \mathbb{P}^d$ のとき，例 11.16 より

$$\zeta(s, \mathbb{P}^d) = \prod_p \frac{1}{(1 - p^{-s})(1 - p^{1-s}) \cdots (1 - p^{d-s})} = \zeta(s)\zeta(s-1) \cdots \zeta(s-d)$$

である.

(2) $E\colon Y^2Z = X^3 + aXZ^2 + bZ^3$ $(a,b \in \mathbb{Z}, -16(4a^3 + 27b^2) \neq 0)$ を楕円曲線とするとき, 定理 11.14 より

$$\zeta(s,E) = \prod_{p \nmid -16(4a^3+27b^2)} \frac{1 - (p+1 - \#E(\mathbb{F}_p))p^{-s} + p^{1-2s}}{(1-p^{-s})(1-p^{1-s})}$$

$$\times \prod_{p \mid -16(4a^3+27b^2)} (p \text{ における項})$$

$$= \frac{\zeta(s)\zeta(s-1)}{L(s,E)}$$

である.

ヴェイユ予想のうち純性の部分（定理 11.17 (2)）を使うことで, $\zeta(s,V)$ は $\mathrm{Re}\, s > 1 + \dim V$ のときに収束し, この範囲において正則関数になることが示せる. さらに, 次が予想されている.

予想 11.21　$\zeta(s,V)$ は $\mathbb{C}$ 全体からいくつかの点を除いた領域に解析接続でき, 関数等式を満たす.

$V = \mathbb{P}^d$ の場合（例 11.20 (1)）にこの予想が成り立つことは, $\zeta(s)$ の解析接続・関数等式から従う. また, $V = E$ が楕円曲線の場合（例 11.20 (2)）にも, $L(s,E)$ および $\zeta(s)$ の解析接続・関数等式を用いることで予想の成立が示せる.

予想 11.21 は非常に難しい問題であり, V が代数曲線であっても未解決であるが, V がモジュラー曲線やその高次元版（志村多様体）のときは, 保型形式や保型表現と結び付けることで, 多くの場合に解決されている. 次の例を参照.

例 11.22　f_1, f_2 を定理 7.6 の尖点形式とするとき, $\zeta(s, X_{\Gamma_0(23)}) = \dfrac{\zeta(s)\zeta(s-1)}{L(s,f_1)L(s,f_2)}$ が成り立つ. 保型 L 関数の理論により, $L(s,f_1)$, $L(s,f_2)$ は解析接続と関数等式を持つから, $\zeta(s, X_{\Gamma_0(23)})$ も解析接続と関数等式を持つ.

予想 11.21 の先には, BSD 予想の一般化はどうなるかなど, 夢が大きく広がっている. そうした夢に向けて, 現在活発な研究が行われている.

11.5　参考文献ガイド

　ヴェイユ予想を提案した論文は [67] である．この論文はそれほど難しくないので，教科書ではなく原論文に挑戦してみたいという読者の最初の一本にお勧めである．

　ヴェイユ予想を解決した論文は [12], [13] である（それぞれの論文で別の証明が与えられている）．解説書として [29] があるが，エタールコホモロジーに関する知識を前提としている．エタールコホモロジーの教科書としては [16] を挙げておく．著者による解説記事 [40] もある．

　代数曲線に対するヴェイユ予想は，リーマン‒ロッホの定理を使って比較的初等的に示すことができる．[2] を参照されたい．日本語の解説としては，[23] の第 2 部第 4 章がある．[20] の第 5 章，演習問題 1.9, 1.10 および付録 C，演習問題 5.7 では，代数曲線に対するヴェイユ予想の代数曲面の理論を用いた証明を扱っている．これはヴェイユが与えた証明のうちの 1 つである．

　楕円曲線に対する定理 11.6 は [58] の第 5 章で扱われている．

付録 **A**

複素解析からの補足

この付録では，本書を通して必要となる，複素関数に対する微分の理論を簡単にまとめる．まず，複素数列の収束に関する用語を導入する．

定義 A.1 複素数列 $\{z_n\}$ が $\alpha \in \mathbb{C}$ に収束するとは，実数列 $\{\mathrm{Re}\, z_n\}$, $\{\mathrm{Im}\, z_n\}$ がそれぞれ $\mathrm{Re}\,\alpha$, $\mathrm{Im}\,\alpha$ に収束することをいう．このとき $\lim_{n\to\infty} z_n = \alpha$ と書く．

注意 A.2 $\max\{|\mathrm{Re}\, z_n - \mathrm{Re}\,\alpha|, |\mathrm{Im}\, z_n - \mathrm{Im}\,\alpha|\} \leq |z_n - \alpha| \leq |\mathrm{Re}\, z_n - \mathrm{Re}\,\alpha| + |\mathrm{Im}\, z_n - \mathrm{Im}\,\alpha|$ とはさみうちの原理より，$\lim_{n\to\infty} z_n = \alpha$ は $\lim_{n\to\infty} |z_n - \alpha| = 0$ と同値である．

定義 A.3 複素数列 $\{z_n\}_{n\geq 1}$ に対し，無限和 $\displaystyle\sum_{n=1}^{\infty} z_n$ を数列 $\left\{\displaystyle\sum_{n=1}^{N} z_n\right\}_{N\geq 1}$ の極限として定義する．

定理 A.4 $\{z_n\}_{n\geq 1}$ を複素数列とする．0 以上の実数からなる数列 $\{M_n\}_{n\geq 1}$ が以下を満たすとする：

- 任意の $n \geq 1$ に対し $|z_n| \leq M_n$.
- $\displaystyle\sum_{n=1}^{\infty} M_n$ は収束する．

このとき，無限和 $\displaystyle\sum_{n=1}^{\infty} z_n$ はある複素数 α に収束する．さらに，$\{z_n\}_{n\geq 1}$ を並べ替えて得られる任意の複素数列 $\{w_n\}_{n\geq 1}$ に対し $\displaystyle\sum_{n=1}^{\infty} w_n = \alpha$ が成り立つ．

この定理は,「上に有界かつ単調増加な実数列は収束する」という実数の有名な性質から比較的容易に導かれるが,本書では証明しない.

注意 A.5 複素数列 $\{z_n\}_{n\geq 1}$ に対し,定理 A.4 のような実数列 $\{M_n\}_{n\geq 1}$ が存在することは $\displaystyle\sum_{n=1}^{\infty}|z_n|$ が収束することと同値である.実際,$\{M_n\}_{n\geq 1}$ が存在するならば定理 A.4 を $\{|z_n|\}_{n\geq 1}$ に適用して $\displaystyle\sum_{n=1}^{\infty}|z_n|$ が収束することが分かり,逆に $\displaystyle\sum_{n=1}^{\infty}|z_n|$ が収束するならば $M_n = |z_n|$ とおけばよい.$\displaystyle\sum_{n=1}^{\infty}|z_n|$ が収束するとき,無限和 $\displaystyle\sum_{n=1}^{\infty}z_n$ は**絶対収束**するという.

無限積は以下のように定義する.

定義 A.6 複素数列 $\{z_n\}_{n\geq 1}$ に対し,無限積 $\displaystyle\prod_{n=1}^{\infty}z_n$ を数列 $\left\{\displaystyle\prod_{n=1}^{N}z_n\right\}_{N\geq 1}$ の極限として定義する.

命題 A.7 複素数列 $\{z_n\}_{n\geq 1}$ が $|z_n| < 1$ を満たすとする.無限和 $\displaystyle\sum_{n=1}^{\infty}|z_n|$ が収束するならば,無限積 $\displaystyle\prod_{n=1}^{\infty}(1+z_n)$ は 0 でない複素数に収束する.さらに,$\{z_n\}_{n\geq 1}$ を並べ替えて得られる任意の複素数列 $\{w_n\}_{n\geq 1}$ に対し $\displaystyle\prod_{n=1}^{\infty}(1+w_n) = \prod_{n=1}^{\infty}(1+z_n)$ が成り立つ.

この命題の証明は後に 196, 197 ページで与える.

以下では,U を

- 複素平面 $\mathbb{C}$
- $\mathbb{C}$ の開円板 $\{z \in \mathbb{C} \mid |z - a| < r\}$ $(a \in \mathbb{C}, r \in \mathbb{R}, r > 0)$
- 複素上半平面 $\mathbb{H}$

のいずれかから有限個の点(0 個かもしれない)を除いて得られる集合とする.

定義 A.8 $a \in U$ とし，$f : U \smallsetminus \{a\} \to \mathbb{C}$ を複素数値関数とする．$z \to a$ で $f(z)$ が $\alpha \in \mathbb{C}$ に収束するとは，以下が成り立つことをいう：$U \smallsetminus \{a\}$ の元からなり，a に収束する任意の複素数列 $\{z_n\}$ に対し，$\displaystyle\lim_{n \to \infty} f(z_n) = \alpha$．このとき $\displaystyle\lim_{z \to a} f(z) = \alpha$ とも書く．

定義 A.9   複素数値関数 $f : U \to \mathbb{C}$ が**連続**であるとは，任意の $a \in U$ に対し $\displaystyle\lim_{z \to a} f(z) = f(a)$ が成り立つことをいう．

$\mathbb{R}$ の有界閉区間上の実数値連続関数が最大値を持つという最大値の定理は，実関数の理論において有名である．その複素関数に対する類似を紹介しておこう．

定義 A.10 V を $\mathbb{C}$ の部分集合とする．V が**有界**であるとは，$\mathbb{C}$ のある開円板に含まれることをいう．また，V が**閉集合**であるとは，次の条件が成り立つことをいう：V の元の列 $\{z_n\}$ $(z_n \in V)$ がある $\alpha \in \mathbb{C}$ に収束するならば，$\alpha \in V$ となる．

例 A.11 $a \in \mathbb{C}, r \in \mathbb{R}, r > 0$ に対し，$V_1 = \{z \in \mathbb{C} \mid |z - a| \leq r\}$ は有界閉集合である．$V_2 = \{z \in \mathbb{C} \mid |z - a| < r\}$ は有界であるが閉集合でない．実際，整数 $n \geq 1$ に対し $z_n = a + \dfrac{nr}{n+1}$ とおくと，$z_n \in V_2$ であるが，$\displaystyle\lim_{n \to \infty} z_n = a + r \notin V_2$ である．

定理 A.12（最大値の定理） $f : U \to \mathbb{C}$ を連続関数とする．$\mathbb{C}$ の空でない有界閉集合 V が U に含まれるとき，関数 $V \to \mathbb{R}; z \mapsto |f(z)|$ は最大値を持つ．

次に，微分可能な複素関数である正則関数を導入する．正則関数は，複素解析の理論の中心となる対象である．

定義 A.13 $f : U \to \mathbb{C}$ を複素数値関数とする．$a \in U$ に対し $\displaystyle\lim_{z \to a} \dfrac{f(z) - f(a)}{z - a}$ が存在するとき，f は a において**正則**であるといい，この値を $f'(a)$ と書く．f が**正則**であるとは，任意の $a \in U$ において正則であることをいう．f が正則ならば，その導関数 $f' : U \to \mathbb{C}$ が定まる．

例 A.14   (1) 整数 $n \geq 1$ に対し，$f : \mathbb{C} \to \mathbb{C}; z \mapsto z^n$ は正則であり，$f'(z) = nz^{n-1}$

となる（普通の微分と同様に確認できる）.

(2) $r > 0$ を実数とし，$U = \{z \in \mathbb{C} \mid |z| < r\}$ とおく．$\{a_n\}_{n \geq 0}$ を複素数列とする．無限和 $\displaystyle\sum_{n=0}^{\infty} |a_n| r^n$ が収束するならば，任意の $z \in U$ に対し $f(z) = \displaystyle\sum_{n=0}^{\infty} a_n z^n$ は収束し，$f\colon U \to \mathbb{C}$ は正則関数となる．さらに，$f'(z) = \displaystyle\sum_{n=1}^{\infty} n a_n z^{n-1}$ が成り立つ．これらは非自明な主張であり，直接証明することもできるが，後述の定理 A.16 から導くこともできる．

(3) $f\colon \mathbb{C} \to \mathbb{C}; z \mapsto \operatorname{Re} z$ は正則関数ではない．実際，$a = x + yi$ $(x, y \in \mathbb{R})$ に z を実軸方向から近づける，つまり，$z = (x + \varepsilon) + yi$ $(\varepsilon \in \mathbb{R} \smallsetminus \{0\})$ として $\varepsilon \to 0$ とすると，定義 A.13 の極限は $\displaystyle\lim_{\varepsilon \to 0} \frac{(x + \varepsilon) - x}{\varepsilon} = 1$ となる．一方，$a = x + yi$ に z を虚軸方向から近づける，つまり，$z = x + (y + \varepsilon)i$ $(\varepsilon \in \mathbb{R} \smallsetminus \{0\})$ として $\varepsilon \to 0$ とすると，定義 A.13 の極限は $\displaystyle\lim_{\varepsilon \to 0} \frac{x - x}{\varepsilon i} = 0$ となる．これら 2 つが一致しないので，極限 $\displaystyle\lim_{z \to a} \frac{f(z) - f(a)}{z - a}$ は存在しない．同様の考察により，$f(z) = \bar{z}$ や $f(z) = |z|$ で定まる関数 $f\colon \mathbb{C} \to \mathbb{C}$ も正則でないことが分かる．

この例の (3) から分かるように，複素関数が正則であるという条件は，見かけよりもかなり強いものである．

注意 A.15 以下の通り，複素関数の微分についても，通常の微分と類似した性質が成り立つ．

(1) 正則関数は連続関数である．

(2) $f, g\colon U \to \mathbb{C}$ が正則関数であるとき，$f + g$, fg も正則関数であり，任意の $a \in U$ に対し $(f + g)'(a) = f'(a) + g'(a)$, $(fg)'(a) = f'(a)g(a) + f(a)g'(a)$ が成り立つ．また，任意の $a \in U$ に対し $g(a) \neq 0$ ならば，$\dfrac{f}{g}$ も正則関数であり，任意の $a \in U$ に対し $\left(\dfrac{f}{g}\right)'(a) = \dfrac{f'(a)g(a) - f(a)g'(a)}{g(a)^2}$ が成り立つ．

(3) $f\colon U \to \mathbb{C}$ を正則関数とする．U' を U と同様の形をした $\mathbb{C}$ の部分集合とし，$g\colon U' \to \mathbb{C}$ を正則関数とする．g の像が U に含まれるならば，合成関

数 $f \circ g : U' \to \mathbb{C}$; $z \mapsto f(g(z))$ は正則関数であり，任意の $b \in U'$ に対し $(f \circ g)'(b) = f'(g(b))g'(b)$ が成り立つ．

(4) $f : U \to \mathbb{C}$ が正則関数であり，任意の $a \in U$ に対し $f'(a) = 0$ となるならば，f は定数関数である．

(1), (2), (3) の証明は実関数の場合と同様である．(4) は，例 A.14 (3) と同様，実軸方向，虚軸方向の極限を考えることで，実関数の場合に帰着させて示せる．

次の定理は，正則関数の無限和が正則関数になるための十分条件を与えるものである．

定理 A.16（ワイエルシュトラスの M 判定法）　$\{f_n\}_{n \geq 1}$ を正則関数 $f_n : U \to \mathbb{C}$ の列とする．0 以上の実数からなる数列 $\{M_n\}_{n \geq 1}$ が以下を満たすとする：

- 任意の $n \geq 1$, $z \in U$ に対し $|f_n(z)| \leq M_n$.

- $\displaystyle\sum_{n=1}^{\infty} M_n$ は収束する．

このとき，$f(z) = \displaystyle\sum_{n=1}^{\infty} f_n(z)$ で定まる $f : U \to \mathbb{C}$ は正則関数となる（無限和 $\displaystyle\sum_{n=1}^{\infty} f_n(z)$ が収束することは定理 A.4 より従う）．さらに，任意の $z \in U$ に対し $f'(z) = \displaystyle\sum_{n=1}^{\infty} f_n'(z)$ が成り立つ．

定理 A.16 から例 A.14 (2) を導くには，$f_n(z) = a_n z^n$, $M_n = |a_n| r^n$ とすればよい．例 A.14 (2) を用いて，$\mathbb{C}$ を定義域とする指数関数を定義しよう．

命題 A.17　任意の $z \in \mathbb{C}$ に対し，$\displaystyle\sum_{n=0}^{\infty} \frac{z^n}{n!}$ は収束する．さらに，$f : \mathbb{C} \to \mathbb{C}$ を $f(z) = \displaystyle\sum_{n=0}^{\infty} \frac{z^n}{n!}$ で定めると以下が成り立つ：

(1) f は正則関数であり，$f' = f$ を満たす．

(2) $z, w \in \mathbb{C}$ に対し $f(z + w) = f(z)f(w)$.

(3) $x, y \in \mathbb{R}$ に対し $f(x + yi) = e^x(\cos y + i \sin y)$.

$f(z)$ のことを e^z と書く. (2) は指数法則 $e^{z+w} = e^z e^w$ を表している.

[証明] 任意の実数 $r > 0$ に対し, $\displaystyle\sum_{n=0}^{\infty} \frac{r^n}{n!}$ が収束することを示す. 整数 $N \geq 2r$ を1つとる. $n \geq N$ のとき $n! \geq n(n-1)\cdots(N+1)N \geq N^{n-N+1} \geq (2r)^{n-N+1}$ であるから, $0 < \dfrac{r^n}{n!} \leq \dfrac{r^n}{(2r)^{n-N+1}} = r^{N-1}2^{-(n-N+1)}$ である. $\displaystyle\sum_{n=N}^{\infty} r^{N-1}2^{-(n-N+1)}$ は r^{N-1} に収束するので, 定理 A.4 より $\displaystyle\sum_{n=N}^{\infty} \frac{r^n}{n!}$ も収束し, したがって $\displaystyle\sum_{n=0}^{\infty} \frac{r^n}{n!}$ も収束する. よって例 A.14 (2) より, $z \in \mathbb{C}$ が $|z| < r$ を満たすとき $\displaystyle\sum_{n=0}^{\infty} \frac{z^n}{n!}$ は収束し, $f : \{z \in \mathbb{C} \mid |z| < r\} \to \mathbb{C}$ は正則関数であり, この範囲で $f' = f$ を満たす. $r > 0$ は任意だったので, 任意の $z \in \mathbb{C}$ に対し $\displaystyle\sum_{n=0}^{\infty} \frac{z^n}{n!}$ が収束すること, および (1) が従う.

(2) まず, $w \in \mathbb{C}$ を固定して $f(z+w)f(-z) = f(w)$ を示す. $F(z) = f(z+w)f(-z)$ とおくと, (1) および注意 A.15 (2), (3) より, $F'(z) = f'(z+w)f(-z) - f(z+w)f'(-z) = f(z+w)f(-z) - f(z+w)f(-z) = 0$ となる. よって注意 A.15 (4) より F は定数関数である. したがって $F(z) = F(0) = f(w)f(0) = f(w)$ を得る. 特に $w = 0$ とすると $f(z)f(-z) = f(0) = 1$ であるから, $f(z+w)f(-z) = f(w)$ の両辺に $f(z)$ をかけて $f(z)f(w) = f(z+w)f(-z)f(z) = f(z+w)$ となり主張が従う.

(3) (2) より, $x, y \in \mathbb{R}$ に対し $f(x) = e^x$, $f(yi) = \cos y + i \sin y$ を示せばよい. (1) より, $f : \mathbb{R} \to \mathbb{R}; x \mapsto f(x)$ は微分可能であり, $f'(x) = f(x)$ が成り立つ. よって, $F(x) = f(x)e^{-x}$ とおくと $F'(x) = f'(x)e^{-x} - f(x)e^{-x} = f(x)e^{-x} - f(x)e^{-x} = 0$ となるので, $F(x)$ は定数関数であり, $F(x) = F(0) = f(0) = 1$ すなわち $f(x) = e^x$ が従う. 一方, $g : \mathbb{R} \to \mathbb{C}$ を $y \mapsto f(yi)$ で定めると, $y \in \mathbb{R}$ に対し $\displaystyle\lim_{y' \to y} \frac{g(y') - g(y)}{y' - y} = \lim_{y' \to y} i \cdot \frac{f(y'i) - f(yi)}{y'i - yi} = if'(yi) = if(yi) = ig(y)$ が成り立つ. つまり, $g_1(y) = \operatorname{Re} g(y)$, $g_2(y) = \operatorname{Im} g(y)$ とおくと, g_1, g_2 は微分可能であり, $g_1' + ig_2' = i(g_1 + ig_2)$ すなわち $g_1' = -g_2$, $g_2' = g_1$ が成り立

つ. $y \in \mathbb{R}$ に対し, $g(y)(\cos y - i \sin y)$ の実部を $h_1(y)$, 虚部を $h_2(y)$ と表す. $h_1(y) = g_1(y) \cos y + g_2(y) \sin y$ であるから, $h_1'(y) = g_1'(y) \cos y - g_1(y) \sin y + g_2'(y) \sin y + g_2(y) \cos y = -g_2(y) \cos y - g_1(y) \sin y + g_1(y) \sin y + g_2(y) \cos y = 0$ となる. したがって $h_1(y)$ は定数関数であり, $h_1(y) = h_1(0) = g_1(0) = \operatorname{Re} f(0) = 1$ を得る. 同様に $h_2'(y) = 0$ が示せるので, $h_2(y)$ も定数関数であり, $h_2(y) = h_2(0) = g_2(0) = \operatorname{Im} f(0) = 0$ を得る. 以上より $g(y)(\cos y - i \sin y) = 1$ となるので, 両辺に $\cos y + i \sin y$ をかけて $g(y) = \cos y + i \sin y$ すなわち $f(yi) = \cos y + i \sin y$ が従う. ∎

命題 A.17 を用いて命題 A.7 を証明することができる.

[命題 A.7 の証明] $z_n = 0$ となる項を省くことで, 任意の $n \geq 1$ に対し $z_n \neq 0$ である場合を考えればよい. $|z - 1| < 1$ を満たす複素数 z に対し, $\log z = \log |z| + i \arg z$ と定める (z の偏角 $\arg z$ は $-\dfrac{\pi}{2} < \arg z < \dfrac{\pi}{2}$ となるようにとる). 命題 A.17 (3) より $e^{\log z} = z$ が成り立つ. $y_n = \log(1 + z_n)$ とおく. $z_n \neq 0$ より $y_n \neq 0$ である. 仮定より $\displaystyle\sum_{n=1}^{\infty} |z_n|$ は収束するので, $\displaystyle\lim_{n \to \infty} |z_n| = 0$ すなわち $\displaystyle\lim_{n \to \infty} z_n = 0$ が成り立つ. これと $\log$ の定義より $\displaystyle\lim_{n \to \infty} y_n = 0$ が分かる. $(e^z)' = e^z$ より $\displaystyle\lim_{n \to \infty} \dfrac{e^{y_n} - 1}{y_n} = 1$ であるから, 整数 $N \geq 1$ を十分大きくとると, $n \geq N$ ならば $\left| \dfrac{e^{y_n} - 1}{y_n} \right| \geq \dfrac{1}{2}$ が成り立つ. これは $|y_n| \leq 2|e^{y_n} - 1|$ すなわち $|\log(1 + z_n)| \leq 2|z_n|$ と同値である. $\displaystyle\sum_{n=1}^{\infty} |z_n|$ が収束することと定理 A.4 より, 無限和 $\displaystyle\sum_{n=1}^{\infty} \log(1 + z_n)$ は絶対収束する. $\alpha = \displaystyle\sum_{n=1}^{\infty} \log(1 + z_n)$ とおくと, $\displaystyle\lim_{m \to \infty} \sum_{n=1}^{m} \log(1 + z_n) = \alpha$ である. e^z が z の連続関数であること (命題 A.17 (1) と注意 A.15 (1) を参照) と $e^{\sum_{n=1}^{m} \log(1+z_n)} = \displaystyle\prod_{n=1}^{m} e^{\log(1+z_n)} = \prod_{n=1}^{m} (1 + z_n)$ (最初の等号で命題 A.17 (2) を用いた) から $\displaystyle\lim_{m \to \infty} \prod_{n-1}^{m} (1 + z_n) = e^{\alpha}$ が得られ, 無限積 $\displaystyle\prod_{n=1}^{\infty} (1 + z_n)$ が $e^{\alpha}(\neq 0)$ に収束することが従う. また, 定理 A.4 から $\displaystyle\sum_{n=1}^{\infty} \log(1 + w_n) = \sum_{n=1}^{\infty} \log(1 + z_n) = \alpha$

となるので, $\displaystyle\prod_{n=1}^{\infty}(1+w_n)=e^{\alpha}=\prod_{n=1}^{\infty}(1+z_n)$ を得る. ▮

正則関数については, 様々な著しい性質が成り立つことが知られている. 本書では, その中でも以下の 2 つの定理を用いる.

定理 A.18 (最大値の原理) $f\colon U\to\mathbb{C}$ を正則関数とし, $|f(z)|$ が最大値を持つとする. このとき, f は定数関数である.

定理 A.19 (一致の定理) $f\colon U\to\mathbb{C}$ を正則関数とする. $\alpha\in U$ および $U\smallsetminus\{\alpha\}$ の元からなる複素数列 $\{z_n\}_{n\geq1}$ であって, $\displaystyle\lim_{n\to\infty}z_n=\alpha$ かつ $f(z_n)=0\ (n\geq1)$ を満たすものが存在すると仮定する. このとき, 任意の $z\in U$ に対し $f(z)=0$ が成り立つ.

f が多項式関数の場合には, 無限個の z に対し $f(z)=0$ となるならば $f=0$ となることを思い出そう. f が一般の正則関数の場合には同様のことは成立しないが (例えば, $f(z)=e^z-1$ は $z=2n\pi i$ (n は整数) に対し $f(z)=0$ を満たす), もう少し強く, 収束する複素数列上で 0 になるという条件を満たせば $f=0$ となるというのが, 一致の定理の主張である. この定理は非常に強力であり, 例えば次の命題を導く.

命題 A.20 $f,g\colon U\to\mathbb{C}$ を正則関数とする. 任意の $z\in U$ に対し $f(z)g(z)=0$ が成り立つならば, $f=0$ または $g=0$ となる.

[証明] $f\neq0$ と仮定して $g=0$ を導く. $f\neq0$ より, $\alpha\in U$ であって $f(\alpha)\neq0$ となるものが存在する. $U\smallsetminus\{\alpha\}$ の元からなる複素数列 $\{z_n\}_{n\geq1}$ であって α に収束するものをとる. $f(\alpha)\neq0$ と注意 A.15 (1) より, 整数 $N\geq1$ を十分大きくとると, $n\geq N$ ならば $f(z_n)\neq0$ となるようにすることができる. $f(z_n)g(z_n)=0$ より, 任意の $n\geq N$ に対し $g(z_n)=0$ が成り立つ. よって定理 A.19 から $g=0$ が従う. ▮

最後に, 参考文献の紹介を行う. 複素解析については, 多くの教科書がある. [1] は読みやすく内容も豊富であり, 優れた教科書である. より入門的なものとしては, [56] もよい本だと思う.

射影空間と射影代数多様体

この付録では，代数幾何学の主要な対象である射影代数多様体について概観する．まず B.1 節で，射影代数多様体の「入れ物」にあたる射影空間を導入する．B.2 節では，最も簡単な射影代数多様体である射影平面曲線を扱う．本文中では場当たり的な扱い方をした楕円曲線の無限遠点についても，理論的な意味付けを与える．B.3 節では，より一般の射影代数多様体についての説明を行う．

B.1 射影空間

$n \geq 1$ を整数とする．

定義 B.1 $\mathbb{P}^n(\mathbb{C}) = \{[x_0 : \cdots : x_n] \mid (x_0, \ldots, x_n) \in \mathbb{C}^{n+1} \smallsetminus \{(0, \ldots, 0)\}\}$
とおく．ここで，$[x_0 : \cdots : x_n]$ は $x_0, \ldots, x_n$ の比を表す．つまり，$(x_0, \ldots, x_n), (y_0, \ldots, y_n) \in \mathbb{C}^{n+1} \smallsetminus \{(0, \ldots, 0)\}$ に対する $[x_0 : \cdots : x_n]$，$[y_0 : \cdots : y_n]$ は，ある $\lambda \in \mathbb{C} \smallsetminus \{0\}$ に対し $y_0 = \lambda x_0, \ldots, y_n = \lambda x_n$ となるとき，かつそのときに限り同一視される．同様に $\mathbb{P}^n(\mathbb{Q}) = \{[x_0 : \cdots : x_n] \mid (x_0, \ldots, x_n) \in \mathbb{Q}^{n+1} \smallsetminus \{(0, \ldots, 0)\}\}$ も定める．

$\mathbb{P}^n(\mathbb{C})$ を n 次元**射影空間**と呼ぶ．$\mathbb{P}^1(\mathbb{C})$ を**射影直線**，$\mathbb{P}^2(\mathbb{C})$ を**射影平面**と呼ぶ．

雰囲気をつかむために，まず $n = 1, 2$ の場合に，$\mathbb{P}^n(\mathbb{C})$ がどのような形をしているかを調べよう．

■ $n = 1$ の場合

$\mathbb{P}^1(\mathbb{C}) = \{[X : Y] \mid (X, Y) \in \mathbb{C}^2 \smallsetminus \{(0,0)\}\}$ である．$[X : Y] \in \mathbb{P}^1(\mathbb{C})$ が $Y \neq 0$

を満たすならば，$[X:Y] = \left[\dfrac{X}{Y} : 1\right]$ であるから，比 $[X:Y]$ $(Y \neq 0)$ を与えること

と $\dfrac{X}{Y} \in \mathbb{C}$ を与えることは同じである．つまり，$U = \{[X:Y] \in \mathbb{P}^1(\mathbb{C}) \mid Y \neq 0\}$

とおくと，全単射 $\phi_U : U \xrightarrow{\cong} \mathbb{C};\ [X:Y] \mapsto \dfrac{X}{Y}$ がある（逆写像は $x \mapsto [x:1]$）．

同様に，$V = \{[X:Y] \in \mathbb{P}^1(\mathbb{C}) \mid X \neq 0\}$ とおくと，全単射 $\phi_V : V \xrightarrow{\cong} \mathbb{C};$

$[X:Y] \mapsto \dfrac{Y}{X}$ がある（逆写像は $y \mapsto [1:y]$）．$\mathbb{P}^1(\mathbb{C}) = U \cup V$ であるから，$\mathbb{P}^1(\mathbb{C})$

は 2 枚の複素平面で覆われることが分かる．また，$\mathbb{P}^1(\mathbb{C}) \smallsetminus U = \{[1:0]\}$ である

から，$\mathbb{P}^1(\mathbb{C})$ は複素平面 U に 1 点 $[1:0]$ を付け加えてできる空間と見ることも

できる．この $[1:0]$ は「無限遠点」にあたるものである．これは次の計算から分

かる：$x \in \mathbb{C} \smallsetminus \{0\}$ に対し，$\phi_U^{-1}(x) = [x:1] = [1:x^{-1}]$ であり，$|x| \to \infty$ で

$[1:x^{-1}] \to [1:0]$ となる．

■ $n = 2$ の場合

$\mathbb{P}^2(\mathbb{C}) = \{[X:Y:Z] \mid (X,Y,Z) \in \mathbb{C}^3 \smallsetminus \{(0,0,0)\}\}$ である．$U = \{[X:Y:Z] \in \mathbb{P}^2(\mathbb{C}) \mid Z \neq 0\}$ とおくと，全単射 $\phi_U : U \xrightarrow{\cong} \mathbb{C}^2;\ [X:Y:Z] \mapsto \left(\dfrac{X}{Z}, \dfrac{Y}{Z}\right)$ が

ある（逆写像は $(x,y) \mapsto [x:y:1]$）．同様に，$V = \{[X:Y:Z] \in \mathbb{P}^2(\mathbb{C}) \mid Y \neq 0\}$，

$W = \{[X:Y:Z] \in \mathbb{P}^2(\mathbb{C}) \mid X \neq 0\}$ とおくと，全単射 $\phi_V : V \xrightarrow{\cong} \mathbb{C}^2;$

$[X:Y:Z] \mapsto \left(\dfrac{X}{Y}, \dfrac{Z}{Y}\right),\ \phi_W : W \xrightarrow{\cong} \mathbb{C}^2;\ [X:Y:Z] \mapsto \left(\dfrac{Y}{X}, \dfrac{Z}{X}\right)$ がある（逆

写像は $(x,z) \mapsto [x:1:z]$ および $(y,z) \mapsto [1:y:z]$）．$\mathbb{P}^2(\mathbb{C}) = U \cup V \cup W$ で

あるから，$\mathbb{P}^2(\mathbb{C})$ は 3 枚の $\mathbb{C}^2$（**アフィン平面**とも呼ぶ）で覆われることが分か

る．$\mathbb{P}^2(\mathbb{C}) \smallsetminus U = \{[X:Y:0] \mid (X,Y) \in \mathbb{C}^2 \smallsetminus \{(0,0)\}\}$ であるから，全単射

$\mathbb{P}^2(\mathbb{C}) \smallsetminus U \xrightarrow{\cong} \mathbb{P}^1(\mathbb{C});\ [X:Y:0] \mapsto [X:Y]$ がある．つまり，$\mathbb{P}^2(\mathbb{C})$ はアフィン

平面 U に射影直線 $\mathbb{P}^2(\mathbb{C}) \smallsetminus U$ を付け加えてできる空間と見ることもできる．この

意味で，$\mathbb{P}^2(\mathbb{C}) \smallsetminus U$ を**無限遠直線**と呼ぶことがある．

以上と同様のことが $n \geq 3$ の場合にも成り立つ．命題の形にまとめておこう．

命題 B.2 $0 \leq r \leq n$ を満たす整数 r に対し，$U_r = \{[x_0 : \cdots : x_n] \in \mathbb{P}^n(\mathbb{C}) \mid x_r \neq 0\}$ とおく．このとき，全単射

$$\phi_r : U_r \xrightarrow{\cong} \mathbb{C}^n; \ [x_0 : \cdots : x_n] \mapsto \left(\frac{x_0}{x_r}, \ldots, \frac{x_{r-1}}{x_r}, \frac{x_{r+1}}{x_r}, \ldots, \frac{x_n}{x_r} \right)$$

がある（逆写像は $(t_1, \ldots, t_n) \mapsto [t_1 : \cdots : t_r : 1 : t_{r+1} : \cdots : t_n]$）．よって，$\mathbb{P}^n(\mathbb{C})$ は $n+1$ 枚の $\mathbb{C}^n$（n 次元**アフィン空間**とも呼ぶ）で覆われる．また，全単射 $\mathbb{P}^n(\mathbb{C}) \smallsetminus U_n \xrightarrow{\cong} \mathbb{P}^{n-1}(\mathbb{C}); \ [x_0 : \cdots : x_{n-1} : 0] \mapsto [x_0 : \cdots : x_{n-1}]$ がある．つまり，$\mathbb{P}^n(\mathbb{C})$ は n 次元アフィン空間 U_n に $n-1$ 次元射影空間 $\mathbb{P}^n(\mathbb{C}) \smallsetminus U_n$ を付け加えてできる空間と見ることもできる．

B.2　射影平面曲線

■ 射影平面曲線の定義

$f(X, Y, Z)$ を複素数係数の d 次斉次多項式（つまり，d 次単項式の和で書ける多項式）とする．このとき，$\lambda \in \mathbb{C} \smallsetminus \{0\}$ に対し $f(\lambda X, \lambda Y, \lambda Z) = \lambda^d f(X, Y, Z)$ であるから，$(X, Y, Z) \in \mathbb{C}^3 \smallsetminus \{(0,0,0)\}$ に対し，$f(X, Y, Z) = 0$ となるかどうかは比 $[X : Y : Z]$ のみから決まる．よって，以下のように定義することができる．

定義 B.3　定数でない複素数係数斉次多項式 $f(X, Y, Z)$ を用いて

$$C = \{ [X : Y : Z] \in \mathbb{P}^2(\mathbb{C}) \mid f(X, Y, Z) = 0 \}$$

と表せる $\mathbb{P}^2(\mathbb{C})$ の部分集合 C を**射影平面曲線**という．特に $f(X, Y, Z)$ が d 次式であるとき，C は d 次射影平面曲線であるともいう．C が $f(X, Y, Z)$ から定まる射影平面曲線であることを $C : f(X, Y, Z) = 0$ と書く．$f(X, Y, Z)$ が有理数係数であるとき，$C : f(X, Y, Z) = 0$ は $\mathbb{Q}$ 上の射影平面曲線であるという．また，このとき $C(\mathbb{Q}) = C \cap \mathbb{P}^2(\mathbb{Q})$ とおき，$C(\mathbb{Q})$ の元を C の $\mathbb{Q}$ **有理点**と呼ぶ．

　射影平面曲線と区別するため，定義 1.1 で導入した平面代数曲線のことを**アフィン平面曲線**と呼ぶ．

　射影平面曲線を調べるには，前節で導入した全単射 $\phi_U : U \xrightarrow{\cong} \mathbb{C}^2$，$\phi_V : V \xrightarrow{\cong} \mathbb{C}^2$，$\phi_W : W \xrightarrow{\cong} \mathbb{C}^2$ を用いるとよい．$C : f(X, Y, Z) = 0$ に対し，$\phi_U(C \cap U) \subset \mathbb{C}^2$ は方程式 $f(x, y, 1) = 0$ で定まるアフィン平面曲線である（$\phi_U^{-1}(x, y) - [x : y : 1]$ に注

意)[*1]. 同様に, $\phi_V(C \cap V) \subset \mathbb{C}^2$, $\phi_W(C \cap W) \subset \mathbb{C}^2$ はそれぞれ方程式 $f(x,1,z) = 0$, $f(1,y,z) = 0$ で定まるアフィン平面曲線である. $C = (C \cap U) \cup (C \cap V) \cup (C \cap W)$ なので, 射影平面曲線 C は 3 つのアフィン平面曲線で覆われる.

また, C と無限遠直線の交わりは $\{[X:Y:0] \mid f(X,Y,0) = 0\}$ である. $f(X,Y,Z)$ が Z で割り切れない場合, これは有限個の点からなるので, C はアフィン平面曲線 $C \cap U : f(x,y,1) = 0$ に有限個の点 $\{[X:Y:0] \mid f(X,Y,0) = 0\}$ を付け加えたものと見ることもできる.

定数でない複素数係数多項式 $g(x,y)$ に対し, その次数を d とおき, $f(X,Y,Z) = Z^d g\left(\dfrac{X}{Z}, \dfrac{Y}{Z}\right)$ と定めると, $f(X,Y,Z)$ は Z で割り切れない d 次斉次多項式であり, $f(x,y,1) = g(x,y)$ を満たす. よって, 射影平面曲線 $\overline{C} : f(X,Y,Z) = 0$ はアフィン平面曲線 $C : g(x,y) = 0$ に有限個の点を付け加えたものとなる. $\overline{C}$ を C の**射影化**と呼ぶ.

例 B.4　1 次射影平面曲線のことを直線と呼ぶ. これはすなわち, $(a,b,c) \in \mathbb{C}^3 \setminus \{(0,0,0)\}$ を用いて $aX + bY + cZ$ と書ける斉次多項式から定まる射影平面曲線のことである. 直線 $L \subset \mathbb{P}^2(\mathbb{C})$ に対し, $\varphi_U(L \cap U)$, $\varphi_V(L \cap V)$, $\varphi_W(L \cap W)$ はいずれも $\mathbb{C}^2$ 内の直線または空集合である.

射影平面内の相異なる 2 直線は必ず 1 点で交わる. 例えば, $\mathbb{C}^2$ 内の直線 $l_1 : x + y = 0$ と $l_2 : x + y - 1 = 0$ は交わりを持たないが, これらの射影化 $L_1 : X + Y = 0$, $L_2 : X + Y - Z = 0$ は無限遠直線上の 1 点 $[1:-1:0]$ で交わる.

上の例で述べた, 射影平面内の相異なる 2 直線が 1 点で交わるという現象の一般化として, 次が成り立つ.

定理 B.5（ベズーの定理）　C_1 を m 次射影平面曲線とし, C_2 を n 次射影平面曲線とする. $C_1 \cap C_2$ が有限集合ならば, C_1 と C_2 は重複度を込めてちょうど mn 個の点で交わる.

$P \in C_1 \cap C_2$ における重複度とは, P において C_1 と C_2 が何重に接しているかを測る不変量である. これ以上の説明はここでは行わない.

定理 B.5 は, n 次方程式 $f(x) = 0$ が複素数範囲で重複度を込めてちょうど

[*1] 厳密には, $f(X,Y,Z)$ が Z のみの多項式である場合, $f(x,y,1)$ は 0 でない定数となるので $\phi_U(C \cap U) = \varnothing$ である. ここでは記述の煩雑さを避けるため, 空集合もアフィン平面曲線に含めている.

n 個の解を持つことの一般化と捉えることもできる．実際，n 次射影平面曲線 $C: Z^n - Y^n f\left(\dfrac{X}{Y}\right) = 0$ と直線 $Z = 0$ の交わりは $f(x) = 0$ の解と対応している．定理 B.5 が成り立つことは，アフィン平面曲線よりも射影平面曲線を優先して考える動機の 1 つとなっている．

■ 特異点

射影平面曲線の特異点の定義は以下の通りである．

定義 B.6　$f(X, Y, Z)$ を定数でない複素数係数斉次多項式とし，$C: f(X, Y, Z) = 0$ とする．$[a : b : c] \in C$ が C の**特異点**であるとは，$\dfrac{\partial f}{\partial X}(a, b, c) = \dfrac{\partial f}{\partial Y}(a, b, c) = \dfrac{\partial f}{\partial Z}(a, b, c) = 0$ となることをいう[*2]．特異点を持たない射影平面曲線を**非特異**であるという．

定義 3.14 において，アフィン平面曲線上の点が特異点であることを定めた．これと定義 B.6 は以下のように関係している．

命題 B.7　$f(X, Y, Z)$ を定数でない複素数係数斉次多項式とし，$C: f(X, Y, Z) = 0$ とする．$[a : b : 1] \in C \cap U$ が C の特異点であることは，$(a, b) = \phi_U([a : b : 1])$ がアフィン平面曲線 $\phi_U(C \cap U): f(x, y, 1) = 0$ の特異点であることと同値である．

この命題の証明には，次の補題を用いる．

補題 B.8　$d \geq 1$ とし，$f(X, Y, Z)$ を複素数係数 d 次斉次多項式とする．このとき $X\dfrac{\partial f}{\partial X}(X, Y, Z) + Y\dfrac{\partial f}{\partial Y}(X, Y, Z) + Z\dfrac{\partial f}{\partial Z}(X, Y, Z) = df(X, Y, Z)$ が成り立つ．

[証明]　$f(X, Y, Z) = X^a Y^b Z^c \ (a + b + c = d)$ の場合を考えればよい．このと

[*2] $[a : b : c] \in C$ が特異点であるかどうかは，$\mathbb{P}^2(\mathbb{C})$ の部分集合 C だけではなく，C を定める斉次多項式 $f(X, Y, Z)$ にも依存する．例えば方程式 $f(X, Y, Z)^2 = 0$ によっても同じ部分集合 C が定まるが，この方程式のもとでは任意の $[a : b : c] \in C$ が特異点となってしまう．このため，「$[a : b : c] \in C$ が C の特異点である」という言い方はやや不正確である．スキームの理論では，$f(X, Y, Z) = 0$ で定まる図形と $f(X, Y, Z)^2 = 0$ で定まる図形を異なるものと考えることで，この問題を回避する．

き $X\dfrac{\partial f}{\partial X}(X,Y,Z)+Y\dfrac{\partial f}{\partial Y}(X,Y,Z)+Z\dfrac{\partial f}{\partial Z}(X,Y,Z)=aX^aY^bZ^c+bX^aY^bZ^c+cX^aY^bZ^c=dX^aY^bZ^c=df(X,Y,Z)$ となるのでよい. ∎

[命題 B.7 の証明] $[a:b:1]$ が C の特異点であることは $\dfrac{\partial f}{\partial X}(a,b,1)=\dfrac{\partial f}{\partial Y}(a,b,1)=\dfrac{\partial f}{\partial Z}(a,b,1)=0$ と同値であり, (a,b) が $\phi_U(C\cap U)$ の特異点であることは $\dfrac{\partial f}{\partial X}(a,b,1)=\dfrac{\partial f}{\partial Y}(a,b,1)=0$ と同値である. $f(X,Y,Z)$ の次数を d と書くと, 補題 B.8 より $a\dfrac{\partial f}{\partial X}(a,b,1)+b\dfrac{\partial f}{\partial Y}(a,b,1)+\dfrac{\partial f}{\partial Z}(a,b,1)=df(a,b,1)=0$ であるから, $\dfrac{\partial f}{\partial Z}(a,b,1)=-a\dfrac{\partial f}{\partial X}(a,b,1)-b\dfrac{\partial f}{\partial Y}(a,b,1)$ が成り立つ. よって上記の 2 条件は同値である. ∎

例 B.9 (1) $n\geq 1$ に対し, $C_n: x^n+y^n=1$ の射影化 $\overline{C}_n: X^n+Y^n=Z^n$ は非特異である. 実際, $f(X,Y,Z)=X^n+Y^n-Z^n$ とおくと $\dfrac{\partial f}{\partial X}(a,b,c)=na^{n-1},\dfrac{\partial f}{\partial Y}(a,b,c)=nb^{n-1},\dfrac{\partial f}{\partial Z}(a,b,c)=-nc^{n-1}$ であるから, $[a:b:c]\in\overline{C}_n(\mathbb{C})$ が特異点であるためには $a=b=c=0$ とならねばならないが, これは不合理である.

(2) $C:y^2=x^6+2$ は特異点を持たないが, その射影化 $\overline{C}:Y^2Z^4=X^6+2Z^6$ は無限遠直線上に特異点 $[0:1:0]$ を持つ.

■ 射影平面曲線としての楕円曲線

定義 3.13 においてはアフィン平面曲線として楕円曲線を導入したが, 以下の定義の通り, 楕円曲線の本来の姿は射影平面曲線である.

定義 B.10 斉次方程式 $EY^2Z+FXYZ+GYZ^2=AX^3+BX^2Z+CXZ^2+DZ^3$ $(A,B,C,D,E,F,G\in\mathbb{C},A,E\neq 0)$ で定まる非特異射影平面曲線を**楕円曲線**という.

命題 B.11 斉次方程式 $EY^2Z+FXYZ+GYZ^2=AX^3+BX^2Z+CXZ^2+DZ^3$ $(A,B,C,D,E,F,G\in\mathbb{C},A,E\neq 0)$ で定まる射影平面曲線は, 無限遠直線と 1 点 $[0:1:0]$ で交わる. また, この射影平面曲線が非特異であることは, ア

フィン平面曲線 $Ey^2 + Fxy + Gy = Ax^3 + Bx^2 + Cx + D$ が非特異であること と同値である.

[証明] $f(X,Y,Z) = EY^2Z + FXYZ + GYZ^2 - AX^3 - BX^2Z - CXZ^2 - DZ^3$ とおく. 前半は $f(X,Y,0) = -AX^3$ から直ちに従う. 後半を示すには, 命題 B.7 より, $[0:1:0]$ が特異点でないことを示せばよい. これは $\frac{\partial f}{\partial Z}(0,1,0) = E \neq 0$ か ら従う. ∎

つまり, 射影平面曲線としての楕円曲線は, 定義 3.13 の意味での楕円曲線に 1 点 $[0:1:0]$ を加えたものとなっている. 本文中で「無限遠点 O」と書いているも のは, この $[0:1:0]$ のことに他ならない.

定義 6.3 で定めた楕円曲線上の加法も, 射影平面曲線として考えると, 以下の通 り統一的に記述できる.

定義 B.12 E を定義 B.10 の意味での楕円曲線とし, $O = [0:1:0] \in E$ とお く. 定理 B.5 より, $P, Q \in E$ に対し, 直線 PQ と E は重複度を込めてちょうど 3 点で交わる[*3]. その 3 点が $P, Q, P*Q$ となるように $P*Q \in E$ を定める. ま た, $P \in E$ に対し $-P = P*O$ とおき, $P + Q = -(P*Q)$ と定める.

例 B.13 $O \in E$ における接線 $Z = 0$ は, E と O で 3 重に交わる. よって $O*O = O$ であり, したがって $-O = O + O = O$ である.

命題 1.20 の一般化として, 次のことが成り立つ:

命題 B.14 $C \subset \mathbb{P}^2(\mathbb{C})$ を非特異 3 次射影平面曲線とする. このとき, 全単射 $\varphi \colon \mathbb{P}^2(\mathbb{C}) \xrightarrow{\cong} \mathbb{P}^2(\mathbb{C})$ であって次を満たすものが存在する:

- $a_{ij} \in \mathbb{C}$ $(0 \leq i, j \leq 2)$ を用いて $\varphi([X:Y:Z]) = [a_{00}X + a_{01}Y + a_{02}Z : a_{10}X + a_{11}Y + a_{12}Z : a_{20}X + a_{21}Y + a_{22}Z]$ と表せる (このような形の全 単射 φ を**射影変換**と呼ぶ).
- $\varphi(C)$ は定義 B.10 の意味での楕円曲線である.

[*3] $P = Q$ の場合は, 直線 PQ として $P \in E$ における接線を考える. $E \colon f(X,Y,Z) = 0$ と書いたと き, $[a:b:c] \in E$ における接線とは, 方程式 $\frac{\partial f}{\partial X}(a,b,c)X + \frac{\partial f}{\partial Y}(a,b,c)Y + \frac{\partial f}{\partial Z}(a,b,c)Z = 0$ で定まる直線のこととする. この直線が $[a:b:c]$ を通ることは補題 B.8 より分かる.

B.3 射影代数多様体

本節では，射影平面曲線の一般化である射影代数多様体を定義する.

定義 B.15 整数 $n \geq 1$ および複素数係数斉次多項式 $f_i(X_0, \ldots, X_n)$ $(1 \leq i \leq m)$ を用いて

$$V = \{[X_0 : \cdots : X_n] \in \mathbb{P}^n(\mathbb{C}) \mid f_i(X_0, \ldots, X_n) = 0 \ (1 \leq i \leq m)\}$$

と表せる $\mathbb{P}^n(\mathbb{C})$ の部分集合 V を**射影代数多様体**と呼ぶ. $f_i(X_0, \ldots, X_n)$ $(1 \leq i \leq m)$ が有理数係数であるとき，V は $\mathbb{Q}$ 上の射影代数多様体である という. また，このとき $V(\mathbb{Q}) = V \cap \mathbb{P}^n(\mathbb{Q})$ とおき，$V(\mathbb{Q})$ の元を V の $\mathbb{Q}$ **有理 点**と呼ぶ.

射影代数多様体も，射影平面曲線と同様に命題 B.2 を用いて記述することができ る. $V \subset \mathbb{P}^n(\mathbb{C})$ を $f_i(X_0, \ldots, X_n)$ $(1 \leq i \leq m)$ から定まる射影代数多様体とする とき，整数 $0 \leq r \leq n$ に対し，$\phi_r(V \cap U_r) \subset \mathbb{C}^n$ は

$$\{(x_1, \ldots, x_n) \in \mathbb{C}^n \mid f_i(x_1, \ldots, x_r, 1, x_{r+1}, \ldots, x_n) = 0 \ (1 \leq i \leq m)\}$$

に一致する（このように，複素数係数多項式の共通零点として表される $\mathbb{C}^n$ の部分 集合を**アフィン代数多様体**と呼ぶ）. $V = \displaystyle\bigcup_{r=0}^{n} V \cap U_r$ なので，V は $n+1$ 個のア フィン代数多様体で覆われる.

射影代数多様体に対し，その次元を定義することができる. 1 次元射影代数多様 体のことを**射影代数曲線**と呼ぶ. 次元の定義は本書では述べることができない.

射影平面曲線の場合と同様，射影代数多様体 $V \subset \mathbb{P}^n(\mathbb{C})$ の点が特異点であるこ とを定義できるが，こちらも本書では述べることができない. 特異点を持たない射 影代数多様体を**非特異**であるという. 非特異射影代数多様体の例は，次の命題に よって与えられる.

命題 B.16 $n \geq 1$ を整数とし，複素数係数斉次多項式 $f_i(X_0, \ldots, X_n)$ $(1 \leq i \leq m)$ で定まる射影代数多様体 $V \subset \mathbb{P}^n(\mathbb{C})$ を考える. 任意の $[a_0 : \cdots : a_n] \in V$ に 対し $m \times (n+1)$ 行列 $\left(\dfrac{\partial f_i}{\partial X_j}(a_0, \ldots, a_n) \right)_{1 \leq i \leq m, 0 \leq j \leq n}$ の階数が m であるなら

ば[*4]，V は $n - m$ 次元の非特異射影代数多様体である．

以下の例で紹介する超楕円曲線は，第 7 章で用いられる．

例 B.17 $C \subset \mathbb{P}^4(\mathbb{C}) = \{[X_0 : X_1 : X_2 : X_3 : X_4]\}$ を，以下の 4 つの斉次方程式で定まる射影代数多様体とする：

$$X_4^2 = X_3^2 + 2X_0^2, \quad X_1^2 = X_0 X_2, \quad X_2^2 = X_1 X_3, \quad X_0 X_3 = X_1 X_2.$$

$\phi_0 : U_0 \xrightarrow{\cong} \mathbb{C}^4$ を命題 B.2 の全単射とすると，

$$\phi_0(C \cap U_0) = \{(x_1, x_2, x_3, x_4) \in \mathbb{C}^4 \mid x_4^2 = x_3^2 + 2, x_1^2 = x_2, x_2^2 = x_1 x_3, x_3 = x_1 x_2\}$$

である．さらに $\phi_0(C \cap U_0) \to \mathbb{C}^2;\ (x_1, x_2, x_3, x_4) \mapsto (x_1, x_4)$ は単射であり，その像は $\{(x, y) \in \mathbb{C}^2 \mid y^2 = x^6 + 2\}$ となることが分かる．つまり，$C \cap U_0$ は方程式 $y^2 = x^6 + 2$ で定まるアフィン平面曲線と同一視できる．

一方，$C \setminus U_0 = \{[X_0 : X_1 : X_2 : X_3 : X_4] \in C \mid X_0 = 0\} = \{[0:0:0:1:\pm 1]\}$ であることが容易に確認できる．したがって，C は $C \cap U_0$ に 2 点を加えて得られる射影代数曲線である．

C が非特異であることを証明しよう．アフィン平面曲線 $y^2 = x^6 + 2$ は非特異であるから，$C \cap U_0$ の任意の点は非特異である．$C \setminus U_0$ の 2 点 $[0:0:0:1:\pm 1]$ はいずれも U_3 に含まれるので，$C \cap U_3$ の任意の点が非特異であることを示せばよい．上と同様の考察から，$C \cap U_3 \xrightarrow{\phi_3} \phi_3(C \cap U_3) \xrightarrow{(x_1, x_2, x_3, x_4) \mapsto (x_3, x_4)} \mathbb{C}^2$ は単射であり，その像は非特異アフィン平面曲線 $\{(x, y) \in \mathbb{C}^2 \mid y^2 = 2x^6 + 1\}$ となるのでよい．

以上により，C は方程式 $y^2 = x^6 + 2$ で定まるアフィン平面曲線に 2 点を加えて得られる非特異射影代数曲線であることが示せた．この C を射影平面曲線として実現することはできない．例えば，アフィン平面曲線 $y^2 = x^6 + 2$ の射影化 $C' : Y^2 Z^4 = X^6 + 2Z^6$ は，例 B.9 (2) より特異点を持つので C とは異なる．全射 $C \to C';\ [X_0 : X_1 : X_2 : X_3 : X_4] \mapsto [X_1 : X_4 : X_0]$ は，82 ページで述べた特異点解消の例となっている．

より一般に，$n \geq 2$ を整数とし，$F(x) = a_{2n} x^{2n} + a_{2n-1} x^{2n-1} + \cdots + a_0$

[*4] 階数の定義は線型代数の教科書を参照．$m = 1$ の場合，この条件は $\dfrac{\partial f_1}{\partial X_j}(a_0, \ldots, a_n)\ (0 \leq j \leq n)$ のいずれかが 0 でないことと同値である．

$(a_0, \ldots, a_{2n} \in \mathbb{C}, (a_{2n-1}, a_{2n}) \neq (0,0))$ を重根を持たない多項式とするとき，射影代数多様体 $C_F \subset \mathbb{P}^{n+1}(\mathbb{C})$ を以下の斉次方程式で定める：

$$X_{n+1}^2 = a_{2n}X_n^2 + a_{2n-1}X_nX_{n-1} + a_{2n-2}X_{n-1}^2 + \cdots + a_1X_1X_0 + a_0X_0^2,$$

$$X_i^2 = X_{i-1}X_{i+1} \quad (1 \leq i \leq n-1),$$

$$X_iX_n = X_{\left\lceil \frac{n+i}{2} \right\rceil} X_{\left\lfloor \frac{n+i}{2} \right\rfloor} \quad (0 \leq i \leq n-2).$$

ただし，実数 x に対し，$\lfloor x \rfloor$ で x 以下の最大の整数を表し，$\lceil x \rceil$ で x 以上の最小の整数を表す．このとき，C_F はアフィン平面曲線 $\{(x,y) \in \mathbb{C}^2 \mid y^2 = F(x)\}$ に 1 点または 2 点を加えて得られる非特異射影代数曲線である．加える点の個数は，$\deg F$ が奇数のとき 1 個，偶数のとき 2 個である．C_F を方程式 $y^2 = F(x)$ で定まる**超楕円曲線**と呼ぶ．

■ $\mathbb{F}_p$ 上の場合

p を素数とする．数論幾何においては，$\mathbb{F}_p$ 上の射影代数多様体を考えることも重要である．11.1 節の通り，$\mathbb{F}_p$ を含む代数閉体 Ω をとる．すなわち，Ω は $\mathbb{F}_p$ を含む，四則演算の定まった集合であり，Ω 係数の任意の代数方程式は Ω 内で解を持つものとする．このとき，定義 B.1 と全く同様にして $\mathbb{P}^n(\Omega)$, $\mathbb{P}^n(\mathbb{F}_p)$ を定義することができる．さらに，

- $\mathbb{F}_p$ 上の射影平面曲線 $C = \{[X : Y : Z] \in \mathbb{P}^2(\Omega) \mid f(X,Y,Z) = 0\}$ （$f(X,Y,Z)$ は定数でない $\mathbb{F}_p$ 係数斉次多項式）やその $\mathbb{F}_p$ 有理点の集合 $C(\mathbb{F}_p)$, 特異点
- $\mathbb{F}_p$ 上の射影代数多様体 $V = \{[X_0 : \cdots : X_n] \in \mathbb{P}^n(\Omega) \mid f_i(X_0, \ldots, X_n) = 0 \ (1 \leq i \leq m)\}$ （$f_i(X_0, \ldots, X_n) \ (1 \leq i \leq m)$ は $\mathbb{F}_p$ 係数斉次多項式）やその $\mathbb{F}_p$ 有理点の集合 $V(\mathbb{F}_p)$, 次元，特異点

なども定義することができる．命題 B.16 の類似も成り立つ．

$n \geq 1$ を整数とし，$f_i(X_0, \ldots, X_n) \ (1 \leq i \leq m)$ を整数係数斉次多項式とする．このとき，$f_i(X_0, \ldots, X_n)$ を有理数係数斉次多項式と見ることで，$\mathbb{Q}$ 上の射影代数多様体 $V_{\mathbb{Q}} = \{[X_0 : \cdots : X_n] \in \mathbb{P}^n(\mathbb{C}) \mid f_i(X_0, \ldots, X_n) = 0 \ (1 \leq i \leq m)\}$ が定まる．一方，各素数 p に対し，$f_i(X_0, \ldots, X_n)$ を $\mathbb{F}_p$ 係数斉次多項式と見たものを $f_{i,\mathbb{F}_p}(X_0, \ldots, X_n)$ と書くと，$\mathbb{F}_p$ 上の射影代数多様体 $V_{\mathbb{F}_p} = \{[X_0 : \cdots : X_n] \in$

$\mathbb{P}^n(\Omega) \mid f_{i,\mathbb{F}_p}(X_0,\ldots,X_n) = 0 \ (1 \leq i \leq m)\}$ が定まる．スキームの理論においては，このような状況は「$f_i(X_0,\ldots,X_n) \ (1 \leq i \leq m)$ が $\mathbb{Z}$ 上の代数多様体（正確にはスキーム）V を定めている」と解釈される．その意味で，$V_{\mathbb{Q}}(\mathbb{Q}), V_{\mathbb{F}_p}(\mathbb{F}_p)$ のことを単に $V(\mathbb{Q}), V(\mathbb{F}_p)$ と書くことが多い．

比較的初等的な方法で射影代数多様体を扱った教科書として，[28], [50], [65] を挙げておく．

参考文献

[1] L. V. アールフォルス，複素解析，現代数学社，1982.

[2] E. Bombieri, *Counting points on curves over finite fields (d'après S. A. Stepanov)*, Séminaire Bourbaki, 25ème année (1972/1973), Exp. No. 430, 1974, pp. 234–241. Lecture Notes in Mathematics, Vol. 383.

[3] C. Breuil, B. Conrad, F. Diamond, and R. Taylor, *On the modularity of elliptic curves over* **Q***: wild 3-adic exercises*, J. Amer. Math. Soc. **14** (2001), no. 4, 843–939.

[4] Y. Bugeaud, M. Mignotte, and S. Siksek, *Classical and modular approaches to exponential Diophantine equations. I. Fibonacci and Lucas perfect powers*, Ann. of Math. (2) **163** (2006), no. 3, 969–1018.

[5] J. S. Chahal, *Manin's proof of the Hasse inequality revisited*, Nieuw Arch. Wisk. (4) **13** (1995), no. 2, 219–232.

[6] L. Clozel, M. Harris, and R. Taylor, *Automorphy for some l-adic lifts of automorphic mod l Galois representations*, Publ. Math. Inst. Hautes Études Sci. (2008), no. 108, 1–181.

[7] H. Cohen and F. Strömberg, *Modular forms: a classical approach*, Graduate Studies in Mathematics, vol. 179, American Mathematical Society, Providence, RI, 2017.

[8] J. H. E. Cohn, *On square Fibonacci numbers*, J. London Math. Soc. **39** (1964), 537–540.

[9] D. A. Cox, *Primes of the form $x^2 + ny^2$: Fermat, class field theory, and complex multiplication*, second ed., Pure and Applied Mathematics, John Wiley & Sons, Inc., Hoboken, NJ, 2013.

[10] H. Darmon, F. Diamond, and R. Taylor, *Fermat's last theorem*, Elliptic curves, modular forms & Fermat's last theorem (Hong Kong, 1993), Int. Press, Cambridge, MA, 1997, pp. 2–140.

[11] P. Deligne, *Formes modulaires et representations ℓ-adiques*, Séminaire Bourbaki, 21ème année (1968/69), Exp. No. 355, 1969, pp. 139–172. Lecture Notes in Mathematics, Vol. 179.

[12] ———, *La conjecture de Weil. I*, Publ. Math. Inst. Hautes Études Sci. (1974), no. 43, 273–307.

[13] ———, *La conjecture de Weil. II*, Publ. Math. Inst. Hautes Études Sci. (1980), no. 52, 137–252.

[14] F. Diamond and J. Shurman, *A first course in modular forms*, Graduate Texts in Mathematics, vol. 228, Springer-Verlag, New York, 2005.

[15] R. Fricke, *Die elliptischen Funktionen und ihre Anwendungen. Zweiter Teil. Die algebraischen Ausführungen*, Springer, Heidelberg, 2011, Reprint of the 1922 original.

[16] L. Fu, *Etale cohomology theory*, revised ed., Nankai Tracts in Mathematics, vol. 14, World Scientific Publishing Co. Pte. Ltd., Hackensack, NJ, 2015.

[17] J. Gonzàlez Rovira, *Equations of hyperelliptic modular curves*, Ann. Inst. Fourier

(Grenoble) **41** (1991), no. 4, 779–795.

[18] B. H. Gross and D. B. Zagier, *Heegner points and derivatives of L-series*, Invent. Math. **84** (1986), no. 2, 225–320.

[19] M. Harris, N. Shepherd-Barron, and R. Taylor, *A family of Calabi–Yau varieties and potential automorphy*, Ann. of Math. (2) **171** (2010), no. 2, 779–813.

[20] R. ハーツホーン，代数幾何学 1, 2, 3，丸善出版，2012, 2013.

[21] H. Hasse, *Zur Theorie der abstrakten elliptischen Funktionenkörper III. Die Struktur des Meromorphismenrings. Die Riemannsche Vermutung*, J. Reine Angew. Math. **175** (1936), 193–208.

[22] 平松 豊一，数論を学ぶ人のための相互法則入門，牧野書店，1998.

[23] 堀田 良之，可換環と体，岩波書店，2006.

[24] K. Ireland and M. Rosen, *A classical introduction to modern number theory*, second ed., Graduate Texts in Mathematics, vol. 84, Springer-Verlag, New York, 1990.

[25] 伊藤 哲史，黒川 信重，吉田 輝義，佐藤 – テイト予想の解決と展望，数学のたのしみ 2008 最終号，日本評論社，2008.

[26] 加藤 文元，砂田 利一 編，数論入門事典，朝倉書店，2023.

[27] 加藤 和也，フェルマーの最終定理・佐藤 – テイト予想解決への道，岩波書店，2009.

[28] 川又 雄二郎，射影空間の幾何学，朝倉書店，2001.

[29] R. Kiehl and R. Weissauer, *Weil conjectures, perverse sheaves and l'adic Fourier transform*, Ergebnisse der Mathematik und ihrer Grenzgebiete. 3. Folge. A Series of Modern Surveys in Mathematics, vol. 42, Springer-Verlag, Berlin, 2001.

[30] C. H. Kim and J. K. Koo, *On the genus of some modular curves of level N*, Bull. Austral. Math. Soc. **54** (1996), no. 2, 291–297.

[31] A. W. Knapp, *Elliptic curves*, Mathematical Notes, vol. 40, Princeton University Press, Princeton, NJ, 1992.

[32] N. コブリッツ，楕円曲線と保型形式，丸善出版，2012.

[33] V. A. Kolyvagin, *Euler systems*, The Grothendieck Festschrift, Vol. II, Progr. Math., vol. 87, Birkhäuser Boston, Boston, MA, 1990, pp. 435–483.

[34] 黒川 信重，栗原 将人，斎藤 毅，数論 II，岩波書店，2005.

[35] S. Lang, *Elliptic functions*, second ed., Graduate Texts in Mathematics, vol. 112, Springer-Verlag, New York, 1987.

[36] Y. I. Manin, *On cubic congruences to a prime modulus*, Amer. Math. Soc. Transl. (2) **13** (1960), 1–7.

[37] 松尾 厚，大学数学ことはじめ―新入生のために―，東京大学出版会，2019.

[38] 松坂 和夫，集合・位相入門，岩波書店，1968.

[39] 三枝 洋一，Langlands 対応の現状，雑誌『数学』の論説に採録決定済.

[40] ＿＿＿＿，エタールコホモロジーと ℓ 進表現，第 17 回整数論サマースクール「ℓ 進ガロア表現とガロア変形の整数論」報告集，2010.

[41] T. Miyake, *Modular forms*, Springer-Verlag, Berlin, 1989.

[42] C. J. Moreno, *The higher reciprocity laws: an example*, J. Number Theory **12** (1980), no. 1, 57–70.

[43] 永井 保成，代数幾何学入門―代数学の基礎を出発点として―，森北出版，2021.

[44] M. Newman, *Construction and application of a class of modular functions. II*, Proc. London Math. Soc. (3) **9** (1959), 373–387.

[45] J. Newton and J. A. Thorne, *Symmetric power functoriality for holomorphic modular forms*, Publ. Math. Inst. Hautes Études Sci. (2021), no. 134, 1–116.

[46] ———, *Symmetric power functoriality for holomorphic modular forms, II*, Publ. Math. Inst. Hautes Études Sci. (2021), no. 134, 117–152.

[47] A. P. Ogg, *Hyperelliptic modular curves*, Bull. Soc. Math. France **102** (1974), 449–462.

[48] 小木曽 啓示, 代数曲線論, 朝倉書店, 2002.

[49] M. A. Reichert, *Explicit determination of nontrivial torsion structures of elliptic curves over quadratic number fields*, Math. Comp. **46** (1986), no. 174, 637–658.

[50] M. リード, 初等代数幾何講義, 岩波書店, 1991.

[51] 斎藤 毅, フェルマー予想, 岩波書店, 2009.

[52] ———, 集合と位相, 東京大学出版会, 2009.

[53] ———, 数学原論, 東京大学出版会, 2020.

[54] J.-P. セール, 楕円曲線と l 進アーベル表現, ピアソン・エデュケーション, 1999.

[55] ———, 数論講義, 岩波書店, 1979.

[56] 志賀 浩二, 複素数 30 講, 朝倉書店, 1989.

[57] G. Shimura, *Introduction to the arithmetic theory of automorphic functions*, Publications of the Mathematical Society of Japan, vol. 11, Princeton University Press, Princeton, NJ, 1994, Reprint of the 1971 original.

[58] J. H. シルヴァーマン, 楕円曲線の数論—基礎概念からアルゴリズムまで—, 共立出版, 2023.

[59] J. H. シルヴァーマン, J. テイト, 楕円曲線論入門, 丸善出版, 2012.

[60] 高木 貞治, 近世数学史談, 岩波書店, 1995.

[61] R. Taylor, *Automorphy for some l-adic lifts of automorphic mod l Galois representations. II*, Publ. Math. Inst. Hautes Études Sci. (2008), no. 108, 183–239.

[62] R. Taylor and A. Wiles, *Ring-theoretic properties of certain Hecke algebras*, Ann. of Math. (2) **141** (1995), no. 3, 553–572.

[63] 寺杣 友秀, リーマン面の理論, 森北出版, 2019.

[64] J. B. Tunnell, *A classical Diophantine problem and modular forms of weight 3/2*, Invent. Math. **72** (1983), no. 2, 323–334.

[65] 上野 健爾, 代数幾何入門, 岩波書店, 1995.

[66] 梅村 浩, 楕円関数論—楕円曲線の解析学—増補新装版, 東京大学出版会, 2020.

[67] A. Weil, *Numbers of solutions of equations in finite fields*, Bull. Amer. Math. Soc. **55** (1949), no. 5, 497–508.

[68] A. Wiles, *Modular elliptic curves and Fermat's last theorem*, Ann. of Math. (2) **141** (1995), no. 3, 443–551.

[69] 山崎 隆雄, 初等整数論—数論幾何への誘い—, 共立出版, 2015.

212

索 引

記号・英数字

$\mathbb{F}_p$ 有理点　7, 110
$\mathbb{Q}$ 上の楕円曲線　108
$\mathbb{Q}$ 有理点　2, 200, 205
BSD 予想　145
$E(b,c)$ 標準形　105
j 関数　51
j 不変量　49
（楕円曲線の）L 関数　141
p 等分点　98
q 展開　54
2 次捻り　151

あ行

アイゼンシュタイン級数　54, 59
アフィン空間　200
アフィン代数多様体　205
アフィン平面　199
アフィン平面曲線　200
アーベル多様体　119
一致の定理　197
ヴェイユ予想　140, 183
ヴェイユ評価　185
エータ関数　85
エータ積　89
オイラー数　31
オイラー積表示　137
オイラーの判定法　166

か行

階数　143
解析接続　138
ガウス整数　71
関数等式　138
ガンマ関数　138

基本領域　21
逆行列　15
旧形式　119
行列　14
行列式　15
虚数乗法論　71
グロス－ザギエ，コリヴァギンの定理　145
グロス－ザギエの定理　153
群　17
形式的冪級数　178
格子　35
合同数　156
合同ゼータ関数　181, 182
合同部分群　20
コリヴァギンの定理　154

さ行

最大値の原理　197
最大値の定理　192
佐藤－テイト予想　140
作用　17
志村－谷山予想　120
射影化　201
射影空間　198
射影代数曲線　205
射影代数多様体　205
射影直線　198
射影平面　198
射影平面曲線　200
射影変換　204
種数　31
新形式　119
正規化された尖点形式　114
正則　192
絶対収束　191

著者略歴
三枝洋一（みえだ・よういち）
1980 年　生まれる
2007 年　東京大学大学院数理科学研究科博士課程修了
現　　在　東京大学大学院数理科学研究科准教授
　　　　　博士（数理科学）

数論幾何入門
モジュラー曲線から大定理・大予想へ

2024 年 5 月 31 日　第 1 版第 1 刷発行
2024 年 11 月 25 日　第 1 版第 3 刷発行

著者　　　　三枝洋一

編集担当　　福島崇史（森北出版）
編集責任　　上村紗帆（森北出版）
組版　　　　ウルス
印刷　　　　丸井工文社
製本　　　　　同

発行者　　　森北博巳
発行所　　　森北出版株式会社
　　　　　　〒102–0071　東京都千代田区富士見 1–4–11
　　　　　　03–3265–8342（営業・宣伝マネジメント部）
　　　　　　https://www.morikita.co.jp/